河南省"十四五"普通高等教育规划教材

U0223922

环境科学与工程实验
第二版

魏学锋　苏现伐　　王小庆　　主编

马军营　主审

化学工业出版社

·北京·

内容简介

《环境科学与工程实验》(第二版)是根据教育部环境科学与工程教学指导委员会制定的基本教学要求编写而成的。全书按照实验基础知识、环境监测、水污染控制工程、大气污染控制工程、固体废物处理与处置、环境化学、环境工程微生物、环境工程原理八个章节进行编排。配合理论教学,选取了具有代表性的基础性实验和综合设计性实验。

本书可作为高等学校环境工程、环境科学、给排水科学与工程、资源循环科学与工程及相关专业本科生的实验教材,也可供从事环境监测、环境分析、环境保护等工作的研究人员、技术人员、管理人员参考。

图书在版编目(CIP)数据

环境科学与工程实验/魏学锋,苏现伐,王小庆主编. —2版. —北京:化学工业出版社,2023.7
河南省"十四五"普通高等教育规划教材
ISBN 978-7-122-43203-2

Ⅰ.①环… Ⅱ.①魏… ②苏… ③王… Ⅲ.①环境科学-实验-高等学校-教材②环境工程-实验-高等学校-教材 Ⅳ.①X-33

中国国家版本馆 CIP 数据核字(2023)第 054645 号

责任编辑:满悦芝 　　　　　　　　　　　文字编辑:王　琪
责任校对:张茜越 　　　　　　　　　　　装帧设计:张　辉

出版发行:化学工业出版社(北京市东城区青年湖南街 13 号　邮政编码 100011)
印　　装:大厂聚鑫印刷有限责任公司
787mm×1092mm　1/16　印张 19¾　字数 489 千字　2023 年 10 月北京第 2 版第 1 次印刷

购书咨询:010-64518888　　　　　　　　售后服务:010-64518899
网　　址:http://www.cip.com.cn
凡购买本书,如有缺损质量问题,本社销售中心负责调换。

定　　价:**69.80 元**　　　　　　　　　　　　　　版权所有　违者必究

河南省"十四五"普通高等教育规划教材

环境科学与工程实验（第二版）
编写人员

主　　编　　魏学锋　　苏现伐　　王小庆

副 主 编　　苗　娟　　汤红妍　　皮运清

编写人员　　魏学锋　河南科技大学

　　　　　　苏现伐　河南师范大学

　　　　　　王小庆　洛阳理工学院

　　　　　　苗　娟　河南科技大学

　　　　　　汤红妍　河南科技大学

　　　　　　皮运清　河南师范大学

　　　　　　罗亚红　河南师范大学

　　　　　　何玉远　洛阳理工学院

主　　审　　马军营

前　言

党的二十大报告提出，积极稳妥推进碳达峰碳中和。环境科学与工程类专业是实现国家碳达峰碳中和目标的首要支撑专业之一。环境科学与工程实验作为一门核心实践课程，对提升学生实践能力起着重要作用，其内容涵盖环境监测、水污染控制工程、大气污染控制工程、固体废物处理与处置、环境化学、环境工程微生物的主要使用技术和部分新技术，是环境科学与工程类专业理论和原理在工程领域的具体实施和理论概念的具体化。《环境科学与工程实验》（第二版）根据教育部环境科学与工程教学指导委员会制定的基本教学要求，在河南省环境工程教学指导委员会的指导下完成。

本书在第一版的基础上修订而成，第一章介绍了实验基础知识，第二至七章为环境科学与工程类专业课实验内容，增加了第八章环境工程原理实验内容。本书的修订基于实用性、系统性、新颖性的原则，较第一版新增实验46个，删减实验28个，部分删减的实验作为电子教材，提供阅读链接。实验设计仍以工程实施的运行、监督和维护为主线贯穿环境科学与工程专业主要专业理论，旨在培养工艺设备的运行管理、使用仪器和设备的技能，加强学生对环境科学与工程的基本原理的理解和掌握，强化学生分析和动手能力。实践过程中，力求让学生学习使用实验方法判断和监控控制过程的性能和规律，锻炼学生对实验数据的分析和处理能力，了解实验在实际应用中的重要作用。

本书此次修订由魏学锋、苏现伐、王小庆担任主编，苗娟、汤红妍、皮运清担任副主编。具体分工如下：魏学锋编写第一、五、七章，苏现伐编写第二、三、七章，苗娟编写第四、五、六章，汤红妍编写第二、三、六章，罗亚红编写第三、五、七章，何玉远编写第二、四、八章。王小庆、皮运清负责全书的统稿，最后由魏学锋定稿。全书电子教材由张瑞昌、马建华、芦雷鸣收集整理。本书由马军营主审。

本书主要作为高等学校环境工程、环境科学、给排水科学与工程、资源循环科学与工程及相关专业本科生的实验教学用书，也可作为从事环境监测、环境分析、环境保护等工作的研究人员、技术人员、管理人员的参考用书，由于编者水平及知识深度有限，书中难免有不当之处，敬请各位读者批评指正！

编　者
2023 年 7 月

目　录

第五章　固体废物处理与处置 　　185

第六章　环境化学 　　211

二维码目录

第一章
实验基础知识

第一节　教学目的和要求

一、教学目的

1.通过实验教学促使学生理论联系实际，以培养学生观察问题、分析问题和解决问题的能力。

2.本课程旨在加深学生对环境工程主要技术、工艺流程和基本原理的理解和掌握，巩固所学基本理论知识，并培养一定的操作、分析技能。

3.培养学生设计和组织相关实验方案的初步能力，促进学生掌握主要工艺设备的运行管理技能及使用实验仪器、设备的能力。

4.掌握分析、采集数据的基本方法，建立数据与设备运行状况之间的基本关系，初步掌握对所掌握的污染治理流程进行综合分析的基本技能。

5.加强学生对实验数据的分析和处理能力，训练学生根据实验数据来分析、判断、评价工艺设备运行状况。

6.通过一系列设计型实验提高学生分析问题和解决问题的能力。

二、教学要求

1. 课前预习

本实验课程是相关理论课程的延伸。实验前，学生应认真阅读实验材料中相关的实验内容，复习理论教材中有关基本理论和原理，并需进一步查阅其他的相关参考文献和资料。实验前要求做到：明确所有实验的目的、要求和实验内容；理解所涉及的专业知识和原理；明确具体实验的测试项目和测试方法；准备好实验记录表格和计算用具；熟悉相关实验的系统流程图，明确实验的基本流程和步骤；明确实验重点设备的操作重点和注意事项。

2. 实验设计

不同的工艺流程具有不同的实验手段和实验流程，实验设计是实验手段和实验流程的细化，是实验研究的重要环节，是获得满足要求的实验结果的基本保障。学生应在熟悉基本工艺设备运行原理和流程的基础上，依据实验目的进行实验设计。在实验教学中，应将此环节反复训练，使学生掌握实验设计的基本方法。

3. 实验操作

学生实验前应仔细检查实验设备、仪器仪表是否完整齐全，实验所用器具是否灵活可用，测试设备是否准备就绪。实验时要严格按照操作规程认真操作，仔细观察实验现象，精心测定实验数据，详细真实地进行数据记录。实验结束后，要将实验设备和仪器仪表恢复原状，检查实验装置是否完好，将实验室周围环境整理干净。学生应注意培养自己严谨的科学态度，培养自己的良好习惯。

4. 实验数据的记录和处理

实验过程中及时取样分析并获得实验数据具有非常重要的作用。不同的数据反映不同的现象或工程设备的不同运行状况，必须对所获得的实验数据进行科学、及时的分析整理，并进行数据处理，根据所获得的实验数据对该次实验进行评价、总结，并对污染治理设备的运行状况进行评价和判断，分析结论的可靠性。

5. 编写实验报告

实验报告是对整个实验的全面总结，是实验教学必不可少的组成部分。要求全篇报告文字通顺，字迹端正，图表整齐，结果正确，讨论认真。实验报告包括以下组成部分：实验名称；实验目的；实验原理；实验装置和流程图；实验步骤和方法；实验数据以及分析处理；实验结果及问题讨论。

三、成绩评定

1. 优秀（很好）

能正确理解实验目的和要求，能独立、顺利且正确地完成各项实验操作，会分析和处理实验中遇到的问题，能掌握所学的各项实验技能，能较好地完成实验报告及其他各项实验作业，具有创造精神和能力。有良好的实验习惯。

2. 良好（较好）

能理解实验的目的和要求，能认真而正确地完成各项实验操作，能分析和处理实验中遇到的一些问题。能掌握所学实验技能的绝大部分，对难点较大的操作完成有一定的困难。能较好地完成实验报告和其他实验作业。有较好的实验习惯。

3. 中等（一般）

能粗浅地理解实验目的和要求，能认真努力地进行各项实验操作，但技能较差。能分析和处理实验中一些较容易的问题，掌握实验技能的大部分。能基本完成各项实验作业和报告。处理问题缺乏条理。能认真遵守各项规章制度。

4. 及格（较差）

只能机械地了解实验内容，能按照实验步骤"照方抓药"完成实验操作，完成 60% 所学的实验技能。遇到问题通常缺乏解决的办法，在别人的启发下能做简单处理，但效果不理想。能基本完成实验报告，认真遵守实验室各项规章制度。

5. 不及格（很差）

实验技能掌握不全面，有些实验虽能完成，但一般效果不好，操作不正确。工作忙乱无条理。一般能遵守实验室规章制度，但常有小的错误。实验报告上只能简单地描述实验结果，遇到问题时无法清楚地了解原因，在教师指导下也很难完成各项实验作业。

第二节　实验室管理制度和安全守则

一、实验室的管理制度

上课要按时进入实验室，不允许迟到、早退、缺席。进入实验室后要服从指导、保持肃静、遵守纪律，不准动用与本实验无关的仪器设备；保证室内清洁，不得随地吐痰、扔碎纸；不准吸烟、吃零食和饮水。

① 学生应按编定的组别和指定的位置做实验，不准任意调动实验台位。

② 实验开始时，学生应先检查仪器、药品是否齐全，不得随意调换。如发现问题，及时报告。

③ 实验时，要细致观察、真实记录、独立思考，以实事求是为荣，以弄虚作假为耻，自觉培养科学严谨、勇于探索的学风。结束实验需要经过教师审阅实验数据，签字认可实验过程与结果。

④ 实验中要遵守操作规程，仪器设备如发生故障应立即停止使用，报告指导教师，不可自行拆卸修理。凡违反纪律或操作规程、破坏设备者，要填写损坏报告单，根据情节轻重、态度好坏进行教育、赔偿甚至处分。

⑤ 注意节水、节电、节约试剂。

⑥ 实验结束后，清理好仪器设备、工具、药品和周围环境，如数清点复位，清洁器具，打扫卫生，关水、断电。经指导教师验收允许后方可离开实验室，不得将实验室物品带出实验室。

⑦ 用过的有毒、有害物品及其污染物应放在指定处，由指导教师统一进行无害处理或深埋。

⑧ 加强实验室的安全。坚持"安全第一，预防为主"和"谁主管，谁负责"的原则。实验室应根据自身的特点，健全安全管理制度并定期检查、记录、报告。

⑨ 学生使用仪器设备，要严格按规程操作。由实验任课教师和实验室工作人员负责对学生进行安全教育和监督。

⑩ 当实验室发生事故时，应立即采取应急措施，控制现场，报告学校。

二、实验室安全常识

在进行实验时，经常用到腐蚀性的、易燃的、易爆炸的或有毒的化学试剂，大量使用易损的玻璃仪器和某些精密仪器，同时还会使用各种热电设备、高压或真空等器具和燃气、水、电等。如果不按照规则操作，就有可能造成中毒、火灾、爆炸、触电等事故。因此，为确保实验的正常进行和实验人员的安全，必须严格遵守实验室的安全规则。

① 必须了解和熟悉实验的环境，要熟悉安全用具，如灭火器、灭火毯、沙桶及急救箱的放置地点、使用方法，并经常检查，妥善保管。

② 绝对禁止在实验室饮食、吸烟。一切化学药品禁止入口。养成实验完毕洗手后再离开实验室的习惯。

③ 水、电、燃气等使用完毕后，应立即关闭。离开实验室时，应仔细检查水、电、燃气、门、窗是否均已关好。

④ 实验室内的药品严禁任意混合，以免发生意外事故。注意试剂、溶剂的瓶盖、瓶塞不能互相混淆使用。

⑤ 使用电气设备时，应特别细心，切不可用湿润的手去开启电闸和电器开关。禁止使用有漏电嫌疑的仪器设备。

⑥ 任何试剂瓶和药品都要贴有标签，注明药品名称、浓度、配制日期等。剧毒药品必须严格遵守保管和使用制度。倾倒试剂时，手掌要遮住标签，以保证标签的完整。试剂一经倒出，严禁倒回。

⑦ 禁止用手直接取用任何化学药品，使用毒物时除用药匙、量器外，必须佩戴橡胶手套，原则上应避免药品与皮肤接触，实验后应立即清洗仪器用品，立即用肥皂洗手。

⑧ 为了防止火灾的发生，应避免在实验室中使用明火。大量的易燃品（如溶剂）不要放在实验台附近。实验台要整齐、清洁，不得放与本次实验无关的仪器和药品。不要把食品放在实验室。严禁在实验室吸烟、喝水和进食，严禁赤脚穿拖鞋。

⑨ 不要一个人单独在实验室里工作，同事（或同学）在场可以保证紧急情况下互相救助。一般不应把实验室的门关上。

二维码1-1　误差分析与数据处理

第二章

环境监测

第一节 基础性实验

实验一 悬浮物的测定

一、实验目的

掌握悬浮固体的测定方法和步骤。

二、相关标准和依据

本方法主要依据《水质 悬浮物的测定 重量法》（GB 11901—1989）。

三、实验原理

悬浮物（SS）是指水样经过过滤后留在过滤器上，并于 $103\sim105℃$ 烘至恒重后得到的物质。包括不溶于水的泥沙、各种污染物、微生物及难溶无机物等。测定的方法是将水样通过过滤器后，烘干固体残留物，将所称质量减去过滤器质量，即为悬浮物质量。

四、试剂和材料

蒸馏水或同等纯度的水。

五、实验仪器和设备

1. 全玻璃微孔滤膜过滤器。
2. CN-CA 滤膜：孔径 $0.45\mu m$、直径 $60mm$。
3. 吸滤瓶、真空泵。
4. 扁嘴无齿镊子。

六、实验步骤

1. 水样的采集和保存

采集具有代表性的水样 500～1000mL，盖严瓶塞。漂浮或浸没的不均匀固体物质不属于悬浮物质，应从水样中除去。

所用聚乙烯瓶或硬质玻璃瓶要用洗涤剂洗净。再依次用自来水和蒸馏水冲洗干净。在采样之前，再用即将采集的水样清洗三次。

2. 滤膜准备

用扁嘴无齿镊子夹取微孔滤膜放于事先恒重的称量瓶里，移入烘箱中于 103～105℃烘干半小时后取出置干燥器内冷却至室温，称其质量。反复烘干、冷却、称量，直至两次称量的质量差≤0.2mg。将恒重的微孔滤膜正确地放在滤膜过滤器的滤膜托盘上，加盖配套的漏斗，并用夹子固定好。以蒸馏水湿润滤膜，并不断吸滤。

3. 测定

量取充分混合均匀的试样 100mL 抽吸过滤。使水分全部通过滤膜。再以每次 10mL 蒸馏水连续洗涤三次，继续吸滤以除去痕量水分。停止吸滤后，仔细取出载有悬浮物的滤膜放在原恒重的称量瓶里，移入烘箱中于 103～105℃下烘干 1h 后移入干燥器中，使冷却到室温，称其质量。反复烘干、冷却、称量，直至两次称量的质量差≤0.4mg 为止。

注：滤膜上截留过多的悬浮物可能夹带过多的水分，除延长干燥时间外，还可能造成过滤困难，遇此情况，可酌情少取试样。滤膜上悬浮物过少，则会增大称量误差，影响测定精度，必要时，可增大试样体积。一般以 5～100mg 悬浮物量作为量取试样体积的适用范围。

七、数据处理

1. 数据记录

实验数据记录在表 2-1 中。

表 2-1　数据记录表

序号	滤膜＋称量瓶质量/g	SS＋滤膜＋称量瓶质量/g	水样体积/mL
1			
2			

2. 计算

悬浮物含量 $C(\text{mg/L})$ 按下式计算：

$$C=\frac{(A-B)\times10^6}{V} \tag{2-1}$$

式中　C——水中悬浮物浓度，mg/L；

A——悬浮物＋滤膜＋称量瓶质量，g；

B——滤膜＋称量瓶质量，g；

V——试样体积，mL。

八、思考题

1. 如何根据水样特点确定最少取样量？
2. 分析水样中悬浮物的测定结果与烘干温度的关系。

实验二　浊度的测定

一、实验目的

掌握分光光度法测定地表水浊度的方法和原理。

二、相关标准和依据

本方法主要依据《水质　浊度的测定》（GB 13200—1991）。

三、实验原理

在适当温度下，硫酸肼与六亚甲基四胺聚合，形成白色高分子聚合物，以此作为浊度标准液，在一定条件下与水样浊度相比较。水样应无碎屑及易沉降的颗粒物。

四、试剂和材料

1. 无浊度水

将蒸馏水通过 $0.2\mu m$ 滤膜过滤，收集于用滤过水荡洗两次的烧瓶中。

2. 浊度标准储备液

（1）1g/100mL 硫酸肼溶液：称取 1.000g 硫酸肼 $[(N_2H_4)H_2SO_4]$ 溶于水，定容至 100mL。

（2）10g/100mL 六亚甲基四胺溶液：称取 10.00g 六亚甲基四胺 $[(CH_2)_6N_4]$ 溶于水，定容至 100mL。

（3）浊度标准储备液：吸取 5.00mL 硫酸肼溶液与 5.00mL 六亚甲基四胺溶液于 100mL 容量瓶中，混匀。于（25±3）℃下静置反应 24h。冷却后用水稀释至标线，混匀。此溶液浊度为 400 度。可保存一个月。

五、实验仪器和设备

1. 50mL 具塞比色管。
2. 分光光度计。

六、实验步骤

1. 水样的采集和保存

样品采集到具塞玻璃瓶中，取样后尽快测定。如需保存，可保存在冷暗处不超过 24h。

测试前需激烈振摇并恢复到室温。

所有与样品接触的玻璃器皿必须清洁，可用盐酸或表面活性剂清洗。

2. 标准曲线的绘制

吸取浊度标准液 0mL、0.50mL、1.25mL、2.50mL、5.00mL、10.00mL 及 12.50mL，置于 50mL 的比色管中，加水至标线。摇匀后，即得浊度为 0 度、4 度、10 度、20 度、40 度、80 度及 100 度的标准系列。于 680nm 波长、用 30mm 比色皿测定吸光度，绘制校准曲线。

注：在 680nm 波长下测定，天然水中存在淡黄色、淡绿色无干扰。

3. 测定

吸取 50.0mL 摇匀水样（无气泡，如浊度超过 100 度可酌情少取，用无浊度水稀释至 50.0mL），于 50mL 比色管中，按绘制校准曲线步骤测定吸光度，由校准曲线上查得水样浊度。

七、数据处理

1. 校准曲线的绘制

实验数据记录在表 2-2 中。

表 2-2　校准曲线数据记录表

项目	序号						
	1	2	3	4	5	6	7
吸光度							
扣除空白后吸光度	—						

将表 2-2 中的浊度对扣除空白后的吸光度作校准曲线，得出曲线方程。

2. 计算

将样品的吸光度扣除空白后代入校准曲线方程，计算出水样或稀释后水样的浊度。

如果水样经过稀释，按下式计算原水样的浊度：

$$浊度（度）=\frac{A(B+C)}{C} \tag{2-2}$$

式中　A——稀释后水样的浊度，度；

　　　B——稀释水体积，mL；

　　　C——原水样体积，mL。

八、思考题

1. 分析水样悬浮物测定和浊度测定各自的适用条件，水样测定中如何选择？
2. 浊度测定结果和稀释倍数是否有关？

实验三 色度的测定

Ⅰ 铂钴标准比色法

一、实验目的

1. 了解表色、真色的含义。
2. 掌握铂钴标准比色法测定色度的原理和方法。

二、相关标准和依据

本方法主要依据《水质 色度的测定》（GB 11903—1989），适用于比较清洁的地面水、地下水和饮用水等。

三、实验原理

用氯铂酸钾和氯化钴配制颜色标准溶液，与被测样品进行目视比较，以测定样品的颜色强度，即色度，样品的色度以与之相当的色度标准溶液的度值表示。

测定经 15min 澄清后样品的颜色。pH 值对颜色有较大影响，在测定颜色时应同时测定 pH 值。

四、试剂和材料

1. 光学纯水：将 0.2μm 滤膜（细菌学研究中所采用的）在 100mL 蒸馏水或去离子水中浸泡 1h，用它过滤 250mL 蒸馏水或去离子水，弃去最初的 250mL，以后用这种水配制全部标准溶液并作为稀释水。

2. 色度标准储备液（相当于 500 度）：将（1.245±0.001）g 六氯铂（Ⅳ）酸钾（K_2PtCl_6）及（1.000±0.001）g 六水氯化钴（Ⅱ）（$CoCl_2 \cdot 6H_2O$）溶于约 500mL 水，加（100±1）mL 盐酸（$\rho=1.18g/mL$），并在 1000mL 的容量瓶内用水稀释至标线。此溶液色度为 500 度，密封于玻璃瓶中，存放在暗处，温度不能超过 30℃。本溶液至少能稳定 6 个月。

五、实验仪器

1. 具塞比色管，50mL。规格一致，光学透明玻璃底部无阴影。
2. pH 计，精度±0.1pH 单位。
3. 容量瓶，250mL。

六、实验步骤

1. 水样的采集和保存

将样品采集在容积至少为 1L 的玻璃瓶内，在采样后要尽早进行测定。如果必须贮存，则将样品贮于暗处。在有些情况下还要避免样品与空气接触。同时要避免温度的变化。

2. 水样的预处理

将样品倒入 250mL（或更大）量筒中，静置 15min，倾取上层液体作为水样进行测定。

3. 标准色列的配制

向 50mL 比色管中加入 0mL、0.50mL、1.00mL、1.50mL、2.00mL、2.50mL、3.00mL、3.50mL、4.00mL、4.50mL、5.00mL、6.00mL 及 7.00mL 铂钴标准溶液，并用水稀释至标线，混匀。各管溶液色度分别为：0 度、5 度、10 度、15 度、20 度、25 度、30 度、35 度、40 度、45 度、50 度、60 度和 70 度。溶液装入严密盖好的玻璃瓶中，存放在暗处，温度不能超过 30℃。这些溶液至少可稳定 1 个月。

4. 水样的测定

（1）分别取 50.0mL 澄清透明水样于比色管中，如水样色度较大，可酌情少取水样，用水稀释至 50.0mL。

（2）将水样与标准色列进行目视比较。观测时，将具塞比色管放在白色表面上，比色管与该表面应成合适的角度，使光线被反射自具塞比色管底部向上通过液柱。垂直向下观察液柱，找出与水样色度最接近的标准溶液。

如色度≥70 度，用光学纯水将试料适当稀释后，使色度落入标准溶液范围之中再行测定。另取试料测定 pH 值。

七、数据处理

以色度的标准单位报告与水样最接近的标准溶液的值，在 0～40 度（不包括 40 度）的范围内，准确到 5 度。40～70 度范围内，准确到 10 度。

在报告样品色度的同时报告 pH 值。

稀释过的样品色度（A_0），以度计，用下式计算：

$$A_0 = \frac{V_1}{V_0} A_1 \tag{2-3}$$

式中 V_1——样品稀释后的体积，mL；

      V_0——样品稀释前的体积，mL；

      A_1——稀释样品色度的观察值，度。

Ⅱ   稀释倍数法

一、实验目的

掌握稀释倍数法测定色度的方法。

二、相关标准和依据

本方法主要依据《水质   色度的测定   稀释倍数法》（HJ 1182—2021），适用于受工业废水污染的地表水和工业废水色度的测定。

三、实验原理

将样品用光学纯水稀释至刚好看不见颜色时的稀释倍数作为表达颜色的强度，单位为倍。同时用目视观察样品，检验颜色性质：颜色的深浅（无色、浅色或深色）、色调（红、橙、黄、绿、蓝和紫等），如果可能，包括样品的透明度（透明、浑浊或不透明）。用文字予以描述。结果以稀释倍数值和文字描述相结合表达。

四、试剂和材料

光学纯水。

五、实验仪器

1. 50mL 具塞比色管。
2. pH 计。

六、实验步骤

1. 水样的准备

将样品倒入 250mL（或更大）量筒中，静置 15min，倾取上层液体作为水样进行测定。

2. 水样的测定

（1）初级稀释

准确移取 10.0mL 试样于 100mL 比色管或 100mL 容量瓶中，用光学纯水稀释至 100mL 刻度，混匀后按目视比色方法观察，如果还有颜色，则继续取稀释后的试料 10.0mL 再稀释 10 倍，依次类推，直到刚好与光学纯水无法区别为止，记录稀释次数 n。

（2）自然倍数稀释

用量筒取第 $n-1$ 次初级稀释的试料，按照表 2-3 的稀释方法由小到大逐级按自然倍数进行稀释，每稀释 1 次，混匀后按目视比色方法观察，直到刚好与光学纯水无法区别时停止稀释，记录稀释倍数 D_1。

（3）测定 pH 值

另取试料按照 HJ 1147 测定 pH 值。稀释方法及结果表示见表 2-3。

表 2-3　稀释方法及结果表示

稀释倍数（D_1）	稀释方法	结果表示
2 倍	取 25mL 试样加水 25mL,混匀备用	$2 \times 10^{n-1}$ 倍（$n=1,2\cdots$）
3 倍	取 20mL 试样加水 40mL,混匀备用	$3 \times 10^{n-1}$ 倍（$n=1,2\cdots$）
4 倍	取 20mL 试样加水 60mL,混匀备用	$4 \times 10^{n-1}$ 倍（$n=1,2\cdots$）
5 倍	取 10mL 试样加水 40mL,混匀备用	$5 \times 10^{n-1}$ 倍（$n=1,2\cdots$）
6 倍	取 10mL 试样加水 50mL,混匀备用	$6 \times 10^{n-1}$ 倍（$n=1,2\cdots$）
7 倍	取 10mL 试样加水 60mL,混匀备用	$7 \times 10^{n-1}$ 倍（$n=1,2\cdots$）
8 倍	取 10mL 试样加水 70mL,混匀备用	$8 \times 10^{n-1}$ 倍（$n=1,2\cdots$）
9 倍	取 10mL 试样加水 80mL,混匀备用	$9 \times 10^{n-1}$ 倍（$n=1,2\cdots$）

（4）目视比色

将稀释后的试料和光学纯水分别倒入 50mL 具塞比色管至 50mL 标线，将具塞比色管垂直放置在白色表面上，垂直向下观察液柱，比较试料和光学纯水的颜色。

七、数据处理

1. 样品的稀释倍数 D，按下式进行计算：

$$D_1 = D \times 10^{(n-1)} \tag{2-4}$$

式中　　D——样品稀释倍数；

　　　　n——初级稀释次数；

　　　　D_1——稀释倍数。

2. 同时用文字描述样品的颜色深浅、色调，如果可能，包括透明度。

3. 在报告样品色度的同时，报告 pH 值。

八、思考题

1. 为什么测色度时要测 pH 值？

2. 比色法和稀释倍数法测定水样色度时各适用于什么情况？

实验四　电导率的测定

一、实验目的

掌握水样测定电导率的操作方法。

二、实验原理

当水样中插入复合电极时，可测定电极的电阻。温度一定时，该电阻 R 与电导率 K 成反比，即 $R = Q/K$。当已知电导池常数 Q 时，测量水样的电阻，即可求得电导率。

三、试剂和材料

1. 实验用水：25℃时的电导率不高于 0.2mS/m。

2. 氯化钾（KCl），优级纯：使用前，应在（220±10）℃下干燥 24h，待用。

3. 氯化钾标准储备液，$c(KCl) = 0.1000$mol/L：准确称取 7.456g 干燥后的优级纯氯化钾，溶于 20℃适量水中，全量转入 1000mL 容量瓶，用实验用水定容至刻度线，混匀，转入密闭聚乙烯瓶中保存；临用现配。该溶液在 25℃时，电导率为 1290mS/m。亦可直接购买市售有证标准溶液。

4. 氯化钾标准溶液：将 0.1000mol/L 的氯化钾标准储备液用前述实验用水进行稀释，制备成各种高浓度的氯化钾标准溶液，临用现配，并转入密闭聚乙烯瓶中保存。

四、实验仪器和设备

1. 电导率仪：具可调节量程设定和温度校正功能，仪器测量误差不超过 1%。

2. 分析天平：精度 0.001g。

3. 一般实验室常用仪器和设备。

五、实验步骤

1. 电极常数的确定

首先估计水样的电导率大小，选择使用的电极常数。以上海雷磁的 DDS-307A 电导率仪为例，当接 0.01、0.1、1 和 10 四种规格常数的电导电极时，测量量程如表 2-4 所示。

表 2-4　电导率量程

电极常数	电导率量程 $\mu S/cm$	电极常数	电导率量程 $\mu S/cm$
0.01	0～2.00	1	2～10000
0.1	0.2～20.00	10	10000～100000

2. 使用方法

（1）预热：接通电源，打开仪器开关，仪器预热 30min 后，可进行测量。

（2）温度的设置：DDS-307A 型电导率仪一般情况下不需要对温度进行设置，如果需要，在不接温度电极的情况下，用温度计测出被测溶液的温度，然后按"温度▲"或"温度▼"键，使仪器显示被测溶液的温度。

（3）电极常数和常数数值的设置：按下"电导率/TDS"键，选择电导率测量模式；每种类电极具体的电极常数均粘贴在每支电导电极上，根据电极上所标的电极常数进行设置；按下"电极常数"键，显示屏上显示的电极常数在 10、1、0.1、0.01 之间转换，如果电极标贴的电极常数为 0.96，则选择"1"并按"确定"键；再按"常数调节▼"键，使屏幕显示常数数值"0.96"，按"确认"键，完成电极常数及数值的设置。

（4）测量：电极常数的选择可参考表 2-5，然后仪器接上电导电极、温度电极，用蒸馏水清洗电极头部，再用被测溶液清洗一次，将温度电极、电导电极浸入被测溶液中，用玻璃棒搅拌溶液使溶液均匀，在显示屏上读取溶液的电导率。

表 2-5　电极常数推荐表

电导率范围/($\mu S/cm$)	推荐使用的电极常数/cm^{-1}
0.05～2	0.01、0.1
2～200	0.1、1.0
200～2×10^5	1.0

六、注意事项

1. 电极使用前必须放入蒸馏水中浸泡数小时，经常使用的电极应放入（贮存）在蒸馏水中。

2. 为保证仪器的测量精度，必要时在仪器的使用前，用该仪器对电极常数进行重新标定，同时应定期进行电导电极常数标定。标定方法：先配制一定浓度的 KCl 标准溶液，其电导率为 G，详见表 2-6，然后将电极浸入标准溶液中，读取仪器显示的电导率 $G_{测}$，则该电极的电极常数为 $K=G/G_{测}$。

3. 为确保测量精度，电极使用前应用小于 $0.5\mu S/cm$ 的去离子水（或蒸馏水）冲洗两次，然后用被测试样冲洗后方可测量。

4. 电极长期不用应贮存在干燥的地方。电极使用前必须放入（贮存）在蒸馏水中数小时。

表 2-6　KCl 溶液近似浓度及其电导率的关系

温度/℃	电导率/(mS/cm)			
	近似浓度 1mol/L	近似浓度 0.1mol/L	近似浓度 0.01mol/L	近似浓度 0.001mol/L
15	92.12	10.455	1.1414	0.1185
18	97.80	11.163	1.2200	0.1267

续表

温度/℃	电导率/(mS/cm)			
	近似浓度 1mol/L	近似浓度 0.1mol/L	近似浓度 0.01mol/L	近似浓度 0.001mol/L
20	101.70	11.644	1.2737	0.1322
25	111.31	12.852	1.4083	0.1465
35	131.10	15.351	1.6876	0.1765

实验五　臭阈值的测定

一、实验目的

掌握水样臭阈值测定的原理和方法。

二、实验原理

用无臭水稀释水样，直至能嗅出最低可辨别臭气的浓度称为臭阈浓度，用以计算臭阈值。水样稀释到臭阈浓度时的稀释倍数称为臭阈值。

三、实验仪器和试剂

1. 具塞锥形瓶。
2. 恒温水浴锅。
3. 无臭水：经煮沸处理后的蒸馏水。

四、实验步骤

1. 用水样和无臭水在具塞锥形瓶中配制系列稀释水样，在水浴上加热至（60±1）℃。
2. 取下锥形瓶，振荡 2～3 次，去塞，闻其气味，与无臭水比较，确定刚好闻出臭味的稀释水样，计算臭阈值。如水样含余氯，应在脱氯前后各检验一次。

五、数据处理

水样的臭阈值，用下式计算：

$$臭阈值（TON）= \frac{水样体积＋无臭水体积}{水样体积} \tag{2-5}$$

六、注意事项

由于不同检验人员对臭的敏感程度有差异，检验结果会不一致，因此，一般选择 5 名以上嗅觉灵敏的检验人员同时检验，取其检验结果的几何平均值作为代表值。此外，要求检验人员在检臭前避免外来气味的刺激。

实验六　化学需氧量的测定

一、实验目的

掌握重铬酸钾法测定化学需氧量的原理和方法。

二、相关标准和依据

本方法主要依据《水质　化学需氧量的测定　重铬酸盐法》（HJ 828—2017），适用于地表水、生活污水和工业废水中化学需氧量的测定，不适用于含氯化物浓度大于 1000mg/L（稀释后）的水中化学需氧量的测定。

当取样体积为 10.0mL 时，检出限为 4mg/L，测定下限为 16mg/L。未经稀释的水样测定上限为 700mg/L，超过此限时须稀释后测定。

三、实验原理

在水样中加入已知量的重铬酸钾溶液，并在强酸介质下以银盐作催化剂，经沸腾回流后以试亚铁灵为指示剂，用硫酸亚铁铵滴定水样中未被还原的重铬酸钾。由消耗的重铬酸钾的量换算成消耗氧的质量浓度。

在酸性重铬酸钾条件下，芳烃及吡啶难以被氧化，其氧化率较低。在硫酸银的催化作用下，直链脂肪族化合物可有效地被氧化。无机还原性物质如亚硝酸盐、硫化物和二价铁盐等将使测定结果增大，其需氧量也是 COD_{Cr} 的一部分。

本方法的主要干扰物为氯化物，可加入硫酸汞溶液去除。经回流后，氯离子与硫酸汞结合成可溶性的氯汞配合物。硫酸汞溶液的用量可根据水样中氯离子的含量，按质量比 $m(HgSO_4) : m(Cl^-) \geqslant 20 : 1$ 的比例加入，最大加入量为 2mL（按照氯离子最大允许浓度 1000mg/L 计）。

四、试剂和材料

1. 硫酸银（Ag_2SO_4），分析纯。

2. 硫酸汞（$HgSO_4$），分析纯。

3. 硫酸（H_2SO_4）：$\rho = 1.84g/mL$，优级纯。

4. 重铬酸钾（$K_2Cr_2O_7$）：基准试剂，取适量重铬酸钾在 105℃烘箱中干燥至恒重。

5. 邻苯二甲酸氢钾（$KHC_8H_4O_4$）：基准试剂。

6. 七水合硫酸亚铁（$FeSO_4 \cdot 7H_2O$）。

7. 硫酸亚铁铵 [$(NH_4)_2Fe(SO_4)_2 \cdot 6H_2O$]。

8. 硫酸溶液：1+9（体积）。

9. 硫酸银-硫酸溶液：向 1L 硫酸（$\rho = 1.84g/mL$）中加入 10g 硫酸银，放置 1～2 天使之溶解，并混匀，使用前小心摇动。

10. 重铬酸钾标准溶液。

（1）$c(1/6 K_2Cr_2O_7) = 0.250mol/L$ 的重铬酸钾标准溶液：将 12.258g 在 105℃下干燥 2h 后的重铬酸钾溶于水中，稀释至 1000mL。

（2）$c(1/6 K_2Cr_2O_7) = 0.0250mol/L$ 的重铬酸钾标准溶液：将上述（1）的溶液稀释 10 倍而成。

11. 硫酸汞溶液：$\rho = 100g/L$。称取 10g 硫酸汞，溶于 100mL 硫酸溶液（1+9），混匀。

12. 硫酸亚铁铵标准溶液：$c[(NH_4)_2Fe(SO_4)_2 \cdot 6H_2O] \approx 0.05mol/L$。

（1）$c[(NH_4)_2Fe(SO_4)_2 \cdot 6H_2O] \approx 0.05mol/L$ 的硫酸亚铁铵标准溶液：溶解 19.5g 硫酸亚铁铵 [$(NH_4)_2Fe(SO_4)_2 \cdot 6H_2O$] 于水中，加入 10mL 硫酸（$\rho = 1.84g/mL$），待其溶液冷

却后稀释至1000mL。

（2）每日临用前，必须用0.250mol/L重铬酸钾标准溶液准确标定此溶液，标定时应做平行双样。

取5.00mL重铬酸钾标准溶液（0.250mol/L）置于锥形瓶中，用水稀释至约50mL，缓慢加入15mL浓硫酸（$\rho=1.84g/mL$），混匀，冷却后，加3滴（约0.15mL）试亚铁灵指示剂，用硫酸亚铁铵（0.05mol/L）滴定溶液的颜色由黄色经蓝绿色变为红褐色，即为终点。记录下硫酸亚铁铵的消耗量V(mL)。

（3）硫酸亚铁铵标准滴定溶液浓度的计算：

$$c\left[(NH_4)_2Fe(SO_4)_2\cdot 6H_2O\right]=\frac{5.00\times 0.250}{V}=\frac{2.50}{V} \tag{2-6}$$

式中　V——滴定时消耗硫酸亚铁铵溶液的体积，mL。

（4）$c\left[(NH_4)_2Fe(SO_4)_2\cdot 6H_2O\right]\approx 0.005mol/L$的硫酸亚铁铵标准溶液：将（1）中0.05mol/L的硫酸亚铁铵标准溶液稀释10倍，用重铬酸钾标准溶液（$c=0.0250mol/L$）标定，其滴定步骤及浓度计算分别与（2）及（3）类同。

13.邻苯二甲酸氢钾标准溶液，$c(KHC_8H_4O_4)=2.0824mmol/L$：称取105℃下干燥2h的邻苯二甲酸氢钾0.4251g溶于水，并稀释至1000mL，混匀。以重铬酸钾为氧化剂，将邻苯二甲酸氢钾完全氧化至COD_{Cr}为1.176g/g（即1g邻苯二甲酸氢钾耗氧1.176g），故该标准溶液的理论COD为500mg/L。

14.试亚铁灵指示剂溶液：1,10-菲绕啉（商品名为邻菲罗啉、1,10-菲罗啉等）指示剂溶液，溶解0.7g七水合硫酸亚铁（$FeSO_4\cdot 7H_2O$）于50mL的水中，加入1.5g 1,10-菲绕啉，搅动至溶解，加水稀释至100mL。

15.防暴沸玻璃珠。

五、实验仪器

1.回流装置：带有24号标准磨口的250mL锥形瓶的全玻璃回流装置。回流冷凝管长度300～500mm。若取样量在30mL以上，可采用带500mL锥形瓶的全玻璃回流装置。见图2-1。

2.加热装置。

3.25mL或50mL酸式滴定管。

六、实验步骤

1.样品的采集和保存

水样要采集于玻璃瓶中，应尽快分析。如不能立即分析时，应加入硫酸（$\rho=1.84g/mL$）至pH<2，置4℃下保存。但保存时间不多于5天。采集水样的体积不得少于100mL。将试样充分摇匀，取出10.0mL作为测试样品。

2.COD≤50mg/L的样品测定

（1）样品测定

取10.0mL水样于锥形瓶中，依次加入硫酸汞溶液（100g/L）、重铬酸钾标准溶液（0.0250mol/L）5.00mL和几颗防暴沸玻璃珠，摇匀。硫酸汞溶

图2-1　加热回流装置

液按质量比 $m(\text{HgSO}_4)$：$m(\text{Cl}^-) \geqslant 20:1$ 的比例加入，最大加入量为 2mL。

将锥形瓶连接到回流装置冷凝管下端，从冷凝管上端缓慢加入 15mL 硫酸银-硫酸溶液，以防止低沸点有机物的逸出，不断旋动锥形瓶使之混合均匀。自溶液开始沸腾起保持微沸回流 2h。若为水冷装置，应在加入硫酸银-硫酸溶液之前通入冷凝水。

回流并冷却后，自冷凝管上端加入 45mL 水冲洗冷凝管，取下锥形瓶。

溶液冷却至室温后，加入 3 滴试亚铁灵指示剂溶液，用硫酸亚铁铵标准溶液（0.005mol/L）滴定，溶液的颜色由黄色经蓝绿色变为红褐色即为终点。记录硫酸亚铁铵的消耗体积 V_1。

注：样品浓度低时，取样体积可适当增加，同时其他试剂量也应按比例增加。

（2）空白试验

按（1）相同的步骤以 10.0mL 实验用蒸馏水代替水样进行空白试验，记录空白滴定时消耗硫酸亚铁铵标准溶液的体积 V_0。空白试验中硫酸银-硫酸溶液和硫酸汞溶液的用量应与样品中的用量保持一致。

3. COD＞50mg/L 的样品测定

（1）样品测定

取 10.0mL 水样于锥形瓶中，依次加入硫酸汞溶液（100g/L）、重铬酸钾标准溶液（0.250mol/L）5.00mL 和几颗防暴沸玻璃珠，摇匀。硫酸汞溶液按质量比 $m(\text{HgSO}_4)$：$m(\text{Cl}^-) \geqslant 20:1$ 的比例加入，最大加入量为 2mL。

将锥形瓶连接到回流装置冷凝管下端，从冷凝管上端缓慢加入 15mL 硫酸银-硫酸溶液，以防止低沸点有机物的逸出，不断旋动锥形瓶使之混合均匀。自溶液开始沸腾起保持微沸回流 2h。若为水冷装置，应在加入硫酸银-硫酸溶液之前通入冷凝水。

回流并冷却后，自冷凝管上端加入 45mL 水冲洗冷凝管，取下锥形瓶。

溶液冷却至室温后，加入 3 滴试亚铁灵指示剂溶液，用硫酸亚铁铵标准溶液（0.05mol/L）滴定，溶液的颜色由黄色经蓝绿色变为红褐色即为终点。记录硫酸亚铁铵的消耗体积 V_1。

注：对于污染严重的水样，可选取所需体积 1/10 的水样放入硬质玻璃管中，加入 1/10 的试剂，摇匀后加热至沸腾数分钟，观察溶液是否变成蓝绿色。如呈蓝绿色，应再适当少取水样，直至溶液不变蓝绿色为止，从而确定待测水样的稀释倍数。

（2）空白试验

按（1）相同的步骤以 10.0mL 实验用蒸馏水代替水样进行空白试验，记录空白滴定时消耗硫酸亚铁铵标准溶液的体积 V_0。空白试验中硫酸银-硫酸溶液和硫酸汞溶液的用量应与样品中的用量保持一致。

七、数据处理

1. 计算

按下式计算样品中化学需氧量的质量浓度 $\rho(\text{mg/L})$。

$$\rho = \frac{c(V_0 - V_1) \times 8000}{V_2} \times f \tag{2-7}$$

式中 c——硫酸亚铁铵标准溶液的浓度，mol/L；

V_0——空白试验所消耗的硫酸亚铁铵标准滴定溶液的体积，mL；

V_1——水样测定所消耗的硫酸亚铁铵标准滴定溶液的体积，mL；

V_2——加热回流时所取水样的体积，mL；

f——样品稀释倍数；

8000——$\frac{1}{4}$O$_2$ 的摩尔质量以 mg/L 为单位的换算值。

2. 结果表示

当 COD 测定结果小于 100mg/L 时，保留至整数位；当测定结果大于或等于 100mg/L 时，保留三位有效数字。

八、注意事项

1. 消解时应使溶液缓慢沸腾，不宜暴沸。如出现暴沸，说明溶液中出现局部过热现象，会导致测定结果有误。暴沸的原因可能是加热过于激烈，或是防暴沸玻璃珠的效果不好。

2. 试亚铁灵指示剂的加入量虽然不影响临界点，但应尽量一致。当溶液的颜色先变为蓝绿色再变到红褐色即达到终点，几分钟后可能还会重现蓝绿色。

九、思考题

1. 若样品的 COD＞700mg/L 时，如何确定稀释倍数？
2. 若采用不同的稀释倍数，测定结果不一致，数据该如何处理？

实验七　五日生化需氧量（BOD$_5$）的测定

一、实验目的

1. 掌握测定 BOD$_5$ 时样品的预处理方法。
2. 掌握稀释倍数法测定 BOD$_5$ 的原理和方法。

二、相关标准和依据

本方法主要依据《水质　五日生化需氧量（BOD$_5$）的测定　稀释与接种法》（HJ 505—2009），适用于地表水、工业废水和生活污水中五日生化需氧量（BOD$_5$）的测定。本方法的检出限为 0.5mg/L，测定下限为 2mg/L，非稀释法和非稀释接种法的测定上限为 6mg/L，稀释法和稀释接种法的测定上限为 6000mg/L。

三、实验原理

生化需氧量是指在规定的条件下，微生物分解水中的某些可氧化的物质，特别是分解有机物的生物化学过程消耗的溶解氧。通常情况下是指水样充满完全密闭的溶解氧瓶，在 (20 ± 1)℃的暗处培养 5d$\pm$4h 或 $(2+5)$d$\pm$4h[先在 0～4℃的暗处培养 2d，接着在 (20 ± 1)℃的暗处培养 5d，即培养 $(2+5)$d]，分别测定培养前后水样中溶解氧的质量浓度，由培养前后溶解氧的质量浓度之差，计算每升样品消耗的溶解氧量，以 BOD$_5$ 形式表示。

若样品中的有机物含量较多，BOD_5 大于 6mg/L，样品需适当稀释后测定；对不含或含微生物少的工业废水，如酸性废水、碱性废水、高温废水、冷冻保存的废水或经过氯化处理等的废水，在测定 BOD_5 时应进行接种，以引进能分解废水中有机物的微生物。当废水中存在难以被一般生活污水中的微生物以正常速度降解的有机物或含有剧毒物质时，应将驯化后的微生物引入水样中进行接种。

四、试剂和材料

1. 水：实验用水为符合 GB/T 6682—2008 规定的 3 级蒸馏水，且水中铜离子的质量浓度不大于 0.01mg/L，不含有氯或氯胺等物质。

2. 接种液：可购买接种微生物用的接种物质，接种液的配制和使用按说明书的要求操作。也可按以下方法获得接种液。

（1）未受工业废水污染的生活污水：化学需氧量不大于 300mg/L，总有机碳不大于 100mg/L。

（2）含有城镇污水的河水或湖水。

（3）污水处理厂的出水。

（4）分析含有难降解物质的工业废水时，在其排污口下游适当处取水样作为废水的驯化接种液。也可取中和或经适当稀释后的废水进行连续曝气，每天加入少量该种废水，同时加入少量生活污水，使适应该种废水的微生物大量繁殖。当水中出现大量的絮状物时，表明微生物已繁殖，可用作接种液。一般驯化过程需 3~8d。

3. 盐溶液。

（1）磷酸盐缓冲溶液：将 8.5g 磷酸二氢钾（KH_2PO_4）、21.8g 磷酸氢二钾（K_2HPO_4）、33.4g 七水合磷酸二钠（$Na_2HPO_4 \cdot 7H_2O$）和 1.7g 氯化铵（NH_4Cl）溶于水中，稀释至 1000mL，此溶液在 0~4℃下可稳定保存 6 个月。此溶液的 pH 值为 7.2。

（2）硫酸镁溶液，$\rho(MgSO_4) = 11.0g/L$：将 22.5g 七水合硫酸镁（$MgSO_4 \cdot 7H_2O$）溶于水中，稀释至 1000mL，此溶液在 0~4℃下可稳定保存 6 个月，若发现任何沉淀或微生物生长应弃去。

（3）氯化钙溶液，$\rho(CaCl_2) = 27.6g/L$：将 27.6g 无水氯化钙（$CaCl_2$）溶于水中，稀释至 1000mL，此溶液在 0~4℃下可稳定保存 6 个月，若发现任何沉淀或微生物生长应弃去。

（4）氯化铁溶液，$\rho(FeCl_3) = 0.15g/L$：将 0.25g 六水合氯化铁（$FeCl_3 \cdot 6H_2O$）溶于水中，稀释至 1000mL，此溶液在 0~4℃下可稳定保存 6 个月，若发现任何沉淀或微生物生长应弃去。

4. 稀释水：在 5~20L 的玻璃瓶中加入一定量的水，控制水温在（20±1）℃，用曝气装置至少曝气 1h，使稀释水中的溶解氧达到 8mg/L 以上。使用前每升水中加入上述四种盐溶液各 1.0mL，混匀，在 20℃下保存。在曝气的过程中防止污染，特别是防止带入有机物、金属、氧化物或还原物。

稀释水中氧的浓度不能过饱和，使用前需开口放置 1h，且应在 24h 内使用。剩余的稀释水应弃去。

5. 接种稀释水：根据接种液的来源不同，每升稀释水中加入适量接种液（城市生活污水和污水处理厂出水加 1~10mL，河水或湖水加 10~100mL），将接种稀释水存放在

（20±1）℃的环境中，当天配制当天使用。接种的稀释水 pH 值为 7.2，BOD_5 应小于 1.5mg/L。

6. 盐酸溶液，$c(HCl)=0.5mol/L$：将 40mL 浓盐酸（HCl）溶于水中，稀释至 1000mL。

7. 氢氧化钠溶液，$c(NaOH)=0.5mol/L$：将 20g 氢氧化钠溶于水中，稀释至 1000mL。

8. 亚硫酸钠溶液，$c(Na_2SO_3)=0.025mol/L$：将 1.575g 亚硫酸钠（Na_2SO_3）溶于水中，稀释至 1000mL。此溶液不稳定，需现用现配。

9. 葡萄糖-谷氨酸标准溶液：将葡萄糖（$C_6H_{12}O_6$，优级纯）和谷氨酸（HOOC—CH_2—CH_2—$CHNH_2$—COOH，优级纯）在 130℃ 下干燥 1h，各称取 150mg 溶于水中，在 1000mL 容量瓶中稀释至标线。此溶液的 BOD_5 为（210±20）mg/L，现用现配。该溶液也可少量冷冻保存，融化后立刻使用。

10. 丙烯基硫脲硝化抑制剂，$\rho(C_4H_8N_2S)=1.0g/L$：溶解 0.20g 丙烯基硫脲（$C_4H_8N_2S$）于 200mL 水中混合，4℃下保存，此溶液可稳定保存 14 天。

11. 乙酸溶液，1+1。

12. 碘化钾溶液，$\rho(KI)=100g/L$：将 10g 碘化钾（KI）溶于水中，稀释至 100mL。

13. 淀粉溶液，$\rho=5g/L$：将 0.50g 淀粉溶于水中，稀释至 100mL。

五、实验仪器和设备

1. 滤膜：孔径为 1.6μm。

2. 溶解氧瓶：带水封装置，容积 250~300mL。

3. 稀释容器：1000~2000mL 的量筒或容量瓶。

4. 虹吸管：供分取水样或添加稀释水。

5. 溶解氧测定仪。

6. 冷藏箱：0~4℃。

7. 冰箱：有冷冻和冷藏功能。

8. 带风扇的恒温培养箱：（20±1）℃。

9. 曝气装置：多通道空气泵或其他曝气装置。曝气可能带来有机物、氧化剂和金属，导致空气污染，如有污染，空气应过滤清洗。

六、实验步骤

1. 样品的采集和保存

样品采集按照《地表水和污水监测技术规范》（HJ/T 91—2002）的相关规定执行。采集的样品应充满并密封于棕色玻璃瓶中，样品量不小于 1000mL，在 0~4℃ 的暗处运输和保存，并于 24h 内尽快分析。

2. 样品的前处理

（1）pH 值调节

若样品或稀释后样品的 pH 值不在 6~8，应用盐酸溶液或氢氧化钠溶液调节其 pH 值至 6~8。

（2）余氯和结合氯的去除

若样品中含有少量余氯，一般在采样后放置 1~2h，游离氯即可消失。对在短时间内不能消失的余氯，可加入适量亚硫酸钠溶液去除样品中存在的余氯和结合氯，加入的亚硫酸钠溶液的量由下述方法确定。

取已中和好的水样 100mL，加入乙酸溶液 10mL、碘化钾溶液 1mL，混匀，在暗处静置 5min。用亚硫酸钠溶液滴定析出的碘至淡黄色，加入 1mL 淀粉溶液呈蓝色。再继续滴定至蓝色刚刚褪去，即为终点，记录所用亚硫酸钠溶液体积，由亚硫酸钠溶液消耗的体积，计算出水样中应加亚硫酸钠溶液的体积。

（3）样品均质化

含有大量颗粒物、需要较大稀释倍数的样品或经冷冻保存的样品，测定前均需将样品搅拌均匀。

（4）样品中有藻类

若样品中有大量藻类存在，BOD_5 的测定结果会偏高。当分析结果精度要求较高时，测定前应用滤孔为 $1.6\mu m$ 的滤膜过滤，检测报告中注明滤膜滤孔的大小。

（5）含盐量低的样品

若样品含盐量低，非稀释样品的电导率小于 $125\mu S/cm$ 时，需加入适量相同体积的四种盐溶液，使样品的电导率大于 $125\mu S/cm$。每升样品中至少需加入各种盐的体积 V 按下式计算：

$$V = (\Delta K - 12.8)/113.6 \tag{2-8}$$

式中　V——需加入各种盐的体积，mL；

　　　ΔK——样品需要提高的电导率，$\mu S/cm$。

3. 非稀释法测定样品

非稀释法分为两种情况：非稀释法和非稀释接种法。

若样品中的有机物含量较少，BOD_5 不大于 6mg/L，且样品中有足够的微生物，用非稀释法测定。若样品中的有机物含量较少，BOD_5 不大于 6mg/L，但样品中无足够的微生物，如酸性废水、碱性废水、高温废水、冷冻保存的废水或经过氯化处理等的废水，采用非稀释接种法测定。

（1）试样的准备

① 待测试样测定前温度达到 (20 ± 2)℃，若样品中溶解氧浓度低，需要用曝气装置曝气 15min，充分振摇赶走样品中残留的空气泡；若样品中氧过饱和，将容器 2/3 体积充满样品，用力振荡赶出过饱和氧，然后根据试样中微生物含量情况确定测定方法。非稀释法可直接取样测定；非稀释接种法，每升试样中加入适量的接种液，待测定。若试样中含有硝化细菌，有可能发生硝化反应，需在每升试样中加入 2mL 丙烯基硫脲硝化抑制剂。

② 空白试样非稀释接种法　每升稀释水中加入与试样中相同量的接种液作为空白试样，需要时每升试样中加入 2mL 丙烯基硫脲硝化抑制剂。

（2）试样的测定

① 碘量法测定试样中的溶解氧　将上述待测试样充满两个溶解氧瓶中，使试样少量溢出，防止试样中的溶解氧质量浓度改变，使瓶中存在的气泡靠瓶壁排除。将一瓶盖上瓶盖，加上水封，在瓶盖外罩上一个密罩，防止培养期间水封水蒸发干，在恒温培养箱中培养 5d±4h 或 (2+5)d±4h 后测定试样中溶解氧的质量浓度。另一瓶 15min 后测定试样在培养前溶解氧的质量浓度。溶解氧的测定按 GB 7489—1987 进行操作。

② 电化学探头法测定试样中的溶解氧　将上述待测试样充满一个溶解氧瓶中，使试样少量溢出，防止试样中的溶解氧质量浓度改变，使瓶中存在的气泡靠瓶壁排除。测定培养前试样中的溶解氧的质量浓度。

盖上瓶盖，防止样品中残留气泡，加上水封，在瓶盖外罩上一个密封罩，防止培养期间水封水蒸发干。将试样瓶放入恒温培养箱中培养 5d±4h 或（2+5）d±4h。测定培养后试样中溶解氧的质量浓度。

溶解氧的测定按 HJ 506—2009 进行操作。

空白试样的测定方法同上述两步骤。

4. 稀释与接种法测定样品

稀释与接种法分为两种情况：稀释法和稀释接种法。

若试样中的有机物含量较多，BOD_5 大于 6mg/L，且样品中有足够的微生物，采用稀释法测定；若试样中的有机物含量较多，BOD_5 大于 6mg/L，但试样中无足够的微生物，采用稀释接种法测定。

（1）试样的准备

① 待测试样　待测试样测定前的温度达到（20±2）℃，若试样中溶解氧浓度低，需要用曝气装置曝气 15min，充分振荡赶走样品中残留的气泡；若样品中氧过饱和，将容器的 2/3 体积充满样品，用力振荡赶出过饱和氧，然后根据试样中微生物含量情况确定测定方法。稀释法测定，稀释倍数按表 2-7 和表 2-8 方法确定，然后用稀释水稀释。稀释接种法测定，用接种稀释水稀释样品，若样品中含有硝化细菌，有可能发生硝化反应，需在每升试样培养液中加入 2mL 丙烯基硫脲硝化抑制剂。

稀释倍数的确定：样品稀释的程度应使消耗的溶解氧质量浓度不小于 2mg/L，培养后样品中剩余溶解氧质量浓度不小于 2mg/L，且试样中剩余的溶解氧的质量浓度为开始浓度的 1/3～2/3 为最佳。

表 2-7　典型的比值

水样的类型	总有机碳 R （BOD_5/TOC）	高锰酸盐指数 R （BOD_5/I_{Mn}）	化学需氧量 R （BOD_5/COD_{Cr}）
未处理的废水	1.2～2.8	1.2～1.5	0.35～0.65
生化处理的废水	0.3～1.0	0.5～1.2	0.20～0.35

稀释倍数可根据样品的总有机碳（TOC）、高锰酸盐指数（I_{Mn}）或化学需氧量（COD_{Cr}）的测定值，按照表 2-7 列出的 BOD_5 与总有机碳（TOC）、高锰酸盐指数（I_{Mn}）或化学需氧量（COD_{Cr}）的比值 R 估计 BOD_5 的期望值（R 与样品的类型有关），再根据表 2-8 确定稀释因子。当不能准确地选择稀释倍数时，一个样品做 2～3 个不同的稀释倍数。

由表 2-7 中选择适当的 R 值，按下式计算 BOD_5 的期望值：

$$\rho = RY \tag{2-9}$$

式中　ρ——五日生化需氧量浓度的期望值，mg/L；

Y——总有机碳（TOC）、高锰酸盐指数（I_{Mn}）或化学需氧量（COD_{Cr}）的值，mg/L。

由估算出的 BOD_5 的期望值，按表 2-8 确定样品的稀释倍数。

表 2-8 BOD_5 测定的稀释倍数

BOD_5 的期望值/(mg/L)	稀释倍数	水样类型
6～12	2	河水、生物净化的城市污水
10～30	5	河水、生物净化的城市污水
20～60	10	生物净化的城市污水
40～120	20	澄清的城市污水或轻度污染的工业废水
100～300	50	轻度污染的工业废水或原城市污水
200～600	100	轻度污染的工业废水或原城市污水
400～1200	200	重度污染的工业废水或原城市污水
1000～3000	500	重度污染的工业废水
2000～6000	1000	重度污染的工业废水

② 空白试样 稀释法测定，空白试样为稀释水，需要时每升稀释水中加入 2mL 丙烯基硫脲硝化抑制剂。稀释接种法测定，空白试样为接种稀释水，必要时每升接种稀释水中加入 2mL 丙烯基硫脲硝化抑制剂。

（2）试样的测定

试样和空白试样的测定方法同上述步骤。

七、数据处理

1. 非稀释法

非稀释法按下式计算样品 BOD_5 的测定结果：

$$\rho = \rho_1 - \rho_2 \tag{2-10}$$

式中 ρ——五日生化需氧量质量浓度，mg/L；

ρ_1——水样在培养前的溶解氧质量浓度，mg/L；

ρ_2——水样在培养后的溶解氧质量浓度，mg/L。

2. 非稀释接种法

$$\rho = (\rho_1 - \rho_2) - (\rho_3 - \rho_4) \tag{2-11}$$

式中 ρ——五日生化需氧量质量浓度，mg/L；

ρ_1——接种水样在培养前的溶解氧质量浓度，mg/L；

ρ_2——接种水样在培养后的溶解氧质量浓度，mg/L；

ρ_3——空白试样在培养前的溶解氧质量浓度，mg/L；

ρ_4——空白试样在培养后的溶解氧质量浓度，mg/L。

3. 稀释与接种法

稀释与接种法按下式计算样品 BOD_5 的测定结果：

$$\rho = \frac{(\rho_1 - \rho_2) - (\rho_3 - \rho_4)f_1}{f_2} \tag{2-12}$$

式中 ρ——五日生化需氧量质量浓度，mg/L；

ρ_1——接种稀释水样在培养前的溶解氧质量浓度，mg/L；

ρ_2——接种稀释水样在培养后的溶解氧质量浓度，mg/L；

ρ_3——空白试样在培养前的溶解氧质量浓度，mg/L；

ρ_4——空白试样在培养后的溶解氧质量浓度，mg/L；

f_1——接种稀释水或稀释水在培养液中所占的比例；

f_2——原样品在培养液中所占的比例。

BOD_5 测定结果以氧的质量浓度（mg/L）报出。对稀释与接种法，如果有几个稀释倍数的结果满足要求，结果取这些稀释倍数结果的平均值。结果小于 100mg/L，保留一位小数；100～1000mg/L，取整数位；大于 1000mg/L，以科学记数法报出。结果报告中应注明：样品是否经过过滤、冷冻或均质化处理。

八、注意事项

1. 空白试样

每一批样品做两个分析空白试样，稀释法空白试样的测定结果不能超过 0.5mg/L，非稀释接种法和稀释接种法空白试样的测定结果不能超过 1.5mg/L，否则应检查可能的污染来源。

2. 接种液、稀释水质量的检查

每一批样品要求做一个标准样品，样品的配制方法如下：取 20mL 葡萄糖-谷氨酸标准溶液于稀释容器中，用接种稀释水稀释至 1000mL，测定 BOD_5，BOD_5 测定结果应在 180～230mg/L，否则应检查接种液、稀释水的质量。

3. 平行样品

每一批样品至少做一组平行样。

九、思考题

1. BOD_5 测定中如何合理确定稀释倍数？

2. 怎样制备合格的接种稀释水？

实验八　溶解氧的测定

I　碘量法

一、实验目的

1. 掌握碘量法测定水中溶解氧的原理和方法。

2. 了解溶解氧测定的意义。

二、相关标准和依据

本方法主要依据《水质　溶解氧的测定　碘量法》（GB 7489—1987）。

三、实验原理

水样中加入硫酸锰和碱性碘化钾，水中溶解氧将低价锰氧化成高价锰，生成四价锰的氢氧化物棕色沉淀。加酸后，氢氧化物沉淀溶解，并与碘离子反应而释放出碘。以淀粉作指示剂，用硫代硫酸钠滴定释出碘，可计算溶解氧的含量。反应式如下：

$$MnSO_4 + 2NaOH === Na_2SO_4 + Mn(OH)_2 \qquad (2-13)$$

$$2Mn(OH)_2 + O_2 === 2MnO(OH)_2 \qquad (2-14)$$

$$MnO(OH)_2 + 2H_2SO_4 === Mn(SO_4)_2 + 3H_2O \qquad (2-15)$$

$$Mn(SO_4)_2 + 2KI === MnSO_4 + K_2SO_4 + I_2 \qquad (2-16)$$

$$2Na_2S_2O_3 + I_2 === Na_2S_4O_6 + 2NaI \qquad (2-17)$$

四、试剂和材料

1. 硫酸锰溶液：称取 480g 硫酸锰（$MnSO_4 \cdot 4H_2O$）或 364g $MnSO_4 \cdot H_2O$ 溶于水，用水稀释至 1000mL。此溶液加到酸化过的碘化钾溶液中，遇淀粉不得产生蓝色。

2. 碱性碘化钾溶液：称取 500g 氢氧化钠溶解于 300～400mL 水中，另称取 150g 碘化钾（或 135g NaI）溶于 200mL 水中，待氢氧化钠溶液冷却后，将两溶液合并，混匀，用水稀释至 1000mL。如有沉淀，则放置过夜后，倾出上清液，储于棕色瓶中。用橡胶塞塞紧，避光保存。此溶液酸化后，遇淀粉不应呈蓝色。

3. 硫酸溶液（1+1）：小心把 500mL 浓硫酸（$\rho = 1.84g/mL$）在不停搅拌下加入 500mL 水中。

4. 1% 淀粉溶液：新配制，称取 1g 可溶性淀粉，用少量水调成糊状，再用刚煮沸的水冲稀至 100mL。冷却后，加入 0.1g 水杨酸或 0.4g 氯化锌防腐。

5. 重铬酸钾标准溶液，$c(1/6K_2Cr_2O_7) = 0.0250mol/L$：称取于 105～110℃下烘干 2h 并冷却的优级纯重铬酸钾 1.2258g，溶于水，移入 1000mL 容量瓶中，用水稀释至标线，摇匀。

6. 硫代硫酸钠溶液：称取 3.2g 硫代硫酸钠（$Na_2S_2O_3 \cdot 5H_2O$）溶于煮沸放冷的水中，加入 0.2g 碳酸钠，用水稀释至 1000mL。储于棕色瓶中，使用前用 0.0250mol/L 重铬酸钾标准溶液标定，标定方法如下。

于 250mL 碘量瓶中，加入 100mL 水和 1g 碘化钾，加入 10.00mL 的 0.0250mol/L 重铬酸钾标准溶液、5mL 硫酸溶液（1+1），密塞，摇匀。于暗处静置 5min 后，用硫代硫酸钠溶液滴定至溶液呈淡黄色，加入 1mL 淀粉溶液，继续滴定至蓝色刚好褪去为止，记录用量。

$$M = \frac{10.00 \times 0.0250}{V} \qquad (2-18)$$

式中　M——硫代硫酸钠溶液的浓度，mol/L；

　　　V——滴定时消耗硫代硫酸钠溶液的体积，mL。

五、实验仪器

溶解氧瓶：细口玻璃瓶，容量在 250～300mL，校准至 1mL，具塞温克勒瓶或任何其他适合的细口瓶，瓶肩最好是直的。每一个瓶和盖要有相同的号码。见图 2-2。

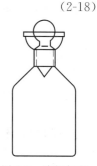

图 2-2　溶解氧瓶

六、实验步骤

1. 样品的采集

将样品采集在溶解氧瓶中，测定就在溶解氧瓶内进行。注意水样应充满溶解氧瓶，且不要有气泡产生。

2. 溶解氧的固定

用吸管插入溶解氧瓶的液面下，加入 1mL 硫酸锰溶液和 2mL 碱性碘化钾溶液，盖好瓶塞，颠倒混合数次，静置。待棕色沉淀物降至瓶内一半时，再颠倒混合一次，待沉淀物下降到瓶底。一般在取样现场固定。

3. 析出碘

轻轻打开瓶塞，立即用吸管插入液面下加入 1.5mL 硫酸。小心盖好瓶盖，颠倒混合摇匀至沉淀物全部溶解为止，放置暗处 5min。

4. 滴定

移取 100.0mL 上述溶液于 250mL 锥形瓶中，用硫代硫酸钠溶液滴定至溶液呈淡黄色，加入 1mL 淀粉溶液，继续滴定至蓝色刚好褪去为止，记录硫代硫酸钠溶液用量。

七、计算

溶解氧含量（mg/L，以 O_2 计）按下式计算：

$$溶解氧 = \frac{MV \times 8 \times 1000}{100} \tag{2-19}$$

式中　M——硫代硫酸钠溶液的浓度，mol/L；

　　　V——滴定时消耗硫代硫酸钠溶液的体积，mL。

八、注意事项

1. 当存在能固定或消耗碘的悬浮物，或者怀疑有这类物质存在时，最好采用电化学探头法测定溶解氧。

2. 如果水样中含有氧化性物质时（如游离氯浓度大于 0.1mg/L 时），应预先于水样中加入硫代硫酸钠去除。即用两个溶解氧瓶各取一瓶水样，在其中一瓶加入 5mL 硫酸（1+1）和 1g 碘化钾，摇匀，此时游离出碘。以淀粉作指示剂，用硫代硫酸钠溶液滴定至蓝色刚褪，记下用量（相当于去除游离氯的量）。于另一瓶水样中，加入同样量的硫代硫酸钠溶液，摇匀。

3. 如果水样呈强酸性或强碱性，可用氢氧化钠或硫酸溶液调至中性后测定。

Ⅱ　电化学探头法

一、实验目的

掌握电化学探头法测定水中溶解氧的原理和方法。

二、实验原理

溶解氧电化学探头是一个用选择性薄膜封闭的小室，室内有两个金属电极并充有电解质。氧和一定数量的其他气体及亲液物质可透过这层薄膜，但水和可溶性物质的离子几乎不能透过这层膜。将探头浸入水中进行溶解氧的测定时，由于电池作用或外加电压在两个电极间产生电位差，使金属离子在阳极进入溶液，同时氧气通过薄膜扩散在阴极获得电子被还原，产生的电流与穿过薄膜和电解质层的氧的传递速度成正比，即在一定的温度下该电流与水中氧的分压（或浓度）成正比。

薄膜对气体的渗透性受温度变化的影响较大，要采用数学方法对温度进行校正，也可在电路中安装热敏元件对温度变化进行自动补偿。

若仪器在电路中未安装压力传感器不能对压力进行补偿时，仪器仅显示与气压有关的表观读数，当测定样品的气压与校准仪器时的气压不同时，应进行校正。

若测定海水、港湾水等含盐量高的水，应根据含盐量对测量值进行修正。

三、试剂和材料

1. 无水亚硫酸钠（Na_2SO_3）或七水合亚硫酸钠（$Na_2SO_3 \cdot 7H_2O$）。

2. 二价钴盐，例如六水合氯化钴（Ⅱ）（$CoCl_2 \cdot 6H_2O$）。

3. 零点检查溶液：称取 0.25g 亚硫酸钠和约 0.25mg 钴（Ⅱ）盐，溶解于 250mL 蒸馏水中。临用时现配。

4. 氮气：99.9%。

四、实验仪器

1. 溶解氧测量仪。

（1）测量探头：原电池型（如铅/银）或极谱型（如银/金），探头上宜附有温度补偿装置。

（2）仪表：直接显示溶解氧的质量浓度或饱和百分率。

2. 磁力搅拌器。

3. 电导率仪：测量范围 2～100mS/cm。

4. 温度计：最小分度为 0.5℃。

5. 气压表：最小分度为 10Pa。

6. 溶解氧瓶。

五、实验步骤

1. 校准

（1）零点检查和调整

当测量的溶解氧质量浓度水平低于 1mg/L（或 10%饱和度）时，或者当更换溶解氧膜罩或内部的填充电解液时，需要进行零点检查和调整。若仪器具有零点补偿功能，则不必调整零点。

零点调整：将探头浸入零点检查溶液中，待反应稳定后读数，调整仪器到零点。

（2）接近饱和值的校准

在一定的温度下，向蒸馏水中曝气，使水中氧的含量达到饱和或接近饱和。在这个温度下保持 15min，采用 GB 7489—1987 规定的方法测定溶解氧的质量浓度。

将探头浸没在瓶内，瓶中完全充满按上述步骤制备并测定的样品，让探头在搅拌的溶液中稳定 2~3min 以后，调节仪器读数至样品已知的溶解氧质量浓度。

当仪器不能再校准，或仪器响应变得不稳定或较低时，及时更换电解质或（和）膜。

2. 测定

将探头浸入样品，不能有空气泡截留在膜上，停留足够的时间，待探头温度与水温达到平衡且数字显示稳定时读数。必要时，根据所用仪器的型号及对测量结果的要求，检验水温、气压或含盐量，并对测量结果进行校正。

探头的膜接触样品时，样品要保持一定的流速，防止与膜接触的瞬间将该部位样品中的溶解氧耗尽，使读数发生波动。

对于流动样品（如河水）：应检查水样是否有足够的流速（不得小于 0.3m/s），若水流速低于 0.3m/s，需在水样中往复移动探头，或者取分散样品进行测定。

对于分散样品：容器能密封以隔绝空气并带有搅拌器。将样品充满容器至溢出，密闭后进行测定。

六、数据处理

1. 溶解氧的质量浓度

溶解氧的质量浓度以每升水中氧的毫克数表示。

（1）温度校正

测量样品与仪器校准期间温度不同时，需要对仪器读数按下式进行校正：

$$\rho(O) = \rho'(O) \frac{\rho(O)_m}{\rho(O)_c} \tag{2-20}$$

式中　$\rho(O)$——实测溶解氧的质量浓度，mg/L；

　　　$\rho'(O)$——溶解氧的表观质量浓度（仪器读数），mg/L；

　　　$\rho(O)_m$——测量温度下氧的溶解度，mg/L；

　　　$\rho(O)_c$——校准温度下氧的溶解度，mg/L。

例如：校准温度为 25℃时氧的溶解度为 8.3mg/L；测量温度为 10℃时氧的溶解度为 11.3mg/L；测量时仪器的读数为 7.0mg/L。

10℃时实测溶解氧的质量浓度：

$$\rho(O) = 7.0 \times \frac{11.3}{8.3} = 9.5(mg/L)$$

上式中 $\rho(O)_m$ 和 $\rho(O)_c$，可根据对应的大气压力和温度计算而得，也可以由相关表格中查得。

（2）气压校正

气压为 p 时，水中溶解氧的质量浓度 $\rho(O)_s$ 由下式求出：

$$\rho(O) = \rho'(O)_s \frac{p - p_w}{101.325 - p_w} \quad (2-21)$$

式中　$\rho(O)$——温度为 t、大气压力为 p（kPa）时，水中氧的质量浓度，mg/L；

$\quad\quad\rho'(O)_s$——仪器默认大气压力为 101.325kPa、温度为 t 时，仪器的读数，mg/L；

$\quad\quad p_w$——温度为 t 时，饱和水蒸气的压力，kPa。

注：有些仪器能自动进行压力补偿。

（3）盐度修正

当水中含盐量大于等于 3g/kg 时，需要对仪器读数按下式进行修正：

$$\rho(O) = \rho''(O)_s - \Delta\rho(O)_s w \frac{\rho''(O)_s}{\rho(O)_s} \quad (2-22)$$

式中　w——水中含盐量，g/kg；

$\quad\quad\rho(O)$——p 大气压下和温度为 t 时，盐度修正后溶解氧的质量浓度，mg/L；

$\quad\quad\rho(O)_s$——p 大气压下和温度为 t 时，水中氧的溶解度，mg/L；

$\quad\quad\rho''(O)_s$——p 大气压下和摄氏温度为 t 时，盐度修正前仪器的读数，mg/L；

$\quad\quad\dfrac{\rho''(O)_s}{\rho(O)_s}$——$p$ 大气压下和温度为 t 时，水中溶解氧的饱和率；

$\quad\quad\Delta\rho(O)_s$——气压为 101.325kPa、温度为 t 时，水中溶解氧的修正因子，(mg/L)/(g/kg)。

注：水中的含盐量可以用电导率估算。使用 ISO 7888 电导率仪法测量水样的电导率，如果测定时水样的温度不是 20℃，应换算成 20℃时的电导率，测得结果以 mS/cm 表示。估计水中的含盐量到最接近的整数（w），代入上式中，计算盐度修正后水中溶解氧的质量浓度。

2. 以饱和百分率表示的溶解氧含量

水中溶解氧的饱和百分率，按照下式计算：

$$S = \frac{\rho''(O)_s}{\rho(O)_s} \times 100\% \quad (2-23)$$

式中　S——水中溶解氧的饱和百分率，%；

$\quad\quad\rho''(O)_s$——实测值，表示在 p 大气压和温度为 t 时水中溶解氧的质量浓度，mg/L；

$\quad\quad\rho(O)_s$——理论值，表示在 p 大气压和温度为 t 时水中氧的溶解度，mg/L。

七、注意事项

1. 水中存在的一些气体和蒸气，如氯、二氧化硫、硫化氢、胺、氨、二氧化碳、溴和碘等物质，通过膜扩散影响被测电流从而干扰测定。水样中的其他物质如溶剂、油类、硫化物、碳酸盐和藻类等物质可能堵塞薄膜、引起薄膜损坏和电极腐蚀，影响被测电流从而干扰测定。

2. 新仪器投入使用前、更换电极或电解液以后，应检查仪器的线性，一般每隔 2 个月运行一次线性检查。

检查方法：通过测定一系列不同浓度蒸馏水样品中溶解氧的浓度来检查仪器的线性。向 3～4 个 250mL 完全充满蒸馏水的细口瓶中缓缓通入氮气泡，除去水中氧气，用探头时刻测量剩余的溶解氧含量，直到获得所需溶解氧的近似质量浓度，然后立刻停止通氮气，用 GB 7489—1987 测定水中准确的溶解氧质量浓度。

若探头法测定的溶解氧浓度值与碘量法在显著性水平为 5% 时无显著性差异，则认为探头的响应呈线性。否则，应查找偏离线性的原因。

3.电极的维护和再生如下。

（1）电极的维护

任何时候都不得用手触摸膜的活性表面。

电极和膜片的清洗：若膜片和电极上有污染物，会引起测量误差，一般1～2周清洗一次。清洗时要小心，将电极和膜片放入清水中涮洗，注意不要损坏膜片。

经常使用的电极建议存放在存有蒸馏水的容器中，以保持膜片的湿润。干燥的膜片在使用前应该用蒸馏水湿润活化。

（2）电极的再生

当电极的线性不合格时，就需要对电极进行再生。电极的再生约一年一次。

电极的再生包括更换溶解氧膜罩、电解液和清洗电极。

每隔一定时间或当膜被损坏和污染时，需要更换溶解氧膜罩并补充新的填充电解液。如果膜未被损坏和污染，建议2个月更换一次填充电解液。

更换电解质和膜之后，或当膜干燥时，都要使膜湿润，只有在读数稳定后，才能进行校准，仪器达到稳定所需的时间取决于电解质中溶解氧消耗所需要的时间。

4.当将探头浸入样品中时，应保证没有空气泡截留在膜上。

样品接触探头的膜时，应保持一定的流速，以防止与膜接触的瞬时将该部位样品中的溶解氧耗尽而出现错误的读数。应保证样品的流速不致使读数发生波动，在这方面要参照仪器制造厂家的说明。

八、思考题

1.溶解氧测定过程中，搅拌强度是否对测定结果有影响？

2.如果测定含有活性污泥的水样中的溶解氧，怎么样才能准确测量？

实验九 高锰酸盐指数的测定

一、实验目的

1.了解测定高锰酸盐指数的意义。

2.掌握高锰酸盐指数测定的原理和方法。

二、相关标准和依据

本方法主要依据《水质 高锰酸盐指数的测定》（GB 11892—1989），适用于饮用水、水源水和地面水的测定，测定范围为0.5～4.5mg/L。对污染严重的水，可少取水样，经适当稀释后测定。不适用于测定工业废水中有机污染物的负荷量，如需测定，可用重铬酸钾法测定化学需氧量。样品中无机还原性物质如NO_2^-、S^{2-}和Fe^{2+}等可被测定。氯离子浓度高于300mg/L，采用在碱性介质中氧化的测定方法。

三、实验原理

1.酸性法

水样中加入硫酸使其呈酸性后，加入一定量的高锰酸钾溶液，并在沸水浴中加热

30min，高锰酸钾将水样中某些有机物和无机物还原性物质氧化，反应后加入过量的草酸钠溶液还原剩余的高锰酸钾，再用高锰酸钾标准溶液回滴过量的草酸钠，通过计算得到样品的高锰酸盐指数。

2. 碱性法

当水样中氯离子浓度高于 300mg/L 时，应采用碱性法。

水样中加入一定量的高锰酸钾溶液，加热前将溶液用氢氧化钠调至碱性，加热一定时间以氧化水中的还原性无机物和部分有机物。在加热反应之后加酸酸化，用草酸钠溶液还原剩余的高锰酸钾并加入过量，再用高锰酸钾溶液滴定过量的草酸钠至微红色，通过计算得到样品的高锰酸盐指数。

以下是酸性法所用的试剂、材料、仪器和实验步骤。

四、试剂和材料

1. 不含还原性物质的水：将 1L 蒸馏水置于全玻璃蒸馏器中，加入 10mL 硫酸和少量高锰酸钾溶液，蒸馏。弃去 100mL 初馏液，余下馏出液储于具玻璃塞的细口瓶中。

2. 硫酸（H_2SO_4）：$\rho = 1.84g/mL$。

3. 硫酸溶液（1＋3）：在不断搅拌下，将 100mL 硫酸（$\rho_0 = 1.84g/mL$）慢慢加入 300mL 水中。趁热加入数滴高锰酸钾溶液，直至溶液出现粉红色。

4. 氢氧化钠，500g/L 溶液：称取 50g 氢氧化钠溶于水并稀释至 100mL。

5. 草酸钠标准储备液，$c(1/2Na_2C_2O_4) = 0.1000mol/L$：称取 0.6705g 经 120℃烘干 2h 并放冷的草酸钠（$Na_2C_2O_4$）溶解于水中。移入 100mL 容量瓶中，用水稀释至标线，混匀，置于 4℃下保存。

6. 草酸钠标准溶液，$c_1(1/2Na_2C_2O_4) = 0.0100mol/L$：吸取 10.00mL 草酸钠储备液（0.1000mol/L）于 100mL 容量瓶中，用水稀释至标线，混匀。

7. 高锰酸钾标准储备液，$c_2(1/5KMnO_4)$ 约为 0.1mol/L：称取 3.2g 高锰酸钾溶解于水，并稀释至 1000mL。于 90～95℃水浴中加热此溶液 2 小时，冷却。存放 2 天后，倾出上清液，储于棕色瓶中。

8. 高锰酸钾标准溶液，$c_3(1/5KMnO_4)$ 约为 0.01mol/L：吸取 100mL 高锰酸钾标准储备液（0.1mol/L）于 1000mL 容量瓶中，用水稀释至标线，混匀。此溶液在暗处可保存几个月，使用当天标定其浓度。

五、实验仪器

1. 水浴锅或相当的加热装置：有足够的容积和功率。

2. 酸式滴定管，25mL。

注：新的玻璃器皿必须用酸性高锰酸钾溶液清洗干净。

六、实验步骤

1. 样品的采集和保存

采集不应少于 500mL 的水样于洁净的玻璃瓶中，采样后要加入硫酸（1＋3），使样品

pH＝1～2并尽快分析。

2. 酸性法测定高锰酸盐指数

（1）吸取100.0mL经充分摇动、混合均匀的样品（或分取适量，用水稀释至100mL），置于250mL锥形瓶中，加入（5±0.5）mL硫酸（1＋3），用滴定管加入10.00mL高锰酸钾溶液（0.01mol/L），摇匀。将锥形瓶置于沸水浴内（30±2）min（水浴沸腾开始计时）。

（2）取出后用滴定管加入10.00mL草酸钠溶液（0.0100mol/L）至溶液变为无色。趁热用高锰酸钾溶液（0.01mol/L）滴定至刚出现粉红色，并保持30s不褪色。记录消耗的高锰酸钾溶液体积V_1。

（3）空白试验：用100mL水代替样品，按上述步骤测定，记录下回滴的高锰酸钾溶液（0.01mol/L）体积V_0。

（4）向上述空白试验滴定后的溶液中加入10.00mL草酸钠溶液（0.0100mol/L）。如果需要，将溶液加热至80℃，用高锰酸钾溶液（0.01mol/L）继续滴定至刚出现粉红色，并保持30s不褪色。记录下消耗的高锰酸钾溶液（0.01mol/L）体积V_2。

注：① 沸水浴的水面要高于锥形瓶内的液面。

② 样品量以加热氧化后残留的高锰酸钾（0.01mol/L）为其加入量的1/3～1/2为宜。加热时，如溶液红色褪去，说明高锰酸钾量不够，须重新取样，经稀释后测定。

③ 滴定时温度如低于60℃，反应速率缓慢，因此应加热至80℃左右。

④ 沸水浴温度为98℃。如在高原地区，报出数据时，需注明水的沸点。

3. 碱性法测定高锰酸盐指数

（1）吸取100.0mL样品（或适量，用水稀释至100mL），置于250mL锥形瓶中，加入0.5mL氢氧化钠溶液（500g/L），摇匀。

（2）用滴定管加入10.00mL高锰酸钾溶液，将锥形瓶置于沸水浴中（30±2）min（水浴沸腾开始计时）。

（3）样品取出后，加入（10±0.5）mL硫酸（1＋3），摇匀，其他步骤同酸性法。

七、数据处理

高锰酸盐指数（I_{Mn}）以每升样品消耗毫克氧数来表示（O_2，mg/L）。

1. 水样不经稀释

$$I_{Mn} = \frac{\left[(10+V_1)\dfrac{10}{V_2}-10\right] \times c \times 8 \times 1000}{100} \tag{2-24}$$

式中 V_1——样品滴定时，消耗高锰酸钾溶液体积，mL；

V_2——标定时，消耗高锰酸钾溶液体积，mL；

c——草酸钠标准溶液浓度，0.0100mol/L。

2. 水样经稀释

$$I_{Mn} = \frac{\left\{\left[(10+V_1)\dfrac{10}{V_2}-10\right]-\left[(10+V_0)\dfrac{10}{V_2}-10\right] \times f\right\} \times c \times 8 \times 1000}{V_3} \tag{2-25}$$

式中 V_0——空白试验时，消耗高锰酸钾溶液体积，mL；

V_3——测定时，所取样品体积，mL；

f——稀释样品时，蒸馏水在 100mL 测定用液体积内所占比例（如 10mL 样品用水稀释至 100mL，则 $f = \dfrac{100-10}{100} = 0.90$）。

八、思考题

1. 在描述有机物含量时，高锰酸盐指数和 COD_{Cr} 有什么区别？

2. 如何准确判断滴定的终点？

实验十 挥发酚的测定

4-氨基安替比林直接分光光度法

一、实验目的

掌握 4-氨基安替比林直接分光光度法测定挥发酚的原理和方法。

二、相关标准和依据

本方法主要依据《水质 挥发酚的测定 4-氨基安替比林分光光度法》（HJ 503—2009）。

三、实验原理

用蒸馏法使挥发性酚类化合物蒸馏出，并与干扰物质和固定剂分离。由于酚类化合物的挥发速度是随馏出液体积而变化，因此，馏出液体积必须与试样体积相等。被蒸馏出的酚类化合物，于 pH 为 10.0 ± 0.2 的介质中，在铁氰化钾存在下，与 4-氨基安替比林反应生成橙红色的安替比林染料，显色后，在 30min 内，于 510nm 波长测定吸光度。

四、试剂和材料

1. 无酚水：无酚水可按照下面方法进行制备。无酚水应贮于玻璃瓶中，取用时，应避免与橡胶制品（橡胶塞或乳胶管等）接触。

（1）于每升水中加入 0.2g 经 200℃活化 30min 的活性炭粉末，充分振摇后，放置过夜，用双层中速滤纸过滤。

（2）加氢氧化钠使水呈强碱性，并加入高锰酸钾至溶液呈紫红色，移入全玻璃蒸馏器中加热蒸馏，集取馏出液备用。

2. 硫酸亚铁（$FeSO_4 \cdot 7H_2O$）。

3. 碘化钾（KI）。

4. 硫酸铜（$CuSO_4 \cdot 5H_2O$）。

5. 乙醚（$C_4H_{10}O$）。

6. 三氯甲烷（$CHCl_3$）。

7. 精制苯酚：取苯酚（C_6H_5OH）于具有空气冷凝管的蒸馏瓶中，加热蒸馏，收集 182～184℃的馏出部分，馏分冷却后应为无色晶体，贮于棕色瓶中，于冷暗处密闭保存。

8. 氨水：$\rho(NH_3 \cdot H_2O) = 0.90g/mL$。

9. 盐酸：$\rho(HCl) = 1.19g/mL$。

10. 磷酸溶液，1+9。

11. 硫酸溶液，1+4。

12. 氢氧化钠溶液：$\rho(NaOH) = 100g/L$。称取氢氧化钠 10g 溶于水，稀释至 100mL。

13. 缓冲溶液，pH=10.7：称取 20g 氯化铵（NH_4Cl）溶于 100mL 氨水中，密塞，置冰箱中保存。为避免氨的挥发所引起 pH 值的改变，应注意在低温下保存，且取用后立即加塞盖严，并根据使用情况适量配制。

14. 4-氨基安替比林溶液：称取 2g 4-氨基安替比林溶于水中，溶解后移入 100mL 容量瓶中，用水稀释至标线，进行提纯，收集滤液后置冰箱中冷藏，可保存 7 天。

15. 铁氰化钾溶液，$\rho(K_3[Fe(CN)_6]) = 80g/L$：称取 8g 铁氰化钾溶于水，溶解后移入 100mL 容量瓶中，用水稀释至标线。置冰箱内冷藏，可保存一周。

16. 溴酸钾-溴化钾溶液，$c(1/6KBrO_3) = 0.1mol/L$：称取 2.784g 溴酸钾溶于水，加入 10g 溴化钾，溶解后移入 1000mL 容量瓶中，用水稀释至标线。

17. 硫代硫酸钠溶液，$c(Na_2S_2O_3) \approx 0.0125mol/L$：称取 3.1g 硫代硫酸钠，溶于煮沸放冷的水中，加入 0.2g 碳酸钠，溶解后移入 1000mL 容量瓶中，用水稀释至标线。临用前按照 GB 7489—1987 标定。

18. 淀粉溶液，$\rho = 0.01g/mL$：称取 1g 可溶性淀粉，用少量水调成糊状，加沸水至 100mL，冷却后，移入试剂瓶中，置冰箱内冷藏保存。

19. 酚标准储备液，$\rho(C_6H_5OH) \approx 1.00g/L$：称取 1.00g 精制苯酚，溶解于水，移入 1000mL 容量瓶中，用水稀释至标线。置冰箱内冷藏，可稳定保存一个月。

20. 酚标准中间液，$\rho(C_6H_5OH) = 10.0mg/L$：取适量酚标准储备液用水稀释至 100mL 容量瓶中，使用时当天配制。

21. 酚标准使用液，$\rho(C_6H_5OH) = 1.00mg/L$：量取 10.00mL 酚标准中间液于 100mL 容量瓶中，用水稀释至标线，配制后 2h 内使用。

22. 甲基橙指示液，$\rho(甲基橙) = 0.5g/L$：称取 0.1g 甲基橙溶于水，溶解后移入 200mL 容量瓶中，用水稀释至标线。

23. 淀粉-碘化钾试纸：称取 1.5g 可溶性淀粉，用少量水搅成糊状，加入 200mL 沸水，混匀，放冷，加 0.5g 碘化钾和 0.5g 碳酸钠，用水稀释至 250mL，将滤纸条浸渍后，取出晾干，盛于棕色瓶中，密塞保存。

24. 乙酸铅试纸：称取乙酸铅 5g，溶于水中，并稀释至 100mL。将滤纸条浸入上述溶液中，1h 后取出晾干，盛于广口瓶中，密塞保存。

25. pH 试纸：1～14。

五、实验仪器和设备

1. 分光光度计：具 510nm 波长，并配有光程为 20mm 的比色皿。

2. 蒸馏装置见图 2-3。

六、实验步骤

1. 样品的采集

在样品采集现场，用淀粉-碘化钾试纸检测样品中有无游离氯等氧化剂的存在。若试纸变蓝，应及时加入过量硫酸亚铁去除。

样品采集量应大于 500mL，贮于硬质玻璃瓶中。采集后的样品应及时加磷酸酸化至 pH 约 4.0，并加适量硫酸铜，使样品中硫酸铜质量浓度约为 1g/L，以抑制微生物对酚类的生物氧化作用。采集后的样品应在 4℃下冷藏，24h 内进行测定。

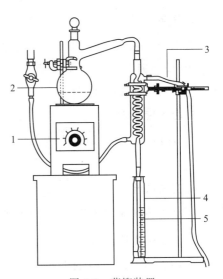

图 2-3　蒸馏装置

1—电炉；2—500mL 全玻璃蒸馏器；
3—冷凝水；4—接收瓶；5—冷凝管

2. 样品的预处理

氧化剂、硫化物、有机或无机还原性物质、油类和苯胺类干扰酚的测定。

（1）氧化剂（如游离氯）的消除

样品滴于淀粉-碘化钾试纸上出现蓝色，说明存在氧化剂，可加入过量的硫酸亚铁去除。

（2）硫化物的消除

当样品中有黑色沉淀时，可取一滴样品放在乙酸铅试纸上，若试纸变黑色，说明有硫化物存在。此时样品继续加磷酸酸化，置通风橱内进行搅拌曝气，直至生成的硫化氢完全逸出。

（3）甲醛、亚硫酸盐等有机或无机还原性物质的消除

可分取适量样品于分液漏斗中，加硫酸溶液使呈酸性，分次加入 50mL、30mL、30mL 乙醚以萃取酚，合并乙醚层于另一分液漏斗中，分次加入 4mL、3mL、3mL 氢氧化钠溶液进行反萃取，使酚类转入氢氧化钠溶液中。合并碱萃取液，移入烧杯中，置水浴上加温，以除去残余乙醚，然后用水将碱萃取液稀释到原分取样品的体积。同时应以水做空白试验。

（4）油类的消除

样品静置分离出浮油后，按照（3）的操作步骤进行。

（5）苯胺类的消除

苯胺类可与 4-氨基安替比林发生显色反应而干扰酚的测定，一般在酸性（pH＜0.5）条件下，可以通过预蒸馏分离。

3. 预蒸馏

取 250mL 样品移入 500mL 全玻璃蒸馏器中，加 25mL 水，加数粒玻璃珠以防暴沸，再加数滴甲基橙指示液，若试样未显橙红色，则需继续补加磷酸溶液。

连接冷凝器，加热蒸馏，收集馏出液 250mL 至容量瓶中。

蒸馏过程中，若发现甲基橙红色褪去，应在蒸馏结束后，放冷，再加 1 滴甲基橙指示液。若发现蒸馏后残液不呈酸性，则应重新取样，增加磷酸溶液加入量，进行蒸馏。

注：①使用的蒸馏设备不宜与测定工业废水或生活污水的蒸馏设备混用。每次试验前后，应清洗整个蒸馏设备。

②不得用橡胶塞、橡胶管连接蒸馏瓶及冷凝器，以防止对测定产生干扰。

4. 显色

分取馏出液 50mL 加入 50mL 比色管中，加 0.5mL 缓冲溶液，混匀，此时 pH 值为 10.0±0.2，加 1.0mL 4-氨基安替比林溶液，混匀，再加 1.0mL 铁氰化钾溶液，充分混匀后，密塞，放置 10min。

5. 吸光度测定

于 510nm 波长，用光程为 20mm 的比色皿，以水为参比，于 30min 内测定溶液的吸光度。

6. 空白试验

用水代替试样，按照 3~5 的步骤测定其吸光度。空白应与试样同时测定。

7. 校准曲线的绘制

于一组 8 支 50mL 比色管中，分别加入 0.00mL、0.50mL、1.00mL、3.00mL、5.00mL、7.00mL、10.00mL 和 12.50mL 酚标准中间液，加水至标线。按照 4、5 的步骤进行测定。由校准系列测得的吸光度减去零浓度管的吸光度，绘制吸光度对酚含量（mg）的曲线，校准曲线回归方程相关系数应达到 0.999 以上。

七、数据处理

试样中挥发酚的质量浓度（以苯酚计），按下式计算：

$$\rho = \frac{A_s - A_b - a}{bV} \times 1000 \tag{2-26}$$

式中　ρ——试样中挥发酚的质量浓度，mg/L；

　　　A_s——试样的吸光度；

　　　A_b——空白试验的吸光度；

　　　a——校准曲线的截距值；

　　　b——校准曲线的斜率；

　　　V——试样的体积，mL。

当计算结果小于 1mg/L 时，保留到小数点后四位；大于等于 1mg/L 时，保留四位有效数字。

八、思考题

根据实验情况，分析影响测定结果准确度的因素。

实验十一　氨氮的测定

一、实验目的

掌握纳氏试剂分光光度法测定氨氮的原理和方法。

二、相关标准和依据

本方法主要依据《水质　氨氮的测定　纳氏试剂分光光度法》（HJ 535—2009），适用于地表水、地下水、生活污水和工业废水中氨氮的测定。当水样体积为 50mL，使用 20mm 比色皿时，本方法的检出限为 0.025mg/L，测定下限为 0.10mg/L，测定上限为 2.0mg/L（均以 N 计）。

三、实验原理

以游离态的氨或铵离子等形式存在的氨氮与纳氏试剂反应生成淡红棕色络合物，该络合物的吸光度与氨氮含量成正比，于波长 420nm 处测量吸光度。

四、试剂和材料

1. 无氨水，在无氨环境中用下述方法之一制备。

(1) 离子交换法　蒸馏水通过强酸性阳离子交换树脂（氢型）柱，将流出液收集在带有磨口玻璃塞的玻璃瓶内。每升流出液加 10g 同样的树脂，以利于保存。

(2) 蒸馏法　在 1000mL 的蒸馏水中，加 0.1mL 硫酸（$\rho=1.84g/mL$），在全玻璃蒸馏器中重蒸馏，弃去前 50mL 馏出液，然后将约 800mL 馏出液收集在带有磨口玻璃塞的玻璃瓶内。每升馏出液加 10g 强酸性阳离子交换树脂（氢型）。

(3) 纯水器法　用市售纯水器临用前制备。

2. 轻质氧化镁（MgO），不含碳酸盐：在 500℃下加热氧化镁，以除去碳酸盐。

3. 盐酸，$\rho(HCl)=1.18g/mL$。

4. 纳氏试剂，可选择下列方法的一种配制。

(1) 氯化汞-碘化钾-氢氧化钾（$HgCl_2$-KI-KOH）溶液　称取 15.0g 氢氧化钾（KOH），溶于 50mL 水中，冷却至室温。

称取 5.0g 碘化钾（KI），溶于 10mL 水中，在搅拌下，将 2.50g 氯化汞（$HgCl_2$）粉末分多次加入碘化钾溶液中，直到溶液呈深黄色或出现淡红色沉淀溶解缓慢时，充分搅拌混合，并改为滴加氯化汞饱和溶液，当出现少量朱红色沉淀不再溶解时，停止滴加。

在搅拌下，将冷却的氢氧化钾溶液缓慢加入上述氯化汞和碘化钾的混合液中，并稀释至 100mL，于暗处静置 24h，倾出上清液，储存于聚乙烯瓶内，用橡胶塞或聚乙烯盖子盖紧，存放暗处，可稳定 1 个月。

(2) 碘化汞-碘化钾-氢氧化钠（HgI_2-KI-NaOH）溶液　称取 16.0g 氢氧化钠（NaOH），溶于 50mL 水中，冷却至室温。

称取 7.0g 碘化钾（KI）和 10.0g 碘化汞（HgI_2），溶于水中，然后将此溶液在搅拌下，缓慢加入上述 50mL 氢氧化钠溶液中，用水稀释至 100mL。储存于聚乙烯瓶内，用橡胶塞或聚乙烯盖子盖紧，于暗处存放，有效期 1 年。

5. 酒石酸钾钠溶液，$\rho=500g/L$：称取 50.0g 酒石酸钾钠（$KNaC_4H_6O_6\cdot4H_2O$）溶于 100mL 水中，加热煮沸以驱除氨，充分冷却后稀释至 100mL。

6. 硫代硫酸钠溶液，$\rho=3.5g/L$：称取 3.5g 硫代硫酸钠（$Na_2S_2O_3$）溶于水中，稀释至 1000mL。

7.硫酸锌溶液，$\rho=100\text{g/L}$：称取 10.0g 硫酸锌（$ZnSO_4 \cdot 7H_2O$）溶于水中，稀释至 100mL。

8.氢氧化钠溶液，$\rho=250\text{g/L}$：称取 25g 氢氧化钠溶于水中，稀释至 100mL。

9.氢氧化钠溶液，$c(NaOH)=1\text{mol/L}$：称取 4g 氢氧化钠溶于水中，稀释至 100mL。

10.盐酸溶液，$c(HCl)=1\text{mol/L}$：量取 8.5mL 盐酸（体积分数为 37%）于适量水中，用水稀释至 100mL。

11.硼酸（H_3BO_3）溶液，$\rho=20\text{g/L}$：称取 20g 硼酸溶于水中，稀释至 1L。

12.溴百里酚蓝指示剂，$\rho=0.5\text{g/L}$：称取 0.05g 溴百里酚蓝溶于 50mL 水中，加入 10mL 无水乙醇，用水稀释至 100mL。

13.淀粉-碘化钾试纸：称取 1.5g 可溶性淀粉于烧杯中，用少量水调成糊状，加入 200mL 沸水，搅拌混匀放冷；加 0.50g 碘化钾（KI）和 0.50g 碳酸钠（Na_2CO_3），用水稀释至 250mL；将滤纸条浸渍后，取出晾干，于棕色瓶中密封保存。

14.氨氮标准溶液。

（1）氨氮标准储备溶液，$\rho_N=1000\mu\text{g/mL}$　称取 3.8190g 氯化铵（NH_4Cl，优级纯，在 $100\sim105\text{℃}$ 下干燥 2h），溶于水中，移入 1000mL 容量瓶中，稀释至标线，可在 $2\sim5\text{℃}$ 下保存 1 个月。

（2）氨氮标准工作溶液，$\rho_N=10\mu\text{g/mL}$　吸取 5.00mL 氨氮标准储备溶液于 500mL 容量瓶中，稀释至刻度。临用前配制。

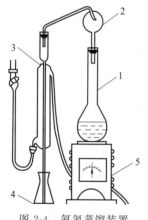

图 2-4　氨氮蒸馏装置

1—凯氏烧瓶；2—氮球；3—冷凝管；
4—锥形瓶；5—电炉

五、实验仪器和设备

1.可见分光光度计：具 20mm 比色皿。

2.氨氮蒸馏装置：由 500mL 凯氏烧瓶、氮球、直形冷凝管和导管等组成，冷凝管末端可连接一段适当长度的滴管，使出口尖端浸入吸收液液面下。亦可使用 500mL 蒸馏烧瓶。见图 2-4。

六、实验步骤

1.样品的采集和保存

水样采集在聚乙烯瓶或玻璃瓶内，要尽快分析。如需保存，应加硫酸使水样酸化至 pH<2，$2\sim5\text{℃}$ 下可保存 7 天。

2.样品的预处理

（1）去除余氯

若样品中存在余氯，可加入适量的硫代硫酸钠溶液去除。每加 0.5mL 可去除 0.25mg 余氯。用淀粉-碘化钾试纸检验余氯是否除尽。

（2）絮凝沉淀

100mL 样品中加入 1mL 硫酸锌溶液和 $0.1\sim0.2$mL 氢氧化钠溶液（250g/L），调节 pH 值约为 10.5，混匀，放置使之沉淀，倾取上清液分析。必要时，用经水冲洗过的中速滤纸过滤，弃去初滤液 20mL。也可对絮凝后样品离心处理。

（3）预蒸馏

将 50mL 硼酸溶液移入接收瓶内，确保冷凝管出口在硼酸溶液液面之下。分取 250mL 样品，移入烧瓶中，加几滴溴百里酚蓝指示剂，必要时，用氢氧化钠溶液（1mol/L）或盐酸溶液（1mol/L）调整 pH 值至 6.0（指示剂呈黄色）～7.4（指示剂呈蓝色），加入 0.25g 轻质氧化镁及数粒玻璃珠，立即连接氮球和冷凝管。加热蒸馏，使馏出液速率约为 10mL/min，待馏出液达 200mL 时，停止蒸馏，加水定容至 250mL。

3. 校准曲线的绘制

在 8 个 50mL 比色管中，分别加入 0.00mL、0.50mL、1.00mL、2.00mL、4.00mL、6.00mL、8.00mL 和 10.00mL 氨氮标准工作溶液（$\rho_N = 10\mu g/mL$），其所对应的氨氮含量分别为 0.0μg、5.0μg、10.0μg、20.0μg、40.0μg、60.0μg、80.0μg 和 100.0μg，加水至标线。加入 1.0mL 酒石酸钾钠溶液，摇匀，再加入纳氏试剂 1.5mL（$HgCl_2$-KI-KOH 溶液）或 1.0mL（HgI_2-KI-NaOH 溶液），摇匀。放置 10min 后，在波长 420nm 下，用 20mm 比色皿，以水作参比，测量吸光度。

以空白校正后的吸光度为纵坐标，以其对应的氨氮含量（μg）为横坐标，绘制校准曲线。

注：根据待测样品的质量浓度也可选用 10mm 比色皿。

4. 样品测定

（1）清洁水样

直接取 50mL，按与校准曲线相同的步骤测量吸光度。

（2）有悬浮物或色度干扰的水样

取经预处理的水样 50mL（若水样中氨氮质量浓度超过 2mg/L，可适当少取水样体积），按与校准曲线相同的步骤测量吸光度。

注：经蒸馏或在酸性条件下煮沸方法预处理的水样，须加一定量氢氧化钠溶液调节水样至中性，用水稀释至 50mL 标线，再按与校准曲线相同的步骤测量吸光度。

5. 空白试验

用水代替水样，按与样品相同的步骤进行预处理和测定。

七、数据处理

水中氨氮的质量浓度按下式计算：

$$\rho_N = \frac{A_s - A_b - a}{bV} \qquad (2\text{-}27)$$

式中　ρ_N——水样中氨氮的质量浓度（以 N 计），mg/L；

　　　A_s——水样的吸光度；

　　　A_b——空白试验的吸光度；

　　　a——校准曲线的截距；

　　　b——校准曲线的斜率；

　　　V——水样体积，mL。

八、注意事项

1. 水样中含有悬浮物、余氯、钙镁等金属离子、硫化物和有机物时会产生干扰，含有此类物质时要做适当处理，以消除对测定的影响。

2.若样品中存在余氯，可加入适量的硫代硫酸钠溶液去除，用淀粉-碘化钾试纸检验余氯是否除尽。在显色时加入适量的酒石酸钾钠溶液，可消除钙镁等金属离子的干扰。若水样浑浊或有颜色时可用预蒸馏法或絮凝沉淀法处理。

3.试剂空白的吸光度应不超过 0.030（10mm 比色皿）。

4.为了保证纳氏试剂有良好的显色能力，配制时务必控制 $HgCl_2$ 的加入量，至微量 HgI_2 红色沉淀不再溶解时为止。配制 100mL 纳氏试剂所需 $HgCl_2$ 与 KI 的用量之比约为 2.3∶5。在配制时为了加快反应速率、节省配制时间，可低温加热进行，防止 HgI_2 红色沉淀的提前出现。

5.酒石酸钾钠试剂中铵盐含量较高时，仅加热煮沸或加纳氏试剂沉淀不能完全除去氨。此时可加入少量氢氧化钠溶液，煮沸蒸发掉溶液体积的 20%～30%，冷却后用无氨水稀释至原体积。

6.絮凝沉淀预处理时，因滤纸中含有一定量的可溶性铵盐，且含量高于定性滤纸，建议采用定性滤纸过滤，过滤前用无氨水少量多次淋洗（一般为 100mL）。这样可减少或避免滤纸引入的测量误差。

7.水样的预蒸馏过程中，某些有机物很可能与氨同时馏出，对测定有干扰，其中有些物质（如甲醛）可以在酸性条件（pH<1）下煮沸除去。在蒸馏刚开始时，氨气蒸出速度较快，加热不能过快，否则造成水样暴沸，馏出液温度升高，氨吸收不完全。馏出液速率应保持在 10mL/min 左右。

8.部分工业废水，可加入石蜡碎片等作防沫剂。

9.蒸馏瓶清洗：向蒸馏烧瓶中加入 350mL 水，加数粒玻璃珠，装好仪器，蒸馏到至少收集了 100mL 水，将馏出液及瓶内残留液弃去。

九、思考题

1.测定河水、城市污水或垃圾渗滤液时，应分别采用什么预处理方法？

2.污水的氨氮含量很高，测定过程中需要稀释，怎样合理确定稀释倍数？

实验十二　硝酸盐氮的测定

一、实验目的和要求

掌握紫外分光光度法测定硝酸盐氮的原理和方法。

二、相关标准和依据

本方法主要依据《水质　硝酸盐氮的测定　紫外分光光度法（试行）》（HJ/T 346—2007），适用于地表水、地下水中硝酸盐氮的测定。本方法的最低检出质量浓度为 0.08mg/L，测定下限为 0.32mg/L，测定上限为 4mg/L（均以 N 计）。

三、实验原理

利用硝酸根离子在 220nm 波长处的吸收而定量测定硝酸盐氮。溶解的有机物在 220nm

处也会有吸收，而硝酸银离子在 275nm 处没有吸收。因此，在 275nm 处做另一测量，以校正硝酸盐氮值。

四、试剂和材料

1. 氢氧化铝悬浮液：溶解 125g 硫酸铝钾 [KAl(SO$_4$)$_2$·12H$_2$O] 或硫酸铝铵 [NH$_4$Al(SO$_4$)$_2$·12H$_2$O] 于 1000mL 水中，加热至 60℃，在不断搅拌中，徐徐加入 55mL 浓氨水，放置约 1h 后，移入 1000mL 量筒内，用水反复洗涤沉淀，最后至洗涤液中不含硝酸盐氮为止。澄清后，把上清液尽量全部倾出，只留稠的悬浮液，最后加入 100mL 水，使用前应振荡均匀。

2. 硫酸锌溶液：10％硫酸锌水溶液。

3. 氢氧化钠溶液：c(NaOH)＝5mol/L。

4. 大孔径中性树脂：CAD-40 或 XAD-2 型及类似性能的树脂。

5. 甲醇：分析纯。

6. 盐酸，c(HCl)＝1mol/L：吸取 8.33mL 浓盐酸定容至 100mL 容量瓶中。

7. 硝酸盐氮标准储备液：称取 0.722g 经 105～110℃ 干燥 2h 的优级纯硝酸钾（KNO$_3$）溶于水，移入 1000mL 容量瓶中，稀释至标线，加 2mL 三氯甲烷作保存剂，混匀，至少可稳定 6 个月。该标准储备液每毫升含 0.100mg 硝酸盐氮。

8. 0.8％氨基磺酸溶液：避光保存于冰箱中。

五、实验仪器和设备

1. 紫外分光光度计。

2. 离子交换柱（ϕ1.4cm，装树脂高 5～8cm）。

六、实验步骤

1. 吸附柱的制备

新的大孔中性树脂先用 200mL 水分两次洗涤，用甲醇浸泡过夜，弃去甲醇，再用 40mL 甲醇分两次洗涤，然后用新鲜去离子水洗到柱中流出液滴落于烧杯中无乳白色为止。树脂装入柱中时，树脂间绝不允许存在气泡。

2. 水样的预处理

量取 200mL 水样置于锥形瓶或烧杯中，加入 2mL 硫酸锌溶液（10％），在搅拌下滴加氢氧化钠溶液，调至 pH 为 7。或将 200mL 水样调至 pH 为 7 后，加 4mL 氢氧化铝悬浮液。待絮凝胶团下沉后，或经离心分离，吸取 100mL 上清液分两次洗涤吸附树脂柱，以 1～2 滴/s 的流速流出（注意各个样品间流速保持一致），弃去。再继续使水样上清液通过柱子，收集 50mL 于比色管中，备测定用。树脂用 150mL 水分三次洗涤，备用。树脂吸附容量较大，可处理 50～100 个地表水水样，应视有机物含量而异。使用多次后，可用未接触过橡胶制品的新鲜去离子水作参比，在 220nm 和 275nm 波长处检验，测得吸光度应接近零。超过仪器允许误差时，需以甲醇再生。

加 1.0mL 的 1mol/L 盐酸溶液、0.1mL 氨基磺酸溶液于比色管中（如亚硝酸盐氮低于

0.1mg/L 时，可不加氨基磺酸溶液）。

3. 水样的测定

用光程长 10mm 石英比色皿，在 220nm 和 275nm 波长处，以经过树脂吸附的新鲜去离子水 50mL 加 1mL 的 1mol/L 盐酸溶液为参比，测量吸光度。

4. 校准曲线的绘制

于 5 个 200mL 容量瓶中分别加入 0.50mL、1.00mL、2.00mL、3.00mL、4.00mL 硝酸盐氮标准储备液；用新鲜去离子水稀释至标线，其质量浓度分别为 0.25mg/L、0.50mg/L、1.00mg/L、1.50mg/L、2.00mg/L。按水样测定相同操作步骤测量吸光度。

七、数据处理

硝酸盐氮的含量按下式计算：

$$A_{校} = A_{220} - 2A_{275} \tag{2-28}$$

式中　A_{220}——220nm 波长处测得的吸光度；

　　　A_{275}——275nm 波长处测得的吸光度。

求得吸光度的校正值（$A_{校}$）以后，从校准曲线中查得相应的硝酸盐氮量，即为水样测定结果（mg/L）。水样若经过稀释后测定，则结果应乘稀释倍数。

八、注意事项

1. 参考吸光度比值（A_{275}/A_{220}）×100% 应小于 20%，越小越好。超过时应予以鉴别。水样经上述方法适用情况检验后，符合要求时，可不经预处理，直接取 50mL 水样于比色管中，加盐酸和氨基磺酸溶液后，进行吸光度测量。如经絮凝后水样亦达到上述要求，则也可只进行絮凝预处理，省略树脂吸附操作。

2. 含有有机物的水样，而且硝酸盐含量较高时，必须先进行预处理后再稀释。

3. 大孔中性吸附树脂对环状、空间结构大的有机物吸附能力强；对低碳链、有较强极性和亲水性的有机物吸附能力差。

4. 当水样存在六价铬时，絮凝剂应采用氢氧化铝，并放置 0.5h 以上再取上清液供测定用。

实验十三　总氮的测定

一、实验目的和要求

掌握碱性过硫酸钾消解紫外分光光度法测定总氮的原理和方法。

二、相关标准和依据

本方法主要依据《水质　总氮的测定　碱性过硫酸钾消解紫外分光光度法》（HJ 636—2012）。该标准规定了测定水中总氮的碱性过硫酸钾消解紫外分光光度法。本方法适用于地表水、地下水、工业废水和生活污水中总氮的测定。当样品量为 10mL 时，本方法的检出限为 0.05mg/L，测定范围为 0.20～7.00mg/L。

三、实验原理

在 120～124℃下，碱性过硫酸钾溶液使样品中含氮化合物的氮转化为硝酸盐，采用紫外分光光度法于波长 220nm 和 275nm 处，分别测定吸光度 A_{220} 和 A_{275}，按下式计算校正吸光度 A，总氮（以 N 计）含量与校正吸光度 A 成正比。

$$A = A_{220} - 2A_{275} \tag{2-29}$$

当碘离子含量相对于总氮含量的 2.2 倍以上，溴离子含量相对于总氮含量的 3.4 倍以上时，对测定产生干扰。

水样中的六价铬离子和三价铁离子对测定产生干扰，可加入 5% 盐酸羟胺溶液 1～2mL 消除。

四、试剂和材料

1. 无氨水：每升水中加入 0.10mL 浓硫酸蒸馏，收集馏出液于具塞玻璃容器中；也可使用新制备的去离子水。

2. 氢氧化钠（NaOH）：含氮量应小于 0.0005%。

3. 过硫酸钾（$K_2S_2O_8$）：含氮量应小于 0.0005%。

4. 硝酸钾（KNO_3）：基准试剂或优级纯，在 105～110℃下烘干 2h，在干燥器中冷却至室温。

5. 浓盐酸：$\rho(HCl) = 1.19g/mL$。

6. 浓硫酸：$\rho(H_2SO_4) = 1.84g/mL$。

7. 盐酸溶液：1+9。

8. 硫酸溶液：1+35。

9. 氢氧化钠溶液，$\rho(NaOH) = 200g/L$：称取 20.0g 氢氧化钠溶于少量水中，稀释至 100mL。

10. 氢氧化钠溶液，$\rho(NaOH) = 20g/L$：量取氢氧化钠溶液（200g/L）10.0mL，用水稀释至 100mL。

11. 碱性过硫酸钾溶液：称取 40.0g 过硫酸钾溶于 600mL 水中（可置于 50℃ 水浴中加热至全部溶解）；另称取 15.0g 氢氧化钠溶于 300mL 水中；待氢氧化钠溶液温度冷却至室温后，混合两种溶液定容至 1000mL，存放于聚乙烯瓶中，可保存一周。

12. 硝酸钾标准储备液，$\rho(N) = 100mg/L$：称取 0.7218g 硝酸钾溶于适量水中，移至 1000mL 容量瓶中，用水稀释至标线，混匀；加入 1～2mL 三氯甲烷作为保护剂，在 0～10℃暗处保存，可稳定 6 个月。也可直接购买市售有证标准溶液。

13. 硝酸钾标准使用液，$\rho(N) = 10.0mg/L$：量取 10.00mL 硝酸钾标准储备液 $[\rho(N) = 100mg/L]$ 至 100mL 容量瓶中，用水稀释至标线，混匀，临用现配。

五、实验仪器和设备

1. 紫外分光光度计：具 10mm 石英比色皿。

2. 高压蒸汽灭菌器：最高工作压力不低于 107.9～137.3kPa；最高工作温度不低于

120～124℃。

3.具塞磨口玻璃比色管：25mL。

六、实验步骤

1.样品的采集和保存

将采集好的样品储存在聚乙烯瓶或硬质玻璃瓶中，用浓硫酸 $[\rho(H_2SO_4)=1.84g/mL]$ 调节 pH 值至 1～2，常温下可保存 7 天。储存在聚乙烯瓶中，−20℃下冷冻，可保存 1 个月。

2.试样的制备

取适量样品用氢氧化钠溶液 $[\rho(NaOH)=20g/L]$ 或硫酸溶液（1＋35）调节 pH 值至 5～9，待测。

3.校准曲线的绘制

分别量取 0.00mL、0.20mL、0.50mL、1.00mL、3.00mL 和 7.00mL 硝酸钾标准使用液 $[\rho(N)=10.0mg/L]$ 于 25mL 具塞磨口玻璃比色管中，其对应的总氮（以 N 计）含量分别为 0.00μg、2.00μg、5.00μg、10.0μg、30.0μg 和 70.0μg。加水稀释至 10.00mL，再加入 5.00mL 碱性过硫酸钾溶液，塞紧管塞，用纱布和线绳扎紧管塞，以防弹出。将比色管置于高压蒸汽灭菌器中，加热至顶压阀吹气，关阀，继续加热至 120℃开始计时，保持温度在 120～124℃ 30min。自然冷却、开阀放气，移去外盖，取出比色管冷却至室温，按住管塞将比色管中的液体颠倒混匀 2～3 次。

注：若比色管在消解过程中出现管口或管塞破裂，应重新取样分析。

每个比色管分别加入 1.0mL 盐酸溶液（1＋9），用水稀释至 25mL 标线，盖塞混匀。使用 10mm 石英比色皿，在紫外分光光度计上，以水作参比，分别于波长 220nm 和 275nm 处测定吸光度。零浓度的校正吸光度 A_b、其他标准系列的校正吸光度 A_s 及其差值 A_r 按下式进行计算。以总氮（以 N 计）含量（μg）为横坐标，对应的 A_r 值为纵坐标，绘制校准曲线。

$$A_b = A_{b220} - 2A_{b275} \qquad (2\text{-}30)$$

$$A_s = A_{s220} - 2A_{s275} \qquad (2\text{-}31)$$

$$A_r = A_s - A_b \qquad (2\text{-}32)$$

式中　A_b——零浓度（空白）溶液的校正吸光度；

A_{b220}——零浓度（空白）溶液于波长 220nm 处的吸光度；

A_{b275}——零浓度（空白）溶液于波长 275nm 处的吸光度；

A_s——标准溶液的校正吸光度；

A_{s220}——标准溶液于波长 220nm 处的吸光度；

A_{s275}——标准溶液于波长 275nm 处的吸光度；

A_r——标准溶液校正吸光度与零浓度（空白）溶液校正吸光度的差。

4.样品的测定

量取 10.00mL 试样于 25mL 具塞磨口玻璃比色管中，进行测定。

注：试样中的含氮量超过 70μg 时，可减少取样量并加水稀释至 10.00mL。

5. 空白试验

用 10.00mL 水代替试样，进行测定。

七、数据处理

1. 结果计算

参照前述计算试样校正吸光度和空白试验校正吸光度差值 A_r，样品中总氮的质量浓度 $\rho(\text{mg/L})$ 按下式进行计算：

$$\rho = (A_r - a)\frac{f}{bV} \tag{2-33}$$

式中　ρ——样品中总氮（以 N 计）的质量浓度，mg/L；

　　　A_r——试样的校正吸光度与空白试验校正吸光度的差值；

　　　a——校准曲线的截距；

　　　b——校准曲线的斜率；

　　　V——试样体积，mL；

　　　f——稀释倍数。

2. 结果表示

当测定结果小于 1.00mg/L 时，保留到小数点后两位；大于等于 1.00mg/L 时，保留三位有效数字。

八、注意事项

1. 某些含氮有机物在本实验规定的测定条件下不能完全转化为硝酸盐。

2. 测定应在无氨的实验室环境中进行，避免环境交叉污染对测定结果产生影响。

3. 实验所用的器皿和高压蒸汽灭菌器等均应无氨污染。实验中所用的玻璃器皿应用盐酸溶液或硫酸溶液浸泡，用自来水冲洗后再用无氨水冲洗数次，洗净后立即使用。高压蒸汽灭菌器应每周清洗。

4. 在碱性过硫酸钾溶液配制过程中，温度过高会导致过硫酸钾分解失效，因此要控制水浴温度在 60℃ 以下，而且应待氢氧化钠溶液温度冷却至室温后，再将其与过硫酸钾溶液混合、定容。

5. 使用高压蒸汽灭菌器时，应定期检定压力表，并检查橡胶密封圈密封情况，避免因漏气而减压。

九、思考题

实验过程中发现空白样吸光度值大于 1.0，分析可能是什么原因造成的。

实验十四　总磷的测定

一、实验目的

掌握钼酸铵分光光度法测定总磷的原理和方法。

二、相关标准和依据

本方法主要依据《水质　总磷的测定　钼酸铵分光光度法》（GB 11893—1989）。总磷包括溶解的、颗粒的、有机的和无机磷。本方法适用于地面水、污水和工业废水。取 25mL 试料，本方法的最低检出浓度为 0.01mg/L，测定上限为 0.6mg/L。

三、实验原理

在中性条件下用过硫酸钾（或硝酸-高氯酸）使试样消解，将所含磷全部氧化为正磷酸盐。在酸性介质中，正磷酸盐与钼酸铵反应，在锑盐存在下生成磷钼杂多酸后，立即被抗坏血酸还原，生成蓝色的络合物，该络合物在 700nm 处有最大吸收波长，且吸光度和浓度成正比。

四、试剂和材料

本实验所用试剂除另有说明外，均应使用符合国家标准或专业标准的分析试剂和蒸馏水或同等纯度的水。

1. 硫酸（H_2SO_4）：$\rho=1.84g/mL$。

2. 硝酸（HNO_3）：$\rho=1.4g/mL$。

3. 高氯酸（$HClO_4$）：优级纯，$\rho=1.68g/mL$。

4. 硫酸（H_2SO_4）：$1+1$。

5. 硫酸，$c(1/2H_2SO_4)\approx1mol/L$：将 27mL 硫酸（$\rho=1.84g/mL$）加入 973mL 水中。

6. 氢氧化钠（NaOH），1mol/L 溶液：将 40g 氢氧化钠溶于水中并稀释至 1000mL。

7. 氢氧化钠（NaOH），6mol/L 溶液：将 240g 氢氧化钠溶于水中并稀释至 1000mL。

8. 过硫酸钾，50g/L 溶液：将 5g 过硫酸钾（$K_2S_2O_8$）溶解于水，并稀释至 100mL。

9. 抗坏血酸，100g/L 溶液：溶解 10g 抗坏血酸（$C_6H_8O_6$）于水中，并稀释至 100mL。此溶液储存于棕色试剂瓶中，在冷处可稳定几周。如不变色可长时间使用。

10. 钼酸盐溶液：溶解 13g 钼酸铵$[(NH_4)_6Mo_7O_{24}\cdot4H_2O]$于 100mL 水中；溶解 0.35g 酒石酸锑钾$[KSbC_4H_4O_7\cdot1/2H_2O]$于 100mL 水中；在不断搅拌下把钼酸铵溶液徐徐加到 300mL 硫酸（$1+1$）中，加酒石酸锑钾溶液并且混合均匀。

此溶液储存于棕色试剂瓶中，在冷处可保存 2 个月。

11. 浊度-色度补偿液：混合 2 体积硫酸（$1+1$）和 1 体积抗坏血酸溶液。使用当天配制。

12. 磷标准储备溶液：称取（0.2197 ± 0.001）g 于 110℃下干燥 2h 后在干燥器中放冷的磷酸二氢钾（KH_2PO_4），用水溶解后转移至 1000mL 容量瓶中，加入大约 800mL 水，加 5mL 硫酸（$1+1$），用水稀释至标线并混匀。1.00mL 此标准溶液含 50.0μg 磷。

本溶液在玻璃瓶中可储存至少 6 个月。

13. 磷标准使用溶液：将 10.0mL 的磷标准储备溶液转移至 250mL 容量瓶中，用水稀释至标线并混匀。1.00mL 此标准溶液含 2.0μg 磷。使用当天配制。

14. 酚酞，10g/L 溶液：0.5g 酚酞溶于 50mL 95％的乙醇中。

五、实验仪器和设备

1.医用手提式蒸汽消毒器或一般压力锅（1.1～1.4kg/cm^2）。

2.50mL 具塞（磨口）刻度管。

3.分光光度计。

注：所有玻璃器皿均应用稀盐酸或稀硝酸浸泡。

六、实验步骤

1. 水样的准备

用玻璃瓶采取 500mL 水样后加入 1mL 硫酸（$\rho=1.84g/mL$），调节样品的 pH 值，使之低于或等于1，或不加任何试剂于冷处保存。

取 25mL 样品于具塞刻度管中。取时应仔细摇匀，以得到溶解部分和悬浮部分均具有代表性的试样。如样品中含磷浓度较高，试样体积可以减少。

2. 空白试样

按上述试样的制备的规定进行空白试验，用水代替试样，并加入与测定时相同体积的试剂。

3. 水样的测定

（1）消解

① 过硫酸钾消解：向试样中加 4mL 过硫酸钾，将具塞刻度管的盖塞紧后，用一小块布和线将玻璃塞扎紧（或用其他方法固定），放在大烧杯中置于高压蒸汽消毒器中加热，待压力达 107.9kPa，相应温度为 120℃时，保持 30min 后停止加热；待压力表读数降至零后，取出放冷，然后用水稀释至标线。

注：如用硫酸保存水样，当用过硫酸钾消解时，需先将试样调至中性。

② 硝酸-高氯酸消解：取 25mL 试样于锥形瓶中，加数粒玻璃珠，加 2mL 硝酸，在电热板上加热浓缩至 10mL；冷后加 5mL 硝酸，再加热浓缩至 10mL，放冷；加 3mL 高氯酸，加热至高氯酸冒白烟，此时可在锥形瓶上加小漏斗或调节电热板温度，使消解液在锥形瓶内壁保持回流状态，直至剩下 3～4mL，放冷。

加水 10mL，加 1 滴酚酞指示剂。滴加氢氧化钠溶液至刚呈微红色，再滴加硫酸溶液[$c(1/2H_2SO_4)\approx1mol/L$]使微红刚好褪去，充分混匀。移至具塞刻度管中，用水稀释至标线。

注：① 用硝酸-高氯酸消解需要在通风橱中进行。高氯酸和有机物的混合物经加热易发生危险，需将试样先用硝酸消解，然后再加入硝酸-高氯酸进行消解。

② 绝不可把消解的试样蒸干。

③ 如消解后有残渣时，用滤纸过滤于具塞刻度管中，并用水充分清洗锥形瓶及滤纸，一并移到具塞刻度管中。

④ 水样中的有机物用过硫酸钾氧化不能完全破坏时，可用此法消解。

（2）发色

分别向各份消解液中加入 1mL 抗坏血酸溶液，混匀，30s 后加 2mL 钼酸盐溶液，充分混匀。

注：① 如试样中含有浊度或色度时，需配制一个空白试样（消解后用水稀释至标线），然后向试样中加入 3mL 浊度-色度补偿液，但不加抗坏血酸溶液和钼酸盐溶液。然后从试样的吸光度中扣除空白试样的吸光度。

② 砷大于 2mg/L 时干扰测定，用硫代硫酸钠去除。硫化物大于 2mg/L 时干扰测定，通氮气去除。铬大于 50mg/L 时干扰测定，用亚硫酸钠去除。

（3）分光光度测量

室温下放置 15min 后，使用光程为 30mm 比色皿，在 700nm 波长下，以水作参比，测定吸光度。扣除空白试样的吸光度后，从工作曲线上查得磷的含量。

注：如显色时室温低于 13℃，在 20～30℃水浴上显色 15min 即可。

（4）工作曲线的绘制

取 7 支具塞刻度管分别加入 0.0mL、0.50mL、1.00mL、3.00mL、5.00mL、10.0mL、15.0mL 磷酸盐标准溶液，加水至 25mL。然后按测定步骤进行处理。以水作参比，测定吸光度。扣除空白试样的吸光度后，和对应的磷的含量绘制工作曲线。

七、数据处理

总磷含量以 $c(mg/L)$ 表示，按下式计算：

$$c = \frac{m}{V} \tag{2-34}$$

式中　　m——试样测得含磷量，μg；

V——测定用试样体积，mL。

八、注意事项

1. 如采样时水样用酸固定，则用过硫酸钾消解前将水样调至中性。
2. 一般用民用压力锅，在加热至顶压阀出气孔冒气时，锅内温度约为 120℃。

实验十五　空气质量监测——PM$_{10}$ 和 PM$_{2.5}$ 的测定

一、实验目的

掌握颗粒物采样器的使用方法和测定 PM$_{10}$ 和 PM$_{2.5}$ 的方法。

二、相关标准和依据

本方法主要依据《环境空气　PM$_{10}$ 和 PM$_{2.5}$ 的测定　重量法》（HJ 618—2011）。

三、实验原理

分别通过具有一定切割特性的采样器，以恒速抽取定量体积空气，使环境空气中 PM$_{2.5}$ 和 PM$_{10}$ 被截留在已知质量的滤膜上，根据采样前后滤膜的质量差和采样体积，计算出 PM$_{2.5}$ 和 PM$_{10}$ 浓度。

四、仪器和设备

1.切割器。

（1）PM_{10} 切割器、采样系统：切割粒径 $D_{a50}=(10\pm0.5)\mu m$；捕集效率的几何标准差 $\sigma_g=(1.5\pm0.1)\mu m$。其他性能和技术指标应符合 HJ 93—2013 的规定。

（2）$PM_{2.5}$ 切割器、采样系统：切割粒径 $D_{a50}=(2.5\pm0.2)\mu m$；捕集效率的几何标准差 $\sigma_g=(1.2\pm0.1)\mu m$。其他性能和技术指标应符合 HJ 93—2013 的规定。

2.采样器孔口流量计或其他符合本标准技术指标要求的流量计。

（1）大流量流量计：量程 $0.8\sim1.4m^3/min$；误差 $\leqslant2\%$。

（2）中流量流量计：量程 $60\sim125L/min$；误差 $\leqslant2\%$。

（3）小流量流量计：量程 $<30L/min$；误差 $\leqslant2\%$。

3.滤膜：根据样品采集目的可选用玻璃纤维滤膜、石英滤膜等无机滤膜或聚氯乙烯、聚丙烯、混合纤维素等有机滤膜。滤膜对 $0.3\mu m$ 标准粒子的截留效率不低于 99%。空白滤膜按分析步骤进行平衡处理至恒重，称量后，放入干燥器中备用。

4.分析天平：感量 0.1mg 或 0.01mg。

5.恒温恒湿箱（室）：箱（室）内空气温度在 $15\sim30℃$ 范围内可调，控温精度 $\pm1℃$。箱（室）内空气相对湿度应控制在 $(50\pm5)\%$。恒温恒湿箱（室）可连续工作。

6.干燥器：内盛变色硅胶。

五、实验步骤

1. 样品的采集

（1）环境空气监测中采样环境及采样频率的要求，按 HJ 194—2017 的要求执行。采样时，采样器入口距地面高度不得低于 1.5m。采样不宜在风速大于 8m/s 等天气条件下进行。采样点应避开污染源及障碍物。如果测定交通枢纽处 PM_{10} 和 $PM_{2.5}$，采样点应布置在距人行道边缘外侧 1m 处。

（2）采用间断采样方式测定日平均浓度时，其次数不应少于 4 次，累计采样时间不应少于 18h。

（3）采样时，将已称重的滤膜用镊子放入洁净采样夹内的滤网上，滤膜毛面应朝进气方向。将滤膜牢固压紧至不漏气。如果测定任何一次浓度，每次需更换滤膜；如测日平均浓度，样品可采集在一张滤膜上。采样结束后，用镊子取出。将有尘面两次对折，放入样品盒或纸袋，并做好采样记录。

（4）采样后滤膜样品称量。

滤膜采集后，如不能立即称重，应在 4℃ 条件下冷藏保存。

2. 测定

将滤膜放在恒温恒湿箱（室）中平衡 24h，平衡条件为：温度取 $15\sim30℃$ 中任何一点，相对湿度控制在 $45\%\sim55\%$，记录平衡温度与湿度。在上述平衡条件下，用感量为 0.1mg 或 0.01mg 的分析天平称量滤膜，记录滤膜质量。同一滤膜在恒温恒湿箱（室）中相同条件下再平衡 1h 后称重。对于 PM_{10} 和 $PM_{2.5}$ 颗粒物样品滤膜，两次质量之差分别小于 0.4mg 或 0.04mg 为满足恒重要求。

六、数据处理

1. 结果计算

$PM_{2.5}$ 和 PM_{10} 浓度按下式计算：

$$\rho = \frac{w_2 - w_1}{V} \times 1000 \tag{2-35}$$

式中　ρ——PM_{10} 或 $PM_{2.5}$ 浓度，mg/m^3；

w_2——采样后滤膜的质量，g；

w_1——空白滤膜的质量，g；

V——实际采样体积，m^3。

2. 结果表示

计算结果保留 3 位有效数字。小数点后数字可保留到第 3 位。

七、注意事项

1. 采样器每次使用前需进行流量校准。

2. 滤膜使用前均需进行检查，不得有针孔或任何缺陷。滤膜称量时要消除静电的影响。

3. 取清洁滤膜若干张，在恒温恒湿箱（室）按平衡条件平衡 24h，称重。每张滤膜非连续称量 10 次以上，求每张滤膜质量的平均值为该张滤膜的原始质量。以上述滤膜作为"标准滤膜"。每次称滤膜的同时，称量两张"标准滤膜"。若标准滤膜称出的质量在原始质量 ±5mg（大流量）、±0.5mg（中流量和小流量）范围内，则认为该批样品滤膜称量合格，数据可用。否则应检查称量条件是否符合要求并重新称量该批样品滤膜。

4. 要经常检查采样头是否漏气。当滤膜安放正确，采样系统无漏气时，采样后滤膜上颗粒物与四周白边之间界线应清晰，如出现界线模糊时，则表明应更换滤膜密封垫。

5. 对电机有电刷的采样器，应尽可能在电机由于电刷原因停止工作前更换电刷，以免使采样失败。更换时间视以往情况确定。更换电刷后要重新校准流量。新更换电刷的采样器应在负载条件下运转 1h，待电刷与转子的整流子良好接触后，再进行流量校准。

6. 当 PM_{10} 或 $PM_{2.5}$ 含量很低时，采样时间不能过短。对于感量为 0.1mg 和 0.01mg 的分析天平，滤膜上颗粒物负载量应分别大于 1mg 和 0.1mg，以减少称量误差。

7. 采样前后，滤膜称量应使用同一台分析天平。

八、思考题

1. 什么是 PM_{10} 和 $PM_{2.5}$？它们主要来源于哪里？

2. PM_{10} 和 $PM_{2.5}$ 的测定具有什么样的现实意义？

实验十六　空气质量监测——SO_2 的测定

一、实验目的

掌握采用甲醛吸收-副玫瑰苯胺分光光度法测定环境空气中的二氧化硫的原理和操作方法。

二、相关标准和依据

本方法主要依据《环境空气 二氧化硫的测定 甲醛吸收-副玫瑰苯胺分光光度法》（HJ 482—2009）。

当使用10mL吸收液、采样体积为30L时，测定空气中二氧化硫的检出限为$0.007mg/m^3$，测定下限为$0.028mg/m^3$，测定上限为$0.667mg/m^3$。当使用50mL吸收液、采样体积为288L，且试份为10mL时，测定空气中二氧化硫的检出限为$0.004mg/m^3$，测定下限为$0.014mg/m^3$，测定上限为$0.347mg/m^3$。

三、实验原理

二氧化硫被甲醛缓冲溶液吸收后，生成稳定的羟甲基磺酸加成化合物，在样品溶液中加入氢氧化钠使加成化合物分解，释放出的二氧化硫与副玫瑰苯胺、甲醛作用，生成紫红色化合物，用分光光度计在波长577nm处测量吸光度。

测定中主要干扰物为氮氧化物、臭氧及某些重金属元素。采样后放置一段时间可使臭氧自行分解；加入氨磺酸钠溶液可消除氮氧化物的干扰；吸收液中加入磷酸及环己二胺四乙酸二钠盐可以消除或减少某些金属离子的干扰。10mL样品溶液中含有50μg钙、镁、铁、镍、镉、铜等金属离子及5μg二价锰离子时，对本方法测定不产生干扰。当10mL样品溶液含有10μg二价锰离子时，可使样品的吸光度降低27％。

四、试剂和材料

1. 碘酸钾（KIO_3）：优级纯，经110℃干燥2h。

2. 氢氧化钠溶液，$c(NaOH)=1.5mol/L$：称取6.0g NaOH，溶于100mL水中。

3. 环己二胺四乙酸二钠溶液，$c(CDTA-2Na)=0.05mol/L$：称取1.82g反式1,2-环己二胺四乙酸（CDTA-2Na），加入氢氧化钠溶液6.5mL，用水稀释至100mL。

4. 甲醛缓冲吸收储备液：吸取36％～38％的甲醛溶液5.5mL，CDTA-2Na溶液20.00mL；称取2.04g邻苯二甲酸氢钾，溶于少量水中；将三种溶液合并，再用水稀释至100mL，储存于冰箱可保存1年。

5. 甲醛缓冲吸收液：用水将甲醛缓冲吸收储备液稀释100倍。临用时现配。

6. 氨磺酸钠溶液，$\rho(NaH_2NSO_3)=6.0g/L$：称取0.60g氨磺酸（H_2NSO_3H）置于100mL烧杯中，加入4.0mL氢氧化钠，用水搅拌至完全溶解后稀释至100mL，摇匀。此溶液密封可保存10天。

7. 碘储备液，$c(1/2I_2)=0.10mol/L$：称取12.7g碘（I_2）于烧杯中，加入40g碘化钾和25mL水，搅拌至完全溶解，用水稀释至1000mL，储存于棕色细口瓶中。

8. 碘溶液，$c(1/2I_2)=0.010mol/L$：量取碘储备液50mL，用水稀释至500mL，储存于棕色细口瓶中。

9. 淀粉溶液，$\rho=5.0g/L$：称取0.5g可溶性淀粉于150mL烧杯中，用少量水调成糊状，慢慢倒入100mL沸水，继续煮沸至溶液澄清，冷却后储存于试剂瓶中。

10. 碘酸钾基准溶液，$c(1/6KIO_3)=0.1000mol/L$：准确称取3.5667g碘酸钾溶于水，移入1000mL容量瓶中，用水稀释至标线，摇匀。

11. 盐酸溶液，$c(HCl)=1.2mol/L$：量取 100mL 浓盐酸，用水稀释至 1000mL。

12. 硫代硫酸钠标准储备液，$c(Na_2S_2O_3)=0.10mol/L$：称取 25.0g 硫代硫酸钠（$Na_2S_2O_3 \cdot 5H_2O$），溶于 1000mL 新煮沸但已冷却的水中，加入 0.2g 无水碳酸钠，储存于棕色细口瓶中，放置一周后备用。如溶液呈现浑浊，必须过滤。

标定方法：吸取三份 20.00mL 碘酸钾基准溶液分别置于 250mL 碘量瓶中，加 70mL 新煮沸但已冷却的水，加 1g 碘化钾，振摇至完全溶解后，加 10mL 盐酸溶液，立即盖好瓶塞，摇匀；于暗处放置 5min 后，用硫代硫酸钠标准溶液滴定溶液至浅黄色，加 2mL 淀粉溶液，继续滴定至蓝色刚好褪去为终点。硫代硫酸钠标准溶液的物质的量浓度按下式计算：

$$c_1 = \frac{0.1000 \times 20.00}{V} \tag{2-36}$$

式中　c_1——硫代硫酸钠标准溶液的物质的量浓度，mol/L；

　　　V——滴定所耗硫代硫酸钠标准溶液的体积，mL。

13. 硫代硫酸钠标准溶液，$c(Na_2S_2O_3) \approx 0.01000mol/L$：取 50.0mL 硫代硫酸钠储备液置于 500mL 容量瓶中，用新煮沸但已冷却的水稀释至标线，摇匀。

14. 乙二胺四乙酸二钠盐（EDTA-2Na）溶液，$\rho=0.50g/L$：称取 0.25g 乙二胺四乙酸二钠盐 EDTA [$CH_2N(COONa)CH_2COOH$]$\cdot H_2O$ 溶于 500mL 新煮沸但已冷却的水中。临用时现配。

15. 亚硫酸钠溶液，$\rho(Na_2SO_3)=1g/L$：称取 0.2g 亚硫酸钠（Na_2SO_3），溶于 200mL EDTA-2Na 溶液中，缓缓摇匀以防充氧，使其溶解。放置 2～3h 后标定。此溶液每毫升相当于 320～400μg 二氧化硫。

标定方法：

① 取 6 个 250mL 碘量瓶（A_1、A_2、A_3、B_1、B_2、B_3），分别加入 50.0mL 碘溶液（0.010mol/L）和 1.00mL 冰醋酸。在 A_1、A_2、A_3 内各加入 25mL 乙二胺四乙酸二钠盐溶液，在 B_1、B_2、B_3 内各加入 25.00mL 亚硫酸钠溶液，盖好瓶塞。

② 立即吸取 2.00mL 亚硫酸钠溶液（1g/L）加到一个已装有 40～50mL 甲醛吸收液的 100mL 容量瓶中，并用甲醛吸收液稀释至标线，摇匀。此溶液即为二氧化硫标准储备溶液，在 4～5℃下冷藏，可稳定 6 个月。

③ 紧接着再吸取 25.00mL 亚硫酸钠溶液加入 B_3 内，盖好瓶塞。

④ A_1、A_2、A_3、B_1、B_2、B_3 6 个瓶子于暗处放置 5min 后，用硫代硫酸钠溶液（0.01mol/L）滴定至浅黄色，加 5mL 淀粉指示剂，继续滴定至蓝色刚刚消失。平行滴定所用硫代硫酸钠溶液（0.01mol/L）的体积之差应不大于 0.05mL。

二氧化硫标准储备溶液的质量浓度由下式计算：

$$\rho(SO_2) = \frac{(V_0-V)c_2 \times 32.02 \times 10^3}{25.00} \times \frac{2.00}{100} \tag{2-37}$$

式中　ρ——二氧化硫标准储备溶液的质量浓度，$\mu g/mL$；

　　　V_0——空白滴定所用硫代硫酸钠标准溶液的体积，mL；

　　　V——样品滴定所用硫代硫酸钠溶液的体积，mL；

c_2——硫代硫酸钠溶液的浓度，mol/L。

16. 二氧化硫标准溶液，$\rho(Na_2SO_3) = 1.00\mu g/mL$：用甲醛吸收液将二氧化硫标准储备溶液稀释成每毫升含 1.0μg 二氧化硫的标准溶液。此溶液用于绘制标准曲线，在 4～5℃ 下冷藏，可稳定 1 个月。

17. 盐酸副玫瑰苯胺（pararosaniline，PRA，即副品红或对品红）储备液：$\rho = 0.2g/100mL$。其纯度应达到副玫瑰苯胺提纯及检验方法的质量要求。

18. 盐酸副玫瑰苯胺溶液，$\rho = 0.050g/100mL$：吸取 25.00mL 副玫瑰苯胺储备液于 100mL 容量瓶中，加 30mL 85％的浓磷酸、12mL 浓盐酸，用水稀释至标线，摇匀，放置过夜后使用。避光密封保存。

19. 盐酸-乙醇清洗液：由 3 份盐酸（1＋4）和 1 份 95％乙醇混合配制而成，用于清洗比色管和比色皿。

五、实验仪器和设备

1. 分光光度计。

2. 多孔玻板吸收管：10mL 多孔玻板吸收管，用于短时间采样；50mL 多孔玻板吸收管，用于 24h 连续采样。

3. 恒温水浴：0～40℃，控制精度为 ±1℃。

4. 具塞比色管：10mL。用过的比色管和比色皿应及时用盐酸-乙醇清洗液浸洗，否则红色难以洗净。

5. 空气采样器：用于短时间采样的普通空气采样器，流量范围 0.1～1L/min，应具有保温装置；用于 24h 连续采样的采样器应具备有恒温、恒流、计时、自动控制开关的功能，流量范围 0.1～0.5L/min。

6. 一般实验室常用仪器。

六、实验步骤

1. 样品的采集

（1）短时间采样：采用内装 10mL 吸收液的多孔玻板吸收管，以 0.5L/min 的流量采气 45～60min。吸收液温度保持在 23～29℃。

（2）24h 连续采样：用内装 50mL 吸收液的多孔玻板吸收瓶，以 0.2L/min 的流量连续采样 24h。吸收液温度保持在 23～29℃。

（3）现场空白：将装有吸收液的采样管带到采样现场，除了不采气之外，其他环境条件与样品相同。

注：① 样品采集、运输和储存过程中应避免阳光照射。

② 放置在室（亭）内的 24h 连续采样器，进气口应连接符合要求的空气质量集中采样管路系统，以减少二氧化硫进入吸收瓶前的损失。

2. 校准曲线的绘制

取 14 支 10mL 具塞比色管，分 A、B 两组，每组 7 支，分别对应编号。A 组按表 2-9 配制校准系列。

表 2-9 二氧化硫校准系列

项目	管号						
	0	1	2	3	4	5	6
二氧化硫标准溶液(1.00μg/mL)/mL	0	0.50	1.00	2.00	5.00	8.00	10.00
甲醛缓冲吸收液/mL	10.00	9.50	9.00	8.00	5.00	2.00	0
二氧化硫含量/μg	0	0.50	1.00	2.00	5.00	8.00	10.00

在 A 组各管中分别加入 0.5mL 氨磺酸钠溶液和 0.5mL 氢氧化钠溶液，混匀。

在 B 组各管中分别加入 1.00mL PRA 溶液。

将 A 组各管的溶液迅速地全部倒入对应编号并盛有 PRA 溶液的 B 管中，立即加塞混匀后放入恒温水浴装置中显色。在波长 577nm 处，用 10mm 比色皿，以水为参比测量吸光度。以空白校正后各管的吸光度为纵坐标，以二氧化硫的质量浓度（μg/10mL）为横坐标，用最小二乘法建立校准曲线的回归方程。

注意：在给定条件下标准曲线斜率应为 0.042±0.004，试剂空白吸光度 A_0 在显色规定条件下波动范围不超过 15％。

显色温度与室温之差不应超过 3℃。根据季节和环境条件按表 2-10 选择合适的显色温度与显色时间。

表 2-10 显色温度与显色时间

显色温度/℃	10	15	20	25	30
显色时间/min	40	25	20	15	5
稳定时间/min	35	25	20	15	10
试剂空白吸光度 A_0	0.030	0.035	0.040	0.050	0.060

3. 样品的测定

（1）样品溶液中如有浑浊物，则应离心分离除去。

（2）样品放置 20min，以使臭氧分解。

（3）短时间采集的样品：将吸收管中的样品溶液移入 10mL 比色管中，用少量甲醛吸收液洗涤吸收管，洗液并入比色管中并稀释至标线；加入 0.5mL 氨磺酸钠溶液，混匀，放置 10min 以除去氮氧化物的干扰；以下步骤同校准曲线的绘制。

（4）连续 24h 采集的样品：将吸收瓶中样品移入 50mL 容量瓶（或比色管）中，用少量甲醛吸收液洗涤吸收瓶后再倒入容量瓶（或比色管）中，并用吸收液稀释至标线；吸取适当体积的试样（视浓度高低而决定取 2~10mL）于 10mL 比色管中，再用吸收液稀释至标线，加入 0.5mL 氨磺酸钠溶液，混匀，放置 10min 以除去氮氧化物的干扰；以下步骤同校准曲线的绘制。

七、数据处理

空气中二氧化硫的质量浓度，按下式计算：

$$\rho(SO_2) = \frac{A - A_0 - a}{bV_r} \times \frac{V_t}{V_a}$$

(2-38)

式中　ρ——空气中二氧化硫的质量浓度，mg/m^3；

　　A——样品溶液的吸光度；

　　b——校准曲线的斜率，吸光度/μg；

　　a——校准曲线的截距（一般要求小于 0.005）；

　　A_0——试剂空白溶液的吸光度；

　　V_t——样品溶液的总体积，mL；

　　V_a——测定时所取试样的体积，mL；

　　V_r——换算成参比状态下（298.15K，1013.25hPa）的采样体积，L。

计算结果精确到小数点后三位。

八、注意事项

1.多孔玻板吸收管的阻力为（6.0±0.6）kPa，2/3 玻板面积发泡均匀，边缘无气泡逸出。

2.采样时吸收液的温度为 23～29℃时，吸收效率为 100％。10～15℃时，吸收效率偏低 5％。高于 33℃或低于 9℃时，吸收效率偏低 10％。

3.每批样品至少测定 2 个现场空白。即将装有吸收液的采样管带到采样现场，除了不采气之外，其他环境条件与样品相同。

4.当空气中二氧化硫浓度高于测定上限时，可以适当减少采样体积或者减少试样的体积。

5.如果样品溶液的吸光度超过标准曲线的上限，可用试剂空白液稀释，在数分钟内再测定吸光度，但稀释倍数不要大于 6。

6.显色温度低，显色慢，稳定时间长。显色温度高，显色快，稳定时间短。操作人员必须了解显色温度、显色时间和稳定时间的关系，严格控制反应条件。

7.测定样品时的温度与绘制校准曲线时的温度之差不应超过 2℃。

8.六价铬能使紫红色络合物褪色，产生负干扰，故应避免用硫酸-铬酸洗液洗涤玻璃器皿。若已用硫酸-铬酸洗液洗涤过，则需用 1＋1 盐酸溶液浸洗，再用水充分洗涤。

九、思考题

1.在校准曲线制作过程中，各系列的吸光度很低，分析可能存在的原因。

2.如何合理确定显色时间？

实验十七　空气质量监测——NO_x 的测定

一、实验目的

掌握采用盐酸萘乙二胺分光光度法测定环境空气中的氮氧化物的原理和操作方法。

二、相关标准和依据

本方法主要依据《环境空气　氮氧化物（一氧化氮和二氧化氮）的测定　盐酸萘乙二胺

分光光度法》（HJ 479—2009），适用于环境空气中氮氧化物、二氧化氮、一氧化氮的测定。

本方法检出限为 $0.12\mu g/10mL$。当吸收液总体积为 10mL、采样体积为 24L 时，空气中氮氧化物的检出限为 $0.005mg/m^3$。当吸收液总体积为 50mL、采样体积 288L 时，空气中氮氧化物的检出限为 $0.003mg/m^3$。当吸收液总体积为 10mL、采样体积为 12～24L 时，环境空气中氮氧化物的测定范围为 $0.020～2.5mg/m^3$。

三、实验原理

空气中的氮氧化物主要以 NO 和 NO_2 形态存在。测定时将 NO 氧化成 NO_2，用吸收液吸收后，首先生成亚硝酸和硝酸。其中，亚硝酸与对氨基苯磺酸发生重氮化反应，再与 N-(1-萘基)乙二胺盐酸盐作用，生成玫瑰红色偶氮染料，根据颜色深浅采用分光光度法定量。

空气中的二氧化氮被串联的第一支吸收瓶中的吸收液吸收并反应生成粉红色偶氮染料。空气中的一氧化氮不与吸收液反应，通过氧化管时被酸性高锰酸钾溶液氧化为二氧化氮，被串联的第二支吸收瓶中的吸收液吸收并反应生成粉红色偶氮染料。生成的偶氮染料在波长 540nm 处的吸光度与二氧化氮的含量成正比。分别测定第一支和第二支吸收瓶中样品的吸光度，计算两支吸收瓶内二氧化氮和一氧化氮的质量浓度，二者之和即为氮氧化物的质量浓度（以二氧化氮计）。

四、试剂和材料

1. 冰醋酸。

2. 盐酸羟胺溶液，$\rho = 0.2～0.5g/L$。

3. 硫酸溶液，$c(1/2H_2SO_4) = 1mol/L$：取 15mL 浓硫酸（$\rho_{20} = 1.84g/mL$），徐徐加入 500mL 水中，搅拌均匀，冷却备用。

4. 酸性高锰酸钾溶液，$\rho(KMnO_4) = 25g/L$：称取 25g 高锰酸钾于 1000mL 烧杯中，加入 500mL 水，稍微加热使其全部溶解，然后加入 1mol/L 硫酸溶液 500mL，搅拌均匀，储存于棕色试剂瓶中。

5. N-(1-萘基)乙二胺盐酸盐储备液，$\rho[C_{10}H_7NH(CH_2)_2NH_2 \cdot 2HCl] = 1.00g/L$：称取 0.50g N-(1-萘基)乙二胺盐酸盐于 500mL 容量瓶中，用水溶解稀释至刻度。此溶液储存于密闭的棕色瓶中，在冰箱中冷藏可稳定保存 3 个月。

6. 显色液：称取 5.0g 对氨基苯磺酸（$NH_2C_6H_4SO_3H$）溶解于约 200mL 40～50℃热水中，将溶液冷却至室温，全部移入 1000mL 容量瓶中，加入 50mL N-(1-萘基)乙二胺盐酸盐储备溶液和 50mL 冰醋酸，用水稀释至刻度。此溶液储存于密闭的棕色瓶中，在 25℃ 以下暗处存放可稳定 3 个月。若溶液呈现淡红色，应弃之重配。

7. 吸收液：使用时将显色液和水按 4∶1（体积比）比例混合，即为吸收液。吸收液的吸光度应小于等于 0.005。

8. 亚硝酸盐标准储备液，$\rho(NO_2^-) = 250\mu g/mL$：准确称取 0.3750g 亚硝酸钠 [$NaNO_2$，优级纯，使用前在（$105\pm5$）℃下干燥恒重] 溶于水，移入 1000mL 容量瓶中，用水稀释至标线。此溶液储存于密闭棕色瓶中于暗处存放，可稳定保存 3 个月。

9. 亚硝酸盐标准工作液，$\rho(NO_2^-) = 2.5\mu g/mL$：准确吸取亚硝酸盐标准储备液 1.00mL 于 100mL 容量瓶中，用水稀释至标线。临用现配。

五、实验仪器和设备

1.分光光度计。

2.空气采样器：流量范围 0.1～1.0L/min。采样流量为 0.4L/min 时，相对误差小于±5%。

3.恒温、半自动连续空气采样器：采样流量为 0.2L/min 时，相对误差小于±5%，能将吸收液温度保持在（20±4）℃。采样连接管线为硼硅玻璃管、不锈钢管、聚四氟乙烯管或硅胶管，内径约为 6mm，尽可能短些，任何情况下不得超过 2m，配有朝下的空气入口。

4.吸收瓶：可装 10mL、25mL 或 50mL 吸收液的多孔玻板吸收瓶，液柱高度不低于 80mm。吸收瓶的玻板阻力、气泡分散的均匀性及采样效率按吸收瓶的检查与采样效率的测定标准测定。图 2-5 为较适用的两种多孔玻板吸收瓶。使用棕色吸收瓶或采样过程中吸收瓶外罩黑色避光罩。新的多孔玻板吸收瓶或使用后的多孔玻板吸收瓶，应用 1＋1HCl 浸泡 24h 以上，用清水洗净。

5.氧化瓶：可装 5mL、10mL 或 50mL 酸性高锰酸钾溶液的洗气瓶，液柱高度不能低于 80mm。使用后，用盐酸羟胺溶液浸泡洗涤。图 2-6 为较适用的两种氧化瓶。

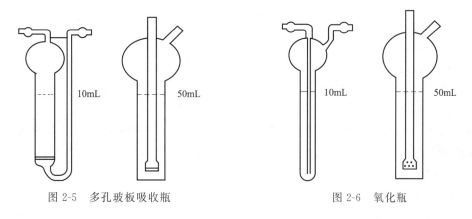

图 2-5 多孔玻板吸收瓶　　　　　　　　　图 2-6 氧化瓶

六、实验步骤

1.样品的采集

（1）短时间采样（1h 以内）

取两支内装 10.0mL 吸收液的多孔玻板吸收瓶和一支内装 5～10mL 酸性高锰酸钾溶液的氧化瓶（液柱高度不低于 80mm），用尽量短的硅橡胶管将氧化瓶串联在两支吸收瓶之间（图 2-7），以 0.4L/min 流量采气 4～24L。

图 2-7 手工采样系列示意图

（2）长时间采样（24h）

取两支大型多孔玻板吸收瓶，装入 25.0mL 或 50.0mL 吸收液（液柱高度不低于 80mm），标记液面位置。取一支内装 50mL 酸性高锰酸钾溶液的氧化瓶，按图 2-8 所示接入采样系统，将吸收液恒温在（20±4）℃，以 0.2L/min 流量采气 288L。

注：氧化管中有明显的沉淀物析出时，应及时更换。

一般情况下，内装 50mL 酸性高锰酸钾溶液的氧化瓶可使用 15～20 天（隔日采样）。采样过程注意观察吸收液颜色变化，避免因氮氧化物浓度过高而穿透。

（3）采样要求

采样前应检查采样系统的气密性，用皂膜流量计进行流量校准。采样流量的相对误差应小于±5%。采样期间、样品运输和存放过程中应避免阳光照射。气温超过 25℃时，长时间（8h 以上）运输和存放样品应采取降温措施。

采样结束时，为防止溶液倒吸，应在采样泵停止抽气的同时，闭合连接在采样系统中的止水夹或电磁阀（图 2-7 或图 2-8）。

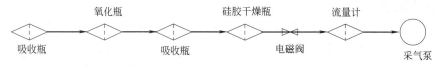

吸收瓶　　氧化瓶　　吸收瓶　　硅胶干燥瓶　　电磁阀　　流量计　　采气泵

图 2-8　连续自动采样系列示意图

（4）现场空白

装有吸收液的吸收瓶带到采样现场，与样品在相同的条件下保存、运输，直至送交实验室分析，运输过程中应注意防止沾污。要求每次采样至少做 2 个现场空白。

（5）样品的保存

样品采集、运输及存放过程中避光保存，样品采集后尽快分析。若不能及时测定，将样品于低温暗处存放，样品在 30℃暗处存放，可稳定 8h；在 20℃暗处存放，可稳定 24h；于 0～4℃下冷藏，至少可稳定 3 天。

2. 样品的测定

（1）标准曲线的绘制

取 6 支 10mL 具塞比色管，按表 2-11 制备亚硝酸盐标准溶液系列。根据表 2-11 分别移取相应体积的亚硝酸钠标准工作液，加水至 2.00mL，加入显色液 8.00mL。

表 2-11　NO_2^- 标准溶液系列

项目	管号					
	0	1	2	3	4	5
标准工作液/mL	0.00	0.40	0.80	1.20	1.60	2.00
水/mL	2.00	1.60	1.20	0.80	0.40	0.00
显色液/mL	8.00	8.00	8.00	8.00	8.00	8.00
NO_2^- 质量浓度/(μg/mL)	0.00	0.10	0.20	0.30	0.40	0.50

各管混匀，于暗处放置 20min（室温低于 20℃时放置 40min 以上），用 10mm 比色皿，在波长 540nm 处，以水为参比测量吸光度，扣除 0 号管的吸光度以后，对应 NO_2^- 的浓度

（μg/mL），用最小二乘法计算标准曲线的回归方程。

标准曲线斜率控制在 $0.960\sim0.978$ 吸光度·mL/μg，截距控制在 $0.000\sim0.005$ 之间。

（2）空白试验

① 实验室空白试验：取实验室内未经采样的空白吸收液，用 10mm 比色皿，在波长 540nm 处，以水为参比测定吸光度。实验室空白试样吸光度 A_0 在显色规定条件下波动范围不超过 $\pm15\%$。

② 现场空白：同上述测定吸光度。将现场空白试样和实验室空白试样的测量结果相对照，若现场空白试样与实验室空白试样相差过大，查找原因，重新采样。

（3）测定

采样后放置 20min，室温 20℃ 以下时放置 40min 以上，用水将采样瓶中吸收液的体积补充至标线，混匀。用 10mm 比色皿，在波长 540nm 处，以水为参比测量吸光度，同时测定空白样品的吸光度。

若样品的吸光度超过标准曲线的上限，应用实验室空白试液稀释，再测定其吸光度。但稀释倍数不得大于 6。

七、数据处理

1. 空气中二氧化氮浓度

空气中二氧化氮浓度 ρ_{NO_2}（mg/m^3）按下式计算：

$$\rho_{NO_2} = \frac{(A_1 - A_0 - a)VD}{bfV_r} \tag{2-39}$$

2. 空气中一氧化氮浓度

ρ_{NO}（mg/m^3）以二氧化氮（NO$_2$）计，按下式计算：

$$\rho_{NO} = \frac{(A_2 - A_0 - a)VD}{bfV_rK} \tag{2-40}$$

ρ'_{NO}（mg/m^3）以一氧化氮（NO）计，按下式计算：

$$\rho'_{NO} = \frac{\rho_{NO} \times 30}{46} \tag{2-41}$$

式中　A_1，A_2——串联的第一支、第二支吸收瓶中样品的吸光度；

　　　　A_0——实验室空白试样的吸光度；

　　　　b——标准曲线的斜率，吸光度·mL/μg；

　　　　a——标准曲线的截距；

　　　　V——采样用吸收液体积，mL；

　　　　V_r——换算为参比状态（298.15K，1013.25hPa）下的采样体积，L；

　　　　K——NO→NO$_2$ 氧化系数，取 0.68；

　　　　D——样品的稀释倍数；

　　　　f——Saltzman 实验系数，取 0.88（当空气中二氧化氮浓度高于 0.72mg/m^3 时，f 取值 0.77）。

3. 空气中氮氧化物浓度

空气中氮氧化物的浓度 ρ_{NO_x}（mg/m^3）以二氧化氮（NO$_2$）计，按下式计算：

$$\rho_{NO_x} = \rho_{NO_2} + \rho_{NO} \tag{2-42}$$

八、注意事项

1. 空气中二氧化硫浓度为氮氧化物浓度的 30 倍时，对二氧化氮的测定产生负干扰。空气中过氧乙酰硝酸酯（PAN）对二氧化氮的测定产生正干扰。

2. 空气中臭氧浓度超过 0.25mg/m³ 时，对二氧化氮的测定产生负干扰。采样时在采样瓶入口端串接一段 15～20cm 长的硅橡胶管，可排除干扰。

九、吸收瓶的检查与采样效率标准

1. 玻板阻力及微孔均匀性检查

新的多孔玻板吸收瓶在检查前应用 1+1HCl 浸泡 24h 以上，用水洗净。

每支吸收瓶在使用前或使用一段时间后应测定其玻板阻力，检查通过玻板后气泡分散的均匀性。阻力不符合要求和气泡分散不均匀的吸收瓶不宜使用。

内装 10mL 吸收液的大型多孔玻板吸收瓶，以 0.2L/min 流量采样时，玻板阻力应在 5～6kPa 之间，通过玻板后的气泡应分散均匀。

2. 采样效率（E）的测定

采样效率低于 0.97 的吸收瓶，不宜使用，吸收瓶在使用前和使用后应测定其采样效率。吸收瓶的采样效率测定方法：将两支吸收瓶串联，采集环境空气，当第一支吸收瓶中 NO_2 浓度约为 0.4μg/mL 时，停止采样。测定前后两支吸收瓶中样品的吸光度，计算第一支吸收瓶的采样效率 E：

$$E = \frac{\rho_1}{\rho_1 + \rho_2} \tag{2-43}$$

式中　ρ_1，ρ_2——串联的第一支和第二支吸收瓶中 NO_2 的浓度，μg/mL；

　　　　E——吸收瓶的采样效率。

实验十八　室内空气质量监测——甲醛的测定

一、实验目的

掌握酚试剂分光光度法测定空气中甲醛的原理和操作方法。

二、相关标准和依据

本方法主要依据《公共场所卫生检验方法　第 2 部分：化学污染物》（GB/T 18204.2—2014）。用 5mL 样品溶液，本方法测定范围为 0.1～1.5μg；采样体积为 10L 时，可测浓度范围 0.01～0.15mg/m³，检出下限 0.056μg。

三、实验原理

空气中的甲醛与酚试剂反应生成嗪，嗪在酸性溶液中被高铁离子氧化形成蓝绿色化合物。根据颜色深浅，比色定量。

　　10μg 酚、2μg 醛以及二氯化氮对本法无干扰。二氧化硫共存时，使测定结果偏低。因此对二氧化硫干扰不可忽视，可将气样先通过硫酸锰滤纸过滤器，予以排除。

四、试剂和材料

　　1. 吸收液原液（1.0g/L）：称量 0.10g 酚试剂（MBTH），加水至 100mL。放冰箱中保存，可稳定 3 天。

　　2. 吸收液：量取吸收液原液 5mL，加 95mL 水，即为吸收液。采样时，临用现配。

　　3. 硫酸铁铵溶液（10g/L）：称量 1.0g 硫酸铁铵 $[NH_4Fe(SO_4)_2 \cdot 12H_2O]$，用 0.1mol/L 盐酸溶解，并稀释至 100mL。

　　4. 碘溶液，$c(1/2I_2)=0.1000mol/L$：称量 40g 碘化钾，溶于 25mL 水中，加入 12.7g 碘，待碘完全溶解后，用水定容至 1000mL。移入棕色瓶中，暗处储存。

　　5. 氢氧化钠溶液（40g/L）：称量 40g 氢氧化钠，溶于水中，并稀释至 1000mL。

　　6. 硫酸溶液，$c(1/2H_2SO_4)=0.5mol/L$：取 28mL 浓硫酸缓慢加入水中，冷却后，稀释至 1000mL。

　　7. 硫代硫酸钠标准溶液，$c(Na_2S_2O_3)=0.1000mol/L$：称量 25g 硫代硫酸钠（$Na_2S_2O_3 \cdot 5H_2O$），溶于 1000mL 新煮沸并已放冷的水中，此溶液浓度约为 0.1mol/L。加入 0.2g 无水碳酸钠，储存于棕色瓶内，放置一周后，再标定其准确浓度。

　　8. 淀粉溶液（5g/L）：将 0.5g 可溶性淀粉，用少量水调成糊状后，再加入 100mL 沸水，并煮沸 2～3min 至溶液透明；冷却后，加入 0.1g 水杨酸或 0.4g 氯化锌保存。

　　9. 甲醛标准储备溶液：取 2.8mL 含量为 36%～38% 甲醛溶液，放入 1L 容量瓶中，加水稀释至刻度。此溶液 1mL 约相当于 1mg 甲醛。其准确浓度用下述碘量法标定。

　　甲醛标准储备溶液的标定：精确量取 20.00mL 待标定的甲醛标准储备溶液，置于 250mL 碘量瓶中；加入 20.00mL 碘溶液 $[c(1/2I_2)=0.1000mol/L]$ 和 15mL 40g/L 氢氧化钠溶液，放置 15min；加入 20mL 0.5mol/L 硫酸溶液，再放置 15min，用硫代硫酸钠溶液 $[c(Na_2S_2O_3)=0.1000mol/L]$ 滴定，至溶液呈现淡黄色时，加入 1mL 5g/L 的淀粉溶液继续滴定至恰使蓝色褪去为止，记录所用硫代硫酸钠溶液体积（V_2，mL）；同时用水做试剂空白滴定，记录空白滴定所用硫代硫酸钠标准溶液的体积（V_1，mL）。甲醛溶液的浓度用下式计算：

$$\rho(HCHO)=\frac{(V_1-V_2)c \times 15}{20} \tag{2-44}$$

式中　$\rho(HCHO)$——甲醛标准储备溶液的质量浓度，mg/mL；

　　　　　V_1——试剂空白消耗硫代硫酸钠标准溶液 $[c(Na_2S_2O_3)=0.1000mol/L]$ 的体积，mL；

　　　　　c——硫代硫酸钠标准溶液的浓度，mol/L；

　　　　　15——甲醛的摩尔质量，g/mol；

　　　　　20——所取甲醛标准储备溶液的体积，mL；

　　　　　V_2——甲醛标准储备溶液消耗硫代硫酸钠 $[c(Na_2S_2O_3)=0.1000mol/L]$ 的体积，mL。

　　两次平行滴定，误差应小于 0.05mL，否则重新标定。

10.甲醛标准溶液：临用时，首先将甲醛标准储备溶液用水稀释成 $10\mu g/mL$，然后取该溶液 10.00mL，加入 100mL 容量瓶中，再加入 5mL 吸收原液，用水定容至 100mL，此溶液 1.00mL 含 $1.00\mu g$ 甲醛，放置 30min 后，用于配制标准色列管。此标准溶液可稳定 24h。

五、实验仪器和设备

1.大型气泡吸收管：出气口内径为 1mm，出气口至管底距离等于或小于 5mm。

2.恒流采样器：流量范围 0～1L/min。流量稳定可调，恒流误差小于 2%，采样前和采样后应用皂膜流量计校准采样系列流量，误差小于 5%。

3.具塞比色管：10mL。

4.分光光度计：在 630nm 处测定吸光度。

六、实验步骤

1.样品的采集

（1）布点

室内面积小于 $50m^2$ 的房间应设 1～3 个采样点，50～$100m^2$ 的设 3～5 个采样点，$100m^2$ 以上的至少设置 5 个采样点。

室内 1 个采样点的设置在中央，2 个采样点的设置在室内对称点上，3 个采样点的设置在室内对角线 4 等分的 3 个等分点上，5 个采样点的按梅花法布点，其他的按均匀布点原则布置。

采样点距离地面高度 1～1.5m，距离墙壁不小于 0.5m。采样点应避开通风口、通风道等。

（2）采样时间和采样频率

经装修的室内环境，采样应在装修完成 7 天以后进行，一般建议在使用前采样监测。年平均浓度至少连续或间隔采样 3 个月，日平均浓度至少采样 18h，8h 平均浓度至少连续或间隔采样 6h，1h 平均浓度至少连续或间隔采样 45min。

（3）封闭时间

检测应在对外门窗关闭 12h 后进行。对于采用中央空调的室内环境，空调应正常运转。有特殊要求的可根据现场情况及要求而定。

（4）采样方法

采样时关闭门窗，一般至少采样 45min。采用瞬时采样法时，一般采样间隔时间为 10～15min，每个点位应至少采集 3 次样品，每次的采样量大致相同，其监测结果的平均值为该点位的小时均值。

（5）采样

先检查采样系统的气密性，再用一个内装 5mL 吸收液的大型气泡吸收管，以 0.5L/min 流量采气 10L。并记录采样点的温度和大气压力。采样后样品在室温下应在 24h 内分析。采样前应对采样系统气密性进行检查，不得漏气。

2.标准曲线的绘制

取 10mL 具塞比色管，用甲醛标准溶液按表 2-12 制备标准系列。

表 2-12　甲醛标准系列

项目	管号								
	0	1	2	3	4	5	6	7	8
标准溶液/mL	0	0.10	0.20	0.40	0.60	0.80	1.00	1.50	2.00
吸收液/mL	5.00	4.90	4.80	4.60	4.40	4.20	4.00	3.50	3.00
甲醛含量/μg	0	0.10	0.20	0.40	0.60	0.80	1.00	1.50	2.00

在各管中，加入 0.4mL 的 10g/L 硫酸铁铵溶液，摇匀，放置 15min。用 1cm 比色皿，在波长 630nm 下，以水为参比，测定各管溶液的吸光度。以甲醛含量为横坐标，吸光度为纵坐标，绘制标准曲线，并计算回归斜率，以斜率倒数作为样品测定的计算因子 B_s（μg/吸光度）。

3. 样品测定

采样后，将样品溶液全部转入比色管中，用少量吸收液洗吸收管，合并使总体积为 5mL。按绘制标准曲线的操作步骤测定吸光度（A）；在每批样品测定的同时，用 5mL 未采样的吸收液作试剂空白，测定试剂空白的吸光度（A_0）。

七、数据处理

1. 标况体积的计算

将采样体积按下式换算成标准状态下的采样体积：

$$V_0 = V_t \frac{T_0}{273+t} \times \frac{p}{p_0} \tag{2-45}$$

式中　V_0——标准状态下的采样体积，L；

　　　V_t——采样体积，V_t＝采样流量（L/min）×采样时间（min）；

　　　t——采样点的气温，℃；

　　　T_0——标准状态下的热力学温度，273K；

　　　p——采样点的大气压力，kPa；

　　　p_0——标准状态下的大气压力，101kPa。

2. 甲醛浓度的计算

空气中甲醛浓度按下式计算：

$$C = \frac{A-A_0}{V_0} B_s \tag{2-46}$$

式中　C——空气中甲醛浓度，mg/m³；

　　　A——样品溶液的吸光度；

　　　A_0——空白溶液的吸光度；

　　　B_s——计算因子，μg/吸光度；

　　　V_0——换算成标准状态下的采样体积，L。

八、思考题

1. 分析甲醛测定结果和环境温度的关系。

2.分析如何合理确定甲醛的采样时间。

实验十九　室内空气质量监测——苯系物的测定

一、实验目的

掌握活性炭吸附/二硫化碳解吸的富集采样方法和气相色谱法测定苯系物的原理和操作方法。

二、相关标准和依据

本方法主要依据《环境空气　苯系物的测定　活性炭吸附/二硫化碳解吸-气相色谱法》（HJ 584—2010），适用于环境空气和室内空气中苯、甲苯、乙苯、邻二甲苯、间二甲苯、对二甲苯、异丙苯和苯乙烯的测定。本方法也适用于常温下低湿度废气中苯系物的测定。当采样体积为10L时，苯、甲苯、乙苯、邻二甲苯、间二甲苯、对二甲苯、异丙苯和苯乙烯的方法检出限均为 1.5×10^{-3} mg/m^3，测定下限均为 6.0×10^{-3} mg/m^3。

三、实验原理

用活性炭采样管富集环境空气和室内空气中苯系物，二硫化碳（CS$_2$）解吸，使用带有氢火焰离子化检测器（FID）的气相色谱仪测定分析。

本方法的主要干扰来自二硫化碳的杂质。二硫化碳在使用前应经过气相色谱仪鉴定是否存在干扰峰。如有干扰峰，应对二硫化碳提纯。

四、试剂和材料

1.二硫化碳：分析纯，经色谱鉴定无干扰峰。

2.标准储备液：取适量色谱纯的苯、甲苯、乙苯、邻二甲苯、间二甲苯、对二甲苯、异丙苯和苯乙烯配制于一定体积的二硫化碳中。也可使用有证标准溶液。

3.载气：氮气，纯度99.999%，用净化管净化。

4.燃烧气：氢气，纯度99.99%。

5.助燃气：空气，用净化管净化。

五、实验仪器和设备

1.气相色谱仪：配有 FID 检测器。

2.色谱柱。

（1）填充柱：材质为硬质玻璃或不锈钢，长2m，内径3～4mm，内填充涂附2.5%邻苯二甲酸二壬酯（DNP）和2.5%有机皂土-34（bentane）的 Chromsorb G·DMCS（80～100目）。

（2）毛细管柱：固定液为聚乙二醇（PEG-20M），30m×0.32mm，膜厚 1.00μm 或等效毛细管柱。

3.采样装置：无油采样泵，能在0～1.5L/min 内精确保持流量。

4.活性炭采样管：采样管内装有两段特制的活性炭，A 段 100mg，B 段 50mg。A 段为采样段，B 段为指示段，详见图 2-9。

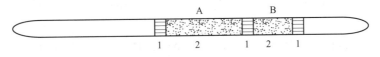

图 2-9　活性炭采样管

1—玻璃棉；2—活性炭；A—100mg 活性炭；B—50mg 活性炭

5.温度计：精度 0.1℃。

6.气压计：精度 0.01kPa。

7.微量进样器：1～5μL，精度 0.1μL。

8.移液管：1.00mL。

9.磨口具塞试管：5mL。

10.一般实验室常用仪器和设备。

六、实验步骤

1.样品的制备

（1）样品的采集

① 采样前应对采样器进行流量校准。在采样现场，将一支采样管与空气采样装置相连，调整采样装置流量，此采样管仅作为调节流量用，不用作采样分析。

② 敲开活性炭采样管的两端，与采样器相连（A 段为气体入口），检查采样系统的气密性。以 0.2～0.6L/min 的流量采气 1～2h（废气采样时间 5～10min）。若现场大气中含有较多颗粒物，可在采样管前连接过滤头。同时记录采样器流量、当前温度、气压及采样时间和地点。

③ 采样完毕前，再次记录采样流量，取下采样管，立即用聚四氟乙烯帽密封。

（2）现场空白样品的采集

将活性炭管运输到采样现场，敲开两端后立即用聚四氟乙烯帽密封，并与已采集样品的活性炭管一起存放并带回实验室分析。每次采集样品，都应至少带一个现场空白样品。

（3）样品的保存

采集好的样品，立即用聚四氟乙烯帽将活性炭采样管的两端密封，避光密闭保存，室温下 8h 内测定。否则放入密闭容器中，保存于−20℃冰箱中，保存期限为 1 天。

（4）样品的解吸

将活性炭采样管中 A 段和 B 段取出，分别放入磨口具塞试管，每个试管中各加入 1.00mL 二硫化碳，密闭，轻轻振动，在室温下解吸 1h 后，待测。

2.样品的测定

（1）推荐分析条件

① 填充柱气相色谱法参考条件：载气流速 50mL/min；进样口温度 150℃；检测器温度 150℃；柱温 65℃；氢气流量 40mL/min；空气流量 400mL/min。

② 毛细管柱气相色谱法参考条件：柱箱温度 65℃保持 10min，以 5℃/min 速率升温到 90℃后保持 2min；柱流量 2.6mL/min；进样口温度 150℃；检测器温度 250℃；尾吹气流量 30mL/min；氢气流量 40mL/min；空气流量 400mL/min。

（2）校准

① 校准曲线的绘制：分别取适量的标准储备液，稀释到 1.00mL 的二硫化碳中，配制质量浓度依次为 0.5μg/mL、1.0μg/mL、10μg/mL、20μg/mL 和 50μg/mL 的校准系列；分别取标准系列溶液 1.0μL 注射到气相色谱仪进样口；根据各目标组分质量和响应值绘制校准曲线。

② 标准色谱图：包括毛细管柱色谱图和填充柱色谱图。

a. 毛细管柱参考色谱图，见图 2-10。

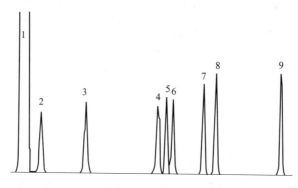

图 2-10　毛细管柱色谱图

1—二硫化碳；2—苯；3—甲苯；4—乙苯；5—对二甲苯；
6—间二甲苯；7—异丙苯；8—邻二甲苯；9—苯乙烯

b. 填充柱参考色谱图，见图 2-11。

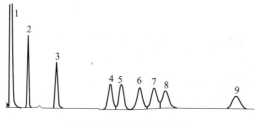

图 2-11　填充柱色谱图

1—二硫化碳；2—苯；3—甲苯；4—乙苯；5—对二甲苯；
6—间二甲苯；7—邻二甲苯；8—异丙苯；9—苯乙烯

（3）测定

取制备好的试样 1.0μL，注射到气相色谱仪中，调整分析条件，目标组分经色谱柱分离后，由 FID 进行检测。记录色谱峰的保留时间和相应值。

① 定性分析：根据保留时间定性。

② 定量分析：根据校准曲线计算目标组分含量。

3. 空白试验

现场空白活性炭管与已采样的样品管同批测定，分析步骤同测定。

七、数据处理

1. 目标化合物浓度计算

气体中目标化合物浓度按照下式进行计算:

$$\rho = \frac{(W-W_0)V}{V_{nd}} \qquad (2\text{-}47)$$

式中　ρ——气体中被测组分的质量浓度,mg/m^3;

　　　W——由校准曲线计算的样品解吸液的质量浓度,$\mu g/mL$;

　　　W_0——由校准曲线计算的空白解吸液的质量浓度,$\mu g/mL$;

　　　V——解吸液体积,mL;

　　　V_{nd}——标准状态下($101.325kPa$,$273.15K$)的采样体积,L。

2. 结果的表示

当测定结果小于 $0.1mg/m^3$ 时,保留到小数点后四位;大于等于 $0.1mg/m^3$ 时,保留三位有效数字。

八、注意事项

1. 当空气中水蒸气或水雾太大,以致在活性炭管中凝结时,影响活性炭管的穿透体积及采样效率,空气湿度应小于 90%。

2. 采样前后的流量相对偏差应在 10% 以内。

3. 活性炭采样管的吸附效率应在 80% 以上,即 B 段活性炭所收集的组分应小于 A 段的 25%,否则应调整流量或采样时间,重新采样。按下式计算活性炭管的吸附效率($\%$):

$$K = \frac{M_1}{M_1 + M_2} \times 100\% \qquad (2\text{-}48)$$

式中　K——采样吸附效率,$\%$;

　　　M_1——A 段采样量,ng;

　　　M_2——B 段采样量,ng。

4. 每批样品分析时应带一个校准曲线中间浓度校核点,中间浓度校核点测定值与校准曲线相应点浓度的相对误差应不超过 20%。若超出允许范围,应重新配制中间浓度点标准溶液,若还不能满足要求,应重新绘制校准曲线。

5. 二硫化碳的提纯。

在 $1000mL$ 抽滤瓶中加入 $200mL$ 欲提纯的二硫化碳,加入 $50mL$ 浓硫酸。将一装有 $50mL$ 浓硝酸的分液漏斗置于抽滤瓶上方,紧密连接。上述抽滤瓶置于加热电磁搅拌器上,打开电磁搅拌器,抽真空升温,使硝化温度控制在(45 ± 2)℃,剧烈搅拌 $5min$,搅拌时滴加硝酸到抽滤瓶中。静置 $5min$,反复进行,共反应 $0.5h$。然后将溶液全部转移至 $500mL$ 分液漏斗中,静置 $0.5h$ 左右,弃去酸层,水洗,加 10% 碳酸钾溶液中和 pH 值至 $6\sim8$,再水洗至中性,弃去水相,二硫化碳用无水硫酸钠干燥除水备用。

6.填充柱的填充方法。

称取有机皂土 0.525g 和 DNP 0.378g，置入圆底烧瓶中，加入 60mL 苯，于 90℃水浴中回流 3h，再加入 Chromsorb G·DMCS 载体 15g 继续回流 2h 后，将固定相转移至培养皿中，在红外灯下边烘烤边摇动至松散状态，再静置烘烤 2h 后即可装柱。

将色谱柱的尾端（接检测器一端）用石英棉塞住，接真空泵，柱的另一端通过软管接一漏斗，开动真空泵后，使固定相慢慢通过漏斗装入色谱柱内，边装边轻敲色谱柱使填充均匀，填充完毕后，用石英棉塞住色谱柱另一端。

填充好的色谱柱需在 150℃下，以 20～30mL/min 的流速通载气，连续老化 24h。

实验二十　重金属含量的测定

一、实验目的

1.掌握火焰原子吸收分光光度计的构造及其测定重金属铅和铜的原理及方法。
2.掌握土壤样品或生物质样品的预处理方法。

二、相关标准和依据

本方法主要依据《土壤和沉积物　铜、锌、铅、镍、铬的测定　火焰原子吸收分光光度法》（HJ 491—2019）。当取样量为 0.2g，消解后定容体积为 25mL 时，铅的方法检出限为 10mg/kg，测定下限为 40mg/kg；铜的方法检出限为 1mg/kg，测定下限为 4mg/kg。

三、实验原理

样品经酸消解后，试样中铅在空气-乙炔火焰中原子化，其基态原子对铅的特征谱线产生选择性吸收，其吸收强度在一定范围内与铅的浓度成正比。

四、试剂和材料

本方法所用试剂除非另有说明，分析时均适用符合国家标准的分析纯化学试剂，实验用水为新制备的去离子水或蒸馏水。实验所用的玻璃器皿需先用洗涤剂洗净，再用 1+1 硝酸溶液浸泡 24h（不得使用重铬酸钾洗液），使用前再依次用自来水、去离子水洗净。

1.盐酸（HCl）：$\rho=1.19g/mL$，优级纯。
2.盐酸溶液，1+1，优级纯盐酸配制。
3.硝酸（HNO_3）：$\rho=1.42g/mL$，优级纯。
4.硝酸溶液，1+1，优级纯硝酸配制。
5.硝酸溶液，1+99，优级纯硝酸配制。
6.氢氟酸（HF）：$\rho=1.49g/mL$。
7.高氯酸（$HClO_4$）：$\rho=1.68g/mL$。
8.金属铅：光谱纯。
9.金属铜：光谱纯。
10.铅标准储备液，$\rho=1000mg/L$：称取 1g（精确到 0.1mg）金属铅，用 30mL 的 1+1

硝酸溶液加热溶解，冷却后用水定容至1L。贮存于聚乙烯瓶中，4℃以下冷藏保存，有效期两年。也可直接购买市售有证标准溶液。

　　11.铜标准储备液，$\rho = 1000\text{mg/L}$：称取1g（精确到0.1mg）金属铜，用30mL的1+1硝酸溶液加热溶解，冷却后用水定容至1L。贮存于聚乙烯瓶中，4℃以下冷藏保存，有效期两年。也可直接购买市售有证标准溶液。

　　12.铅标准使用液，$\rho = 100\text{mg/L}$：准确移取铅标准储备液（1000mg/L）10.00mL于100mL容量瓶中，用1+99硝酸定容至标线，摇匀。贮存于聚乙烯瓶中，4℃以下冷藏保存，有效期一年。

　　13.铜标准使用液，$\rho = 100\text{mg/L}$：准确移取铜标准储备液（1000mg/L）10.00mL于100mL容量瓶中，用1+99硝酸定容至标线，摇匀。贮存于聚乙烯瓶中，4℃以下冷藏保存，有效期一年。

五、实验仪器和设备

　　1.火焰原子吸收分光光度计，带铅空心阴极灯。
　　2.电热消解装置：温控电热板或石墨电热消解仪，温控精度±5℃。
　　3.微波消解装置：功率600～1500W，配备微波消解罐。
　　4.聚四氟乙烯坩埚或聚四氟乙烯消解管：50mL。
　　5.分析天平：感量为0.1mg。
　　6.一般实验室常用器皿和设备。

六、实验步骤

1.样品的采集与保存

（1）土壤样品

将采集的土壤样品（一般不少于500g）混匀后用四分法缩分至约100g。缩分后的土样经风干（自然风干或冷冻干燥）后，除去土样中石子和动植物残体等异物，用木棒（或玛瑙棒）研压，通过2mm尼龙筛（除去2mm以上的沙砾），混匀。用玛瑙研钵将通过2mm尼龙筛的土样研磨至全部通过100目（孔径0.149mm）尼龙筛，混匀后备用。

（2）生物质样品（头发）

样品的采集：生物质样品选用人体的头发，准备适量头发样品，最好是没染过色的头发，用洗发水清洗干净，冷风吹干或者自然晾干。

样品的洗涤：根据IEEA推荐方法，发样采用中性洗涤剂（可用洗洁精），加入蒸馏水，用玻璃棒搅拌均匀配制成5%左右的洗涤剂备用，将头发放入50mL的烧杯中，加入配制好的洗涤剂将发样完全浸没，浸泡大概40min，期间用玻璃棒不断搅拌。然后用自来水冲洗2～3遍至无泡沫，再用去离子水冲洗2～3遍。用移液管移取10mL的丙酮溶液浸泡5min，倒出丙酮。最后加入纯净水冲洗2～3遍放入65℃的烘箱烘干，烘干时间大约12h，放置干燥器内干燥冷却，备用。

2.样品消解预处理

（1）土壤样品的消解

电热板消解法：准确称取0.2～0.3g（精确至0.1mg）样品于50mL聚四氟乙烯坩埚

中，用水润湿后加入 10mL 优级纯盐酸，于通风橱内的电热板上 90～100℃加热，使样品初步分解，待消解液蒸发至剩余约 3mL 时，加入 9mL 优级纯硝酸，加盖加热至无明显颗粒，加入 5～8mL 氢氟酸，开盖，于 120℃加热飞硅 30min，稍冷，加入 1mL 高氯酸，于 150～170℃加热至冒白烟，加热时应经常摇动坩埚。若坩埚壁上有黑色炭化物，加入 1mL 高氯酸加盖继续加热至黑色炭化物消失，再开盖，加热赶酸至内容物呈不流动的液珠状（趁热观察）。取下坩埚稍冷，加入 3mL 的 1＋99 硝酸溶液，温热溶解可溶性残渣，全量转移至 25mL 容量瓶中，用 1＋99 硝酸溶液定容至标线，摇匀，保存于聚乙烯瓶中，静置，取上清液待测。于 30 天内完成分析。

微波消解法：准确称取 0.2～0.3g（精确至 0.1mg）样品于微波消解罐中，用少量水润湿后加入 3mL 盐酸、6mL 硝酸、2mL 氢氟酸，按照 HJ 832—2017 消解方法消解样品。样品定容后，保存于聚乙烯瓶中，静置，取上清液待测。于 30 天内完成分析。

（2）生物质样品（头发）的消解

取一定量前述清洁后的发样，用清洁的不锈钢剪刀剪碎混合，待用。按下述方法进行消解预处理。

电热板消解法：准确称取 0.2～0.4g（精确至 0.1mg）样品于 50mL 聚四氟乙烯坩埚中，切勿使碎发沾在聚四氟乙烯坩埚壁；移取 15mL 的优级纯硝酸缓缓加入聚四氟乙烯坩埚中消解，保持消煮液微沸（＜120℃），直至消煮液澄清透明，体积减小至 12mL（若有机质较多，底部有黏糊现象，应取下放冷，再加少许 HNO_3），取下冷却后用超纯水定容至 25mL 容量瓶中，摇匀，保存于聚乙烯瓶中，待测。

微波消解法：准确称取 0.2～0.3g（精确至 0.1mg）样品于微波消解罐中，移取 15mL 的优级纯硝酸缓缓加入消解罐中，如若罐壁沾有少量的碎头发，可用硝酸冲洗至罐底，使所加硝酸淹没头发，旋紧盖后放置在消解仪中，采用程序控压模式进行消解。

消解仪设置温度为 190℃，温度爬坡至 120℃时设置时间为 5min，温度爬坡至 190℃设置时间为 15min，温度保持 190℃为 45min，等待程序降温至 60℃，打开盖后放入赶酸仪赶至 2mL 左右，赶酸温度设置为 180℃。赶酸后溶液呈无色透明状，待其冷却后，全量转移至 25mL 容量瓶中，用超纯水定容至标线，摇匀，保存于聚乙烯瓶中，待测。

说明：若消解后样品中含有不溶解性物质，用 0.45μm 的微孔滤膜过滤，滤液待测。

3. 校准曲线的绘制

取 100mL 容量瓶，按表 2-13 用 1＋99 硝酸溶液分别稀释铅标准使用液（100mg/L）和铜标准使用液（100mg/L）。测定标准系列的吸光度，以各元素标准系列质量浓度为横坐标，相应的扣除空白后吸光度为纵坐标，建立校准曲线。

表 2-13　各元素标准系列　　　　　　　　　　　　　　　单位：mg/L

元素	标准系列					
铅	0.00	0.50	1.00	5.00	8.00	10.0
铜	0.00	0.10	0.50	1.00	3.00	5.00

4. 空白试验

用超纯水代替样品，采用和样品制备相同的步骤和试剂，制备全程序空白溶液，并按与校准曲线相同条件进行测定。每批样品至少制备 2 个以上的空白溶液。

5.样品的测定

取适量样品消解后溶液，并按与校准曲线相同条件测定溶液的吸光度。由扣除空白的吸光度在校准曲线上查得铅和铜的浓度。

七、数据处理

样品中铅和铜的含量 $w(\mathrm{mg/kg})$ 按下式计算：

$$w=\frac{\rho \times V}{m \times (1-f)} \tag{2-49}$$

式中 V——试液定容的体积，mL；

m——称取试样的质量，g；

f——试样中水分的含量，%；

ρ——试液的吸光度减去空白溶液的吸光度，然后在校准曲线上查得铬的质量浓度，mg/L。

第二节 综合性设计性实验

实验一 某河流水质监测与评价

选择当地某一主要河流为研究对象，取样监测分析水质现状，评价指标包括 12 个项目（水温、pH 值、溶解氧、高锰酸盐指数、化学需氧量、五日生化需氧量、氨氮、总磷、氟化物、挥发酚、石油类和流量）。

一、实验目的

1.通过收集研究河流的基础资料，并在现场调查的基础上，确定监测断面和采样点位置。

2.能够根据国家环保要求和实验室条件，设计出实验方案。

3.掌握水温、pH 值、溶解氧、高锰酸盐指数、化学需氧量、五日生化需氧量、氨氮、总磷、氟化物、挥发酚、石油类和流量 12 个指标的样品预处理技术和监测分析方法。

4.能够依据《地表水环境质量标准》（GB 3838—2002）对河流水质进行评价。

二、监测方案的制定

1.资料的收集

（1）河流的水位、水量、流速及流向的变化，降水量、蒸发量和历史上的水情，河流的宽度、深度、河床结构及地质状况。

（2）河流沿岸城市分布、人口分布、工业布局、污染源及其排污情况、城市给排水及农田灌溉排水情况、化肥和农药施用情况。

（3）河流沿岸的资源现状和水资源的用途、饮用水源分布和重点水源保护区、水体流域土地功能及近期使用计划等。

（4）历年水质监测资料等。

2. 监测断面和采样点的布设

通过对基础资料和文献资料、现场调查结果进行系统分析和综合判断，根据实际情况综合考虑，合理确定监测断面。本实验是评价河流在经过某一城区后河流水质的变化，分析城区的排污对河流水质的影响，分析的是河流的某一河段，因此应设置对照断面、控制断面和消减断面三种断面。

根据河流的宽度设置监测断面上的采样垂线，并进一步根据河流水的深度确定采样点位置和数量，具体按照表 2-14 和表 2-15 进行选择。

表 2-14   采样垂线的设置

水面宽度	垂线数量	垂线位置
≤50m	一条	中泓垂线
50～100m	两条	左右两岸有明显水流处各设一条
>100m	三条	中泓垂线及左右两岸有明显水流处

表 2-15   采样垂线上采样点的设置

水深	采样点数	采样点位置
≤0.5m	1	1/2 水深处
0.5～5m	1	水面下 0.5m 处
5～10m	2	水面下 0.5m 处和河底以上的 0.5m 处
>10m	3	水面下 0.5m 处、河底以上的 0.5m 处和 1/2 水深处

3. 水样的采集和保存

水样的采集和保存是水质分析的重要环节之一。欲获得准确可靠的水质分析数据，水样采集和保存方法必须规范、统一，并要求各个环节都不能有疏漏，采集到的水样必须具有足够的代表性，并且不能受到任何意外的污染。

选择采样器及盛水器，并按要求进行洗涤，采集的水样按每个监测指标的具体要求进行分装和保存。

4. 采样时间和采样频率

根据时间进行安排，一般 2～3 天一次，总采样次数不少于 3 次。

三、实验分析方法

根据监测方案，选择实验分析方法，为使数据具有可比性，选用标准分析方法，详见表 2-16。

表 2-16   各指标的监测分析方法

序号	监测项目	监测方法	方法来源	说明
1	pH	玻璃电极法	GB 6920—1986	现场测定
2	DO	电化学探头法	HJ 506—2009	现场测定

续表

序号	监测项目	监测方法	方法来源	说明
3	高锰酸盐指数	—	GB 11892—1989	
4	COD_{Cr}	重铬酸盐法	HJ 828—2017	单独采样、充满容器
5	BOD_5	稀释与接种法	HJ 505—2009	单独采样、充满容器
6	NH_3-N	纳氏试剂分光光度法	HJ 535—2009	
7	TP	钼酸铵分光光度法	GB 11893—1989	
8	氟化物	离子选择电极法	GB 7484—1987	单独采样
9	挥发酚	4-氨基安替比林分光光度法	HJ 503—2009	
10	石油类	红外分光光度法	HJ 637—2012	单独采样
11	流量	流量计法	—	—

四、河流水质的评价

根据上述 11 项指标的分析测定结果，并依据《地表水环境质量标准》（GB 3838—2002）对河流水质进行分析，获得超标污染物的种类和超标倍数，判断该河流水质达到了几类水的水质，然后根据河流的使用功能，评价该河流水质现状。

实验二　城市污水处理效果监测与评价

选择某一城市污水处理厂为研究对象，取样监测进、出水水质，分析城市污水处理效果，评价指标包括 6 个项目（化学需氧量、五日生化需氧量、悬浮固体、氨氮、总氮和总磷）。

一、实验目的

1. 通过收集城市污水处理厂的相关资料，并在现场调查的基础上，确定监测点位和监测项目。

2. 能够根据国家环保要求和实验室条件，设计出实验方案。

3. 掌握化学需氧量、五日生化需氧量、悬浮固体、氨氮、总氮和总磷 6 个指标的样品预处理技术和监测分析方法。

4. 能够依据《城镇污水处理厂污染物排放标准》（GB 18918—2002），评价污水处理厂处理达标情况。

二、监测方案的制定

1. 资料的收集

（1）污水处理厂的规模、主体工艺和主要构筑物位置。

（2）该污水处理厂设计进水水质和出水水质，设计出水应达到的国家标准级别。

（3）以往进、出水水质监测资料。

2. 监测点的布设

沉砂池进水渠，设一监测点，用于监测进水水质。

污水厂总排放口即消毒接触池出水口，设一监测点，用于监测出水水质。

3. 监测项目

依据《城镇污水处理厂污染物排放标准》（GB 18918—2002），设置化学需氧量、五日生化需氧量、悬浮固体、氨氮、总氮和总磷 6 个监测项目。

4. 采样时间和采样频率的确定

每天采样监测一次，连续 3 天。

三、实验分析方法

根据监测方案，选择实验方法，为使数据具有可比性，选用标准分析方法，详见表 2-17。

表 2-17　某污水处理厂监测分析方法的选择

序号	监测项目	监测方法	方法来源	说明
1	COD_{Cr}	重铬酸盐法	HJ 828—2017	单独采样、充满容器
2	BOD_5	稀释与接种法	HJ 505—2009	单独采样、充满容器
3	SS	重量法	GB 11901—1989	—
4	NH_3-N	纳氏试剂分光光度法	HJ 535—2009	—
5	TN	碱性过硫酸钾消解紫外分光光度法	HJ 636—2012	—
6	TP	钼酸铵分光光度法	GB 11893—1989	—

四、污水处理效果评价

分析 3 天的监测结果，研究数据的有效性，并依据《城镇污水处理厂污染物排放标准》（GB 18918—2002）的一级 A 标准，判断污水处理设施的处理效果，评价是否达到设计要求。

实验三　校园空气质量监测与评价

选择某高校的一个校区为研究对象，对校园的空气质量状况进行监测和评价，评价指标包括 5 个项目（SO_2、NO_2、CO、O_3 和 PM_{10}），计算空气质量指数（AQI），评价校园空气质量。

一、实验目的

1.在现场调查的基础上，能够选择适宜的布点方法，确定合理的采样频率及采样时间。

2.进一步巩固 5 项污染物指标的分析测定方法。

2.掌握空气质量指数（AQI）的计算方法，确定首要污染物，并评价学校的空气质量。

4.能够依据《环境空气质量标准》（GB 3095—2012），评价校园空气质量现状。

二、监测方案的制定

1. 调研和资料的收集

（1）了解校区及周边大气污染源、数量、方位及污染物的种类、排放量、排放方式，同时了解所用燃料及消耗量。

（2）校区周边交通运输引起的污染情况。

（3）监测时段校区的气象资料，包括风向、风速、气温、气压、降水量和相对湿度等。

（4）校区在城市中的地理位置。

（5）市、区环保局在学校或周边的历年监测数据。

2. 采样点的布设

（1）根据功能区布设采样点，如教学区、实验区、操场和居住区等。

（2）校门口如靠近交通主干道的门口和车流量少的门口分别布点。

3. 采样时间和采样频率

TSP 的测定：监测时间为 1 天，连续采样 18～24h，监测日平均浓度。

其他项目的测定：监测时间为 1 天，每天 4 次，分别在 6:00、12:00、18:00 和 21:30 进行采样，采样时间 45～60min，监测小时平均浓度。

三、实验分析方法

测定 SO_2、NO_2、CO、O_3 和 PM_{10} 的方法很多，比较各种方法的特点，根据实验条件选择合适的测定方法，表 2-18 为某高校的测定方法。

表 2-18　某高校监测分析方法的选择

序号	监测项目	监测方法	方法来源	检出限
1	SO_2	甲醛吸收-副玫瑰苯胺分光光度法	HJ 482—2009	$0.007mg/m^3$
2	NO_2	盐酸萘乙二胺分光光度法	HJ 479—2009	$0.015mg/m^3$
3	CO	非分散红外法	GB 9801—1988	$0.3mg/m^3$
4	O_3	紫外光度法	HJ 590—2010	$0.003mg/m^3$
5	PM_{10}	中流量采样-重量法	HJ 618—2011	$0.010mg/m^3$

四、现场采样、实验室监测和数据处理

按照计划进行现场采样、样品的保存和记录、数据的分析和处理。监测结果的原始数据要根据有效数字的保留规则正确书写，对于出现的可疑数据，首先从技术上查明原因，然后再用统计检验处理，经检验验证属于离群数据应予剔除，以确定数据的有效性。

五、空气质量评价

1. AQI 的计算

根据《环境空气质量指数（AQI）技术规定（试行）》（HJ 633—2012），按照下式计算

各个监测项目的 AQI：

$$IAQI_P = \frac{IAQI_{Hi} - IAQI_{Lo}}{BP_{Hi} - BP_{Lo}}(C_P - BP_{Lo}) + IAQI_{Lo} \tag{2-50}$$

式中　$IAQI_P$——污染项目 P 的空气质量分指数；

　　　C_P——污染项目 P 的质量浓度值；

　　　BP_{Hi}——表 2-19 中与 C_P 相近的污染物浓度限值的高位值；

　　　BP_{Lo}——表 2-19 中与 C_P 相近的污染物浓度限值的低位值；

　　　$IAQI_{Hi}$——表 2-19 中与 BP_{Hi} 对应的空气质量分指数；

　　　$IAQI_{Lo}$——表 2-19 中与 BP_{Lo} 对应的空气质量分指数。

表 2-19　空气质量分指数及对应的污染物项目浓度限值

空气质量分指数(IAQI)	污染物项目浓度限值								
	SO_2		NO_2		PM_{10}	CO		O_3	
	日均值 /($\mu g/m^3$)	小时均值 /($\mu g/m^3$)	日均值 /($\mu g/m^3$)	小时均值 /($\mu g/m^3$)	日均值 /($\mu g/m^3$)	日均值 /(mg/m^3)	小时均值 /(mg/m^3)	日均值 /(mg/m^3)	小时均值 /(mg/m^3)
0	0	0	0	0	0	0	0	0	0
50	50	150	40	100	50	2	5	160	100
100	150	500	80	200	150	4	10	200	160
150	475	650	180	700	250	14	35	300	215
200	800	800	280	1200	350	24	60	400	265
300	1600	(1)	565	2340	420	36	90	800	800
400	2100	(1)	750	3090	500	48	120	1000	(2)
500	2620	(1)	940	3840	600	60	150	1200	(2)

注：1. SO_2 小时均值高于 $800\mu g/m^3$ 的，不再进行其空气质量分指数计算，其空气质量分指数按日均值计算。

2. O_3 的 8h 平均浓度值高于 $800\mu g/m^3$ 的，不再进行其空气质量分指数计算，其空气质量分指数按 1h 平均浓度计算。

2. 空气质量评价

按照式(2-49)计算出来各个监测项目的 AQI，确定首要污染物，并按表 2-20 评价校园空气质量。

表 2-20　空气质量指数及相关信息

空气质量指数	空气质量指数级别	空气质量指数类别及表示颜色		对健康影响情况	建议采取的措施
0～50	一级	优	绿色	空气质量令人满意,基本无空气污染	各类人群可正常活动
51～100	二级	良	黄色	空气质量可接受,但某些污染物可能对极少数异常敏感人群的健康有较弱影响	极少数异常敏感人群应减少户外活动
101～150	三级	轻度污染	橙色	易感人群症状有轻度加剧,健康人群出现刺激症状	儿童、老年人及心脏病、呼吸系统疾病患者应减少长时间、高强度的户外锻炼

续表

空气质量指数	空气质量指数级别	空气质量指数类别及表示颜色		对健康影响情况	建议采取的措施
151～200	四级	中度污染	红色	进一步加剧易感人群症状,可能对健康人群心脏、呼吸系统有影响	儿童、老年人及心脏病、呼吸系统疾病患者避免长时间、高强度的户外锻炼,一般人群适量减少户外运动
201～300	五级	重度污染	紫色	心脏病和肺病患者症状显著加剧,运动耐受力降低,健康人群普遍出现症状	儿童、老年人及心脏病、肺病患者应停留在室内,停止户外运动,一般人群减少户外运动
>300	六级	严重污染	褐红色	健康人群运动耐受力降低,有明显强烈症状,提前出现某些疾病	儿童、老年人和病人应当停留在室内,避免体力消耗,一般人群应避免户外活动

第三章
水污染控制工程

第一节 基础性实验

实验一 颗粒自由沉淀实验

一、实验目的

1.加深对自由沉淀特点、基本概念及沉淀规律的理解。

2.掌握颗粒自由沉淀的实验方法，并能对实验数据进行分析、整理、计算和绘制颗粒自由沉淀曲线。

二、实验原理

沉淀是水污染控制中用以去除水中杂质的常用方法。根据水中悬浮颗粒的凝聚性能和浓度，沉淀通常可以分成四种不同的类型：自由沉淀、絮凝沉淀、区域沉淀、压缩沉淀。

浓度较稀的、粒状颗粒的沉降称为自由沉淀，其特点是在静沉过程中颗粒互不干扰、等速下沉，其沉淀在层流区符合 Stokes（斯托克斯）公式。但是由于水中颗粒的复杂性，颗粒粒径、颗粒密度很难或无法准确地测定，因而沉淀效果、特性无法通过公式求得而是通过静沉实验确定。

由于自由沉淀时颗粒是等速下沉，下沉速度与沉淀高度无关，因而自由沉淀可在一般沉淀柱内进行，但其直径应该足够大，一般应使 $D \geqslant 100\text{mm}$，以免沉淀颗粒受柱壁的干扰。

自由沉淀所反映的一般是沙砾、河流等的沉淀特点。具有不同大小颗粒的悬浮物静沉总去除率 E 与截留速度 u_0、颗粒质量分数的关系如下：

$$E = (1 - P_0) + \frac{1}{u_i} \int_0^{P_0} u \, dP \tag{3-1}$$

式中 E——总沉淀效率；

P_0——沉速小于 u_i 的颗粒在全部悬浮颗粒中所占的百分数；

$1 - P_0$——沉速大于或等于 u_i 的颗粒去除百分数；

u_i——某一指定颗粒的最小沉降速度；

u——小于最小沉降速度 u_i 的颗粒沉速。

公式推导如下：

设在水深为 H 的沉淀柱内进行自由沉淀实验（图3-1）。实验开始，沉淀时间为0，此时沉淀柱内悬浮物分布是均匀的，即每个断面上颗粒的数量与粒径的组成相同，悬浮物浓度为 $C_0(\text{mg/L})$，此时去除率 $E=0$。

实验开始后，不同沉淀时间 t_i，颗粒最小沉淀速度 u_i 相应为：

$$u_i = \frac{H}{t_i} \tag{3-2}$$

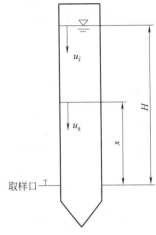

u_i 即为 t_i 时间内从水面下沉到取样点的最小颗粒 d_i 所具有的沉速。此时取样点处水样悬浮物浓度为 C_i，未被去除的颗粒即 $d < d_i$ 的颗粒所占的百分比为：

$$P_i = \frac{C_i}{C_0} \tag{3-3}$$

因此，被去除的颗粒（粒径 $d \geqslant d_i$）所占比例为：

$$E_0 = 1 - P_i \tag{3-4}$$

实际上沉淀时间 t_i 内，由水中沉至池底的颗粒由两部分颗粒组成。即沉速 $u \geqslant u_i$ 的那一部分颗粒能全部沉至池底；除此之外，颗粒沉速 $u < u_i$ 的那一部分颗粒，也有一部分能沉至池底。这是因为，这部分颗粒虽然粒径很小，沉速 $u < u_i$，但是这部分颗粒并不都在水面，而是均匀地分布在整个沉淀柱的

图3-1　自由沉淀实验示意图

高度内。因此只要在水面下，它们下沉至池底所用的时间能少于或等于具有沉速 u_i 的颗粒由水面降至池底所用的时间 t_i，那么这部分颗粒也能从水中被去除。

沉速 $u < u_i$ 的那一部分颗粒虽然有一部分能从水中去除，但其中也是粒径大的沉到池底的多，粒径小的沉到池底的少，各种粒径颗粒去除率并不相同。因此，若能分别求出各种粒径的颗粒占全部颗粒的百分比，并求出各粒径颗粒在时间 t_i 内能沉到池底的颗粒占本粒径颗粒的百分比，则二者乘积即为此粒径颗粒在全部颗粒中的去除率。如此分别求出 $u < u_i$ 的那些颗粒的去除率，并相加后，即可得出这部分颗粒的去除率。

为了推求其计算式，我们绘制 $P\text{-}u$ 关系曲线，其横坐标为颗粒沉速 u，纵坐标为未被去除颗粒的百分比 P，如图3-2所示。

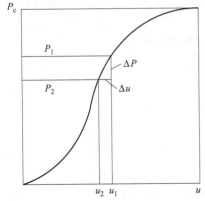

图3-2　$P\text{-}u$ 关系曲线

由图中可见：

$$\Delta P = P_1 - P_2 = \frac{C_1}{C_0} - \frac{C_2}{C_0} = \frac{C_1 - C_2}{C_0} \tag{3-5}$$

故 ΔP 是当选择的颗粒沉速由 u_1 降至 u_2 时，整个水中所能多去除的那部分颗粒的去除率，也就是所选择的要去除的颗粒粒径由 d_1 减到 d_2 时水中所能多去除的，即粒径在 $d_1 \sim d_2$ 间的那部分颗粒所占的百分比。因此当 ΔP 间隔无限小时，则 dP 代表了直径为小于 d_i 的某一粒径 d 的颗粒占全部颗粒的百分比。这些颗粒能沉至池底的条件，应是在水中某点沉至池底所

用的时间，必须等于或小于具有沉速为 u_i 的颗粒由水面沉至池底所用的时间，即应满足：

$$\frac{x}{u_x} \leqslant \frac{H}{u_i} \quad 即 \quad x \leqslant \frac{Hu_x}{u_i} \tag{3-6}$$

由于颗粒均匀分布，又为等速沉淀，故沉速 $u_x < u_i$ 的颗粒只有在 x 水深以内才能沉到池底。因此能沉到池底的这部分颗粒，占这种颗粒的百分比为 $\frac{x}{H}$，如图 3-1 所示，而：

$$\frac{x}{H} = \frac{u_x}{u_i} \tag{3-7}$$

此即为同一粒径颗粒的去除率。取 $u_0 = u_i$，且为设计选用的颗粒沉速 $u_s = u_x$，则有：

$$\frac{u_x}{u_i} = \frac{u_s}{u_0} \tag{3-8}$$

由上述分析可见，dP_s 反映了具有沉速 u_s 的颗粒占全部颗粒的百分比，而 $\frac{u_s}{u_0}$ 则反映了在设计沉速为 u_0 的前提下，具有沉速 $u_s(<u_0)$ 的颗粒去除量占本颗粒总量的百分比。故 $\frac{u_s}{u_0}dP$ 正是反映了在设计沉速为 u_0 时，具有沉速为 $u_s(<u_0)$ 的颗粒所能去除的部分占全部颗粒的比率。利用积分求解这部分 $u_s < u_0$ 的颗粒的去除率，则为 $\int_0^{P_0} \frac{u_s}{u_0}dP$。

故颗粒的去除率为：

$$E = (1 - P_0) + \int_0^{P_0} \frac{u_s}{u_0}dP \tag{3-9}$$

工程中常用下式计算：

$$E = (1 - P_0) + \frac{\sum(\Delta Pu_s)}{u_0} \tag{3-10}$$

三、实验仪器与装置

1. 自由沉淀装置（沉淀柱、储水箱、水泵空压机），如图 3-3 所示。
2. 计时用秒表或手表。
3. 100mL 量筒、移液管、玻璃棒、瓷盘等。
4. 悬浮物定量分析所需设备：电子天平、带盖称量瓶、干燥皿、烘箱、抽滤装置、定量滤纸等。
5. 水样可用煤气洗涤污水、轧钢污水、天然河水或人工配制水样。

四、实验步骤

1. 了解装置管道连接情况，检查是否符合实验要求。
2. 启动水泵，水力搅拌 5min，使水槽内水质均匀。
3. 打开进水阀，让水平稳地从沉淀筒底进入沉淀柱中，直至 120cm 高度，停泵，沉淀实验开始。
4. 开动秒表开始计时，此时 $t = 0$，当时间为 0min、5min、10min、15min、20min、25min、30min、40min、50min、60min、70min 和 80min 时，由同一取样口取样 50mL，并

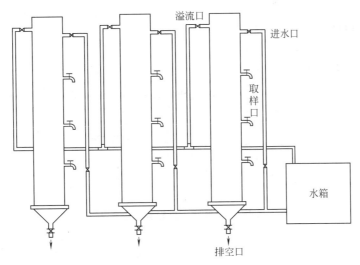

图 3-3　颗粒自由沉淀实验装置

记录沉淀柱内取样口到液面的高度。

5. 测定各水样悬浮物含量。

方法一：将所取水样过滤（滤膜预先放入称量瓶内，与称量瓶一起烘干至恒重，并称量）。过滤完毕后，用镊子取出滤膜放入称量瓶中，移入烘箱中于 $103\sim105℃$ 下烘干 1h 后移入干燥器中，使冷却到室温，称其质量。反复烘干、冷却、称量，直至两次称量的质量差 $\leqslant0.4mg$ 为止。计算悬浮物浓度。

方法二：测浊度，然后根据下式计算 SS：

$$SS=1.2295T+1.784 \tag{3-11}$$

式中　SS——水样悬浮物，mg/L；

T——水样浊度，NTU。

6. 记录实验原始数据，填入表 3-1 中。

表 3-1　颗粒自由沉淀实验记录

静沉时间 /min	读出的浊度 /NTU	水样浊度 /NTU	SS 浓度 /(mg/L)	取样口高度 H_0/cm	水面高度 H_1/cm	沉淀高度 H/cm
0						
5						
10						
15						
20						
25						
30						
40						
50						
60						
70						
80						

五、实验结果整理

1. 实验基本参数整理

实验日期：_____　　水样性质及来源：配制的石灰水

沉淀柱直径（m）：_____　　取样口高度（cm）：_____

水温（℃）：_____　　原水样悬浮颗粒浓度 C_0（mg/L）：_____

2. 实验数据整理

实验数据填入表 3-2 中。

表 3-2　实验原始数据整理表

沉淀高度/cm											
沉淀时间/min	5	10	15	20	25	30	40	50	60	70	80
水样 SS/(mg/L)											
原水 SS/(mg/L)											
未被移除颗粒占比 P_i/%											
颗粒沉速 u_i/(mm/s)											

表 3-2 中不同沉淀时间 t_i 时，沉淀管内未被移除的悬浮物的百分比及颗粒沉速分别按下式计算。

未被移除悬浮物的百分比：

$$P_i = \frac{C_i}{C_0} \times 100\% \tag{3-12}$$

式中　C_0——原水中 SS 浓度，mg/L；

　　　C_i——某沉淀时间后，水样中 SS 浓度，mg/L。

相应颗粒沉速：

$$u_i = \frac{H_i}{t_i} \tag{3-13}$$

3. 绘制 P-u 关系曲线

以颗粒沉速 u 为横坐标，以 P 为纵坐标，在普通格纸上绘制 P-u 关系曲线（图 3-4）。

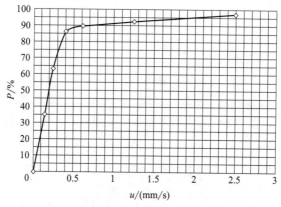

图 3-4　绘制 P-u 关系曲线

4.计算悬浮物去除率

利用图解法列表（表 3-3）计算不同沉速时，悬浮物的去除率。

表 3-3　悬浮物去除率 E 的计算

序号	沉淀时间 t/min	u_0 /(mm/s)	P_0 /%	$1-P_0$ /%	ΔP /%	$\sum(u_s\Delta P)$ /%	$\dfrac{\sum(u_s\Delta P)}{u_0}$	$E=(1-P_0)+\dfrac{\sum(\Delta Pu_s)}{u_0}$
1	5							
2	10							
3	15							
4	20							
5	25							
6	30							
7	40							
8	50							
9	60							
10	70							
11	80							

5.绘制 E-u、E-t 曲线

根据上述计算结果，以 E 为纵坐标，分别以 u 及 t 为横坐标，绘制 E-u、E-t 关系曲线。

六、注意事项

1.向沉淀柱内进水时，速度要适中。既要较快完成进水，以防进水中一些较重颗粒沉淀，又要防止速度过快造成柱内水体紊动，影响静沉实验效果。

2.取样前，一定要记录沉淀柱水面至取样口的距离 H_0(cm)。

3.取样时，先排除管中积水而后取样，排空约 20～50mL 积液。

4.测定悬浮物时，因颗粒较重，从烧杯取样要边搅边吸，以保证水样均匀。贴于移液管壁上细小的颗粒一定要用蒸馏水洗净。

实验二　废水可生化性实验

一、实验目的

1.了解工业废水可生化性的含义。

2.通过实验来定性地测定某种废水是否可以进行生化处理及可生化处理的程度。

二、实验原理

生物处理方法较为经济，在研究有机工业污水的处理方案时，一般首先考虑采用生物处理的可能性。但是，有些工业污水在进行生物处理时，因为含有难生物降解的污染物质而不能正常运行。因此，在决定是否采用生物法处理某种废水之前，必须先了解该废水中的污染物能否被微生物降解以及是否会对微生物产生抑制或毒害作用。在没有现成的科研成果或生产运行资料可以借鉴时，需要通过实验来考察这些工业污水生物处理的可行性，研究它们进入生物处理系统后可能产生的影响，或某些组分进入生物处理设备的允许浓度。

考察工业污水可生化性的方法有许多种，主要有好氧呼吸法、微生物数量活性法、脱氢酶或 ATP（三磷酸腺苷）活性法和生化模型试验法等。好氧呼吸法（包括 BOD_5/COD 比值法、生化呼吸线法和相对耗氧速率法）是当前测定废水可生化性的常用方法。

生化呼吸线是以时间为横坐标、以耗氧量为纵坐标作出的一条曲线。生化呼吸线的特征主要取决于基质的性质。当细菌进入内源呼吸期时，其呼吸耗氧速率将是恒定的，此时耗氧量与时间呈直线关系。这一直线被称为内源呼吸线。将生化呼吸线与内源呼吸线进行比较时，可能出现以下三种情况。①若生化呼吸线位于内源呼吸线之上，则废水中有机物可被微生物氧化分解；经一段时间后生化呼吸线将与内源呼吸线几乎平行。这表明基质的生物降解已基本完成，微生物进入内源呼吸阶段，并且两条曲线之间距离越大，表示该废水的生物降解性越好。②若生化呼吸线与内源呼吸线基本重合，表明该废水有机物不能被微生物氧化分解，但对微生物的生命活动无抑制作用，微生物只进行内源呼吸。③若生化呼吸线位于内源呼吸线之下，说明废水中的污染物非但不能被微生物降解，而且对微生物具有抑制或毒害作用，生化呼吸线越接近横坐标，则抑制作用越大，如与横坐标重合，则说明微生物的呼吸停止，濒于死亡。

本实验将废水放入曝气瓶中进行充氧（含空白对照），达到一定的平衡氧浓度后，接入一定量的活性污泥，在一定的温度条件下，让微生物在密闭的环境中与实验废水进行反应。只要实验废水中含有机可降解物质，微生物就可以对其进行好氧降解，同时消耗溶解氧，根据在单位时间内消耗溶解氧的速率，就可以知道该实验废水的可生化程度。

三、实验仪器与装置

1.曝气瓶与曝气平台（图 3-5）。

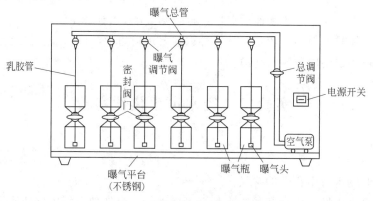

图 3-5　曝气瓶与曝气平台

2.溶解氧测定仪。

3.生化培养箱（冬季使用）。

4.培养好的活性污泥。

四、实验步骤

1.将4个曝气瓶上标上序号1～4，取400mL左右水样分别注入4个曝气瓶中。其中，1号瓶加蒸馏水，作为空白对照；2～4号瓶中加入2mL葡萄糖溶液；向3号和4号曝气瓶中分别加入1mL和3mL的硫酸铜溶液。

2.将曝气瓶放到曝气台上，将对应的砂芯曝气头放入相应的曝气瓶中。

3.插上曝气泵的电源，曝气泵开始工作，砂芯曝气头上有气泡冒出。通过调节空气流量控制阀门，来控制砂芯曝气头的曝气量。可以通过眼睛观察砂芯曝气头的曝气量，一般不要开得太大，以防止被测定废水从瓶中溢出。

4.连续对曝气瓶中的废水（含空白对照）曝气30min后，关闭曝气泵，从曝气瓶中拿出曝气头，将曝气瓶中废水转移至对应编号的溶解氧瓶中，并在瓶中加入活性污泥10.00mL，盖上瓶塞，倒掉瓶口上的废水，摇匀瓶中液体。

5.打开瓶塞，将溶解氧测定仪的氧探头轻轻放入曝气瓶中，测定此时曝气瓶中的溶解氧浓度，并记录结果。测定完毕，盖上瓶塞。

6.将曝气瓶放入25℃的培养箱（室）中培养（室温超过25℃的，可以直接放在室内培养），培养时间取20min、40min、60min、80min、100min、120min。每到一个时间点，对溶解氧瓶中的溶解氧测定一次。然后盖上瓶塞，摇匀瓶中的液体，再进行培养。

7.以溶解氧变化为纵坐标，以时间变化为横坐标，建立一个坐标曲线。通过对该曲线的分析，可以得到某一废水在单位时间中的溶解氧消耗情况，从而判断该废水的可生化性程度。

五、实验结果整理

实验结果记录见表3-4，实验结果整理见表3-5。

表3-4　实验结果记录表

瓶号	DO/(mg/L)					
	0min C_0	20min C_{20}	40min C_{40}	60min C_{60}	80min C_{80}	100min C_{100}
1						
2						
3						
4						

表 3-5　实验结果整理表

瓶号	$C_0-C_t/(\mathrm{mg/L})$					
	0min	20min	40min	60min	80min	100min
1	0					
2	0					
3	0					
4	0					

实验三　曝气设备充氧能力测定实验

一、实验目的

1. 掌握氧传递的机理及影响因素。

2. 掌握测定曝气设备氧总传递系数 K_{La} 的方法。

3. 了解曝气设备清水充氧性能的测定方法，评价曝气设备充氧性能指标。

二、实验原理

活性污泥处理过程中，曝气设备的作用是使氧气、活性污泥和营养物三者充分混合，使污泥处于悬浮状态，促使氧气从气相转移到液相，从液相转移到活性污泥上，保证微生物有足够的氧气进行物质代谢。由于氧的供给是保证生化处理过程正常进行的主要因素，因此工程设计人员通常通过实验来评价曝气设备的充氧能力。

在现场取自来水进行实验，先用 Na_2SO_3 进行脱氧，然后在溶解氧等于或接近零的状况下再进行曝气，使溶解氧升高并趋于饱和水平。假定整个液体是完全混合的，其充氧过程属于传质过程，氧传递机理为双膜理论，在该过程中，阻力主要来自液膜，符合一级反应，此时水中溶解氧的变化可以用下式表示。

$$\frac{\mathrm{d}C}{\mathrm{d}t}=K_{\mathrm{La}}(C_{\mathrm{s}}-C) \tag{3-14}$$

式中　$\dfrac{\mathrm{d}C}{\mathrm{d}t}$——氧传递速率，$\mathrm{mg/(L \cdot h)}$；

K_{La}——氧总传递系数，$\mathrm{h^{-1}}$；

C_{s}——实验室温度和压力下，自来水的溶解氧饱和浓度，$\mathrm{mg/L}$；

C——相应某一时刻 t 的溶解氧浓度，$\mathrm{mg/L}$。

将上式积分，得：

$$\ln(C_{\mathrm{s}}-C)=-K_{\mathrm{La}}t+常数 \tag{3-15}$$

测得 C_{s} 和相应于每一时刻 t 的 C 后绘制 $\ln(C_{\mathrm{s}}-C)$ 与 t 的关系曲线，其直线的斜率即为 K_{La}。

由于溶解氧饱和浓度、温度、污水性质和紊乱程度等因素均影响氧的传递速率，因此应进行温度、压力校正，并测定校正废水性质影响的修正系数 α、β。所采用的公式如下：

$$K_{La}(T) = K_{La}(20℃) \times 1.024^{T-20} \tag{3-16}$$

$$C_{s(校正)} = C_{s(实验)} \times \frac{标准大气压(kPa)}{实验时的大气压(kPa)} \tag{3-17}$$

则在一个大气压下，水温20℃的脱氧清水中（溶解氧为零），曝气设备的标准氧传递速率为：

$$\frac{dC}{dt} = K_{La(20℃)} C_{s(校正)} = \frac{K_{La(T)}}{1.024^{T-20}} C_{s(实验)} \frac{P_0}{P_实验} \tag{3-18}$$

充氧能力为：

$$Q_s = \frac{dC}{dt}V = K_{La(20℃)} C_{s(校正)} V (kg/h) \tag{3-19}$$

曝气设备充氧性能测定的方法，一般多使用间歇非稳态测定法，即实验过程中不进水也不出水的清水实验法对充氧性能进行测定。具体方法是：首先向曝气池内注入自来水，将待曝气用脱氧剂（无水亚硫酸钠）脱氧到零后开始曝气，然后每隔一定时间取水样测定溶解氧，从而确定 K_{La} 和设备的充氧能力。

三、实验仪器与装置

实验装置如图3-6所示。

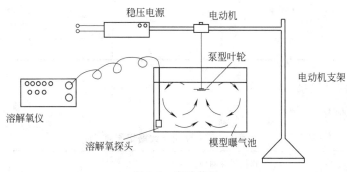

图3-6　实验装置

1. 泵型叶轮曝气充氧设备。
2. 水中溶解氧测定法的所有药品（碘量法）和玻璃器皿等，或溶解氧测定仪。
3. 秒表。
4. 温度计。

四、实验步骤

1. 向实验装置内注入自来水至叶轮表面稍高处，测定水样体积 $V(L)$ 和水温 $t(℃)$。
2. 根据水温查出实验条件水样的溶解氧饱和值 $C_{s(实验)}$，并根据 $C_{s(实验)}$ 和 V 计算投药量。

无水亚硫酸钠投药量：

$$W_1 = V C_{s(实验)} \times 7.9 \times (150\% \sim 200\%) \tag{3-20}$$

式中　$C_{s(实验)}$——实验时水温条件下水中溶解氧饱和值，mg/L；

　　　V——水样体积，m^3。

催化剂用量：

$$W_2 = V \times 0.5 \times \frac{129.9}{58.9} \tag{3-21}$$

当连续多次实验时，氯化钴只投加一次。

经计算，本实验中 Na_2SO_3 用量为_____ mg/L，Co^{2+} 用量为_____ mg/L，使用前先配制成溶液。

3. 本实验中水样体积为 20L，加入钴盐 10mL（浓度为 1g/L），Na_2SO_3 溶液 40mL（浓度为 50g/L），并开动搅拌叶轮轻微搅动使其混合，脱氧开始，计时，1min 后，用 1 号溶解氧瓶取样。

4. 第 1 个样取完后（水样脱氧至零），提高叶轮转速（70r/min），进行曝气充氧，同时开始计时，每隔 1min 取水样 1 次，并测定 DO（用碘量法），直至水中溶解氧值不变化（DO 达到饱和值 C_s）为止。关闭装置电源。

五、实验结果整理

1. 实验基本参数记录

实验基本参数记入表 3-6。

表 3-6　基本参数记录表

曝气池直径 /mm	有效水深 /m	水样体积 /L	水温/℃	气压 /kPa	气温/℃	亚硫酸钠 用量/g	氯化钴 用量/g

2. 水样测定数据记录

实验数据记入表 3-7。

表 3-7　水样测定数据记录表

水样瓶 编号	充氧时间 t/min	硫代硫酸钠用量/mL			C_t /(mg/L)	$C_s - C_t$ /(mg/L)	$\ln(C_s - C_t)$
		滴定起点	滴定终点	用量 V			
1	0						
2	1						
3	2						
4	3						
5	4						
6	5						
7	6						
8	7						
9	8						
10	9						

各个时刻溶解氧按下式计算：

$$DO = \frac{MV \times 8 \times 1000}{100} \qquad (3\text{-}22)$$

式中，$M = \underline{\qquad}$ mol/L，为实验滴定时硫代硫酸钠的浓度。

3. 根据测定记录计算 K_{La}

用图解法计算 K_{La}，绘制 $\ln(C_s - C_t)$ 和时间 t 的关系曲线，用半对数坐标纸作 $C_s - C_t$ 和时间的关系曲线，其斜率即为 K_{La}。

4. 根据 K_{La} 计算充氧能力

（1）计算曝气设备的标准氧传递速率

$$\frac{dC}{dt} = K_{La(20℃)} C_{s(校正)} = \frac{K_{La(T)}}{1.024^{T-20}} C_{s(实验)} \qquad (3\text{-}23)$$

（2）计算叶轮充氧能力 Q_s

$$Q_s = \frac{dC}{dt} V \qquad (3\text{-}24)$$

$$Q_s = \frac{60}{1000} \times K_{La} C_s V \, (kg/h) \qquad (3\text{-}25)$$

式中　60——由 min 转化为 h 的系数；

1000——单位由 mg/L 化为 kg/m³ 的系数；

K_{La}——氧的总传递系数，L/min；

V——水样体积，m³；

C_s——饱和溶解氧值，mg/L。

实验四　混凝实验

一、实验目的

1. 通过实验观察混凝现象，加深对混凝理论的理解。
2. 了解影响混凝条件的相关因素，选择和确定最佳混凝工艺条件。

二、实验原理

混凝沉淀是废水化学处理中的重要基础实验之一，广泛地用于科研和生产中。在混凝阶段，处理的对象主要是水中悬浮物和胶体杂质。在废水中预先投入化学药剂，破坏胶体颗粒的稳定性（脱稳），使废水中的胶体和细小悬浮物聚集成具有可分离性的絮凝体，再进行分离去除。其作用机理通常认为有：压缩双电层、吸附架桥和网捕等。混凝过程最关键的是确定最佳的混凝工艺条件，主要包括混凝剂的种类、pH 值、搅拌速度以及时间等。通过该实验，不仅可以选择投加药剂种类、数量，而且还可以确定混凝的最佳条件。

三、实验仪器与装置

1. 六联同步搅拌机（图 3-7）。

2.酸度计。

3.浊度计。

4.烧杯（500mL、200mL）。

5.移液管（1mL、5mL）。

6.注射器（5mL）。

7.温度计。

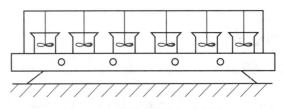

图 3-7 六联同步搅拌机示意图

四、实验步骤

在混凝实验中所用的实验药剂可参考下列浓度进行配制：硫酸铝〔$Al_2(SO_4)_3 \cdot 18H_2O$〕（质量分数 1%～5%）；三氯化铁（$FeCl_3 \cdot 6H_2O$）（质量分数 1%～5%）；盐酸（质量分数 10%）；氢氧化钠（质量分数 10%）；聚丙烯酰胺（0.5mg/L）。

1. 确定最佳混凝剂

（1）用 3 只 500mL 烧杯，分别取 200mL 原水，将装有水样的烧杯置于六联同步搅拌机上。

（2）向烧杯中加入硫酸铝、三氯化铁、聚丙烯酰胺溶液各 5mL，同时进行搅拌（中速 150r/min，5min），直到其中一个试样出现矾花，此时记录每个试样中混凝剂的投加量。

（3）停止搅拌，静置 10min。用 5mL 注射器抽取上清液，用浊度计测定三个水样的剩余浊度值，根据测得的各浊度值确定最佳的混凝剂。

2. 确定混凝剂的最佳投加量

（1）用 6 只 500mL 烧杯，分别取 400mL 原水，将装有水样的烧杯置于六联同步搅拌机上。

（2）确定原水特征，测定原水水样的浊度、pH 值、温度。

（3）确定形成矾花所用的最小混凝剂量。方法是通过慢速搅拌烧杯中原水，每次增加 1mL 混凝剂投加量，直至出现矾花为止。这时的混凝剂用量作为形成矾花的最小投加量。

（4）根据上一步得出的形成矾花最小混凝剂投加量，取其 1/4 作为 1 号烧杯的投加量，取其 2 倍作为 6 号烧杯的投加量，用依次增加混凝剂投加量相等的方法求出 2～5 号烧杯混凝剂用量，把混凝剂分别加入 1～6 号烧杯中。

（5）启动搅拌机，快速搅拌（300r/min）0.5min；中速搅拌（150r/min）5min；慢速搅拌（70r/min）10min。搅拌中注意观察矾花形成过程。

（6）停止搅拌，静置沉淀 10min，然后用 5mL 注射器分别抽取 6 个烧杯中的上清液，用浊度计测定各水样的剩余浊度。

3. 确定最佳的 pH 值

（1）用 6 只 500mL 烧杯，分别取 400mL 原水，将装有水样的烧杯置于六联同步搅拌机上。

（2）调整原水 pH 值，用移液管依次向 1、2、3 号装有原水的烧杯中，分别加入 0.6mL、0.4mL、0.3mL HCl，再向 4、5、6 号装有原水的烧杯中，分别加入 0.05mL、0.2mL、0.3mL NaOH。

（3）开动搅拌机，快速搅拌（300r/min）0.5min，停止搅拌，依次用酸度计测定各水样 pH 值。

（4）用移液管依次向装有原水的烧杯中加入相同剂量的混凝剂，投加剂量为最佳投加量。

（5）开动搅拌机，快速搅拌（300r/min）0.5min，中速搅拌（150r/min）5min，慢速搅拌（70r/min）10min，停止搅拌。

（6）静置 10min，用 5mL 注射器抽出烧杯中的上清液，用浊度计测定剩余浊度。

4. 其他因素

还可以通过实验考察水流速度梯度等因素对混凝效果的影响。

五、实验结果整理

1. 确定最佳混凝剂

实验数据记入表 3-8。

表 3-8　最佳混凝剂记录表

原水浑浊度＿＿＿＿＿＿　　　原水温度＿＿＿＿＿＿　　　原水 pH 值＿＿＿＿＿＿

项目		混凝剂名称		
		$Al_2(SO_4)_3$	$FeCl_3$	聚丙烯酰胺
矾花形成时投混凝剂最佳量/mL				
剩余浊度/NTU	1			
	2			
	均			
最佳混凝剂				

2. 确定最佳投药量

实验数据记入表 3-9。

表 3-9　最佳投药量记录表

项目		水样编号					
		1	2	3	4	5	6
混凝剂加入量/mL							
剩余浊度/NTU	1						
	2						
	均						

以投药量为横坐标，以剩余浊度（NTU）为纵坐标，绘制投药量与剩余浊度关系曲线，从曲线变化可知最佳投药量。

3. 确定最佳 pH 值

实验数据记入表 3-10。

表 3-10　最佳 pH 值记录表

项目		水样编号					
		1	2	3	4	5	6
投加质量分数 10% 的 HCl/mL		0.6	0.4	0.3			
投加质量分数 10% 的 NaOH/mL					0.05	0.2	0.3
水样 pH 值							
最佳混凝剂加入量/mL							
剩余浊度/NTU	1						
	2						
	均						

以 pH 值为横坐标，以剩余浊度（NTU）为纵坐标，绘制 pH 值与剩余浊度关系曲线，从曲线变化可知最佳 pH 值及其适用范围。

实验五　活性炭的静态与动态吸附实验

静态吸附实验

一、实验目的

1. 通过实验了解活性炭吸附工艺及性能，熟悉整个实验过程的操作。
2. 掌握用"间歇式"和"连续式"确定活性炭处理废水的参数设计方法。

二、实验原理

活性炭对水中所含杂质的吸附既有物理吸附现象，也有化学吸着作用。有一些被吸附的物质先在活性炭表面上积聚浓缩，继而进入固体晶格原子或分子之间被吸附，还有一些特殊物质则与活性炭分子结合而被吸着。

当活性炭吸附水中所含杂质时，水中的溶解性杂质在活性炭表面积聚而被吸附，同时也有一些被吸附物质由于分子的运动而离开活性炭表面重新进入水中，即同时发生解吸现象。当吸附和解吸处于动态平衡状态时，称为吸附平衡。这时活性炭和水（即固相和液相）之间的溶质浓度，具有一定的分布比值。如果在一定压力和温度条件下，用 m 克活性炭吸附溶液中的溶质，被吸附的溶质为 x 毫克，则单位质量的活性炭吸附溶质的数量 q_e，即吸附容量可按下式计算：

$$q_e = \frac{x}{m} \tag{3-26}$$

q_e 的大小除了取决于活性炭的品种之外，还与被吸附物质的性质、浓度、水的温度及 pH 值有关。一般来说，当被吸附的物质能够与活性炭发生结合反应、被吸附物质又不容易溶解于水而受到水的排斥作用，且活性炭对被吸附物质的亲和作用力强、被吸附物质的浓度又较大时，q_e 就比较大。

描述吸附容量 q_e 与吸附平衡时溶液浓度 C 的关系有朗格缪尔（Langmuir）、BET 和弗罗因德利希（Freundlich）吸附等温式等。

在水和污水处理中通常用 Freundlich 表达式来比较不同温度和不同溶液浓度时的活性炭的吸附容量，即：

$$q_e = KC^{\frac{1}{n}} \tag{3-27}$$

式中　q_e——吸附容量，mg/g；

　　　K——与吸附比表面积、温度有关的系数；

　　　n——与温度有关的常数，$n > 1$；

　　　C——吸附平衡时的溶液浓度，mg/L。

这是一个经验公式，通常用图解方法求出 K、n。为了方便易解，往往将式（3-27）变换成线性对数关系式：

$$\lg q_e = \lg \frac{C_0 - C}{m} = \lg K + \frac{1}{n} \lg C \tag{3-28}$$

式中　C_0——水中被吸附物质原始浓度，mg/L；

　　　C——被吸附物质的平衡浓度，mg/L；

　　　m——活性炭投加量，g/L。

连续流活性炭的吸附过程同间歇性吸附有所不同，这主要是因为前者被吸附的杂质来不及达到平衡浓度 C，因此不能直接应用上述公式。这时应对吸附柱进行被吸附杂质泄漏和活性炭耗竭过程实验，也可简单地采用 Bohart-Adams 关系式：

$$T = \frac{N_0}{C_0 v} \left[D - \frac{v}{K N_0} \ln \left(\frac{C_0}{C_B} - 1 \right) \right] \tag{3-29}$$

式中　T——工作时间，h；

　　　v——吸附柱中流速，m/h；

　　　D——活性炭层厚度，m；

　　　K——流速常数，$m^3/(s \cdot h)$；

　　　N_0——吸附容量，g/m^3；

　　　C_0——入流溶质浓度，mg/L；

　　　C_B——容许出流溶质浓度，mg/L。

根据入流和出流溶质浓度，可用式（3-30）估算活性炭柱吸附层的临界厚度，即保持出流溶质浓度不超过 c_B 的炭层理论厚度。

$$D_0 = \frac{v}{K N_0} \ln \left(\frac{C_0}{C_B} - 1 \right) \tag{3-30}$$

式中　D_0——临界厚度。

在实验时如果原水样溶质浓度为 C_{01}，用三个活性炭柱串联，则第一个活性炭柱的出流浓度 C_{B1}，即为第二个活性炭柱的入流浓度 C_{02}，第二个活性炭柱的出流浓度 C_{B2} 即为第三个活性炭柱的入流浓度 C_{03}。由各炭柱不同的入流、出流浓度 C_0、C_B 便可求出流速常数。

三、实验仪器与装置

本实验间歇性吸附采用锥形瓶内装入活性炭和水样进行振荡的方法；连续流式采用有机玻璃柱内装活性炭、水流自上而下连续进出的方法，图 3-8 是连续流吸附实验装置示意图。

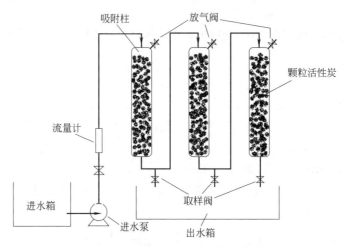

图 3-8　连续流吸附实验装置示意图

1.活性炭连续流吸附实验装置。

2.智能型恒温振荡器。

3.pH 计。

4.锥形瓶（250mL）。

5.紫外可见分光光度计。

6.漏斗。

7.滤纸。

8.温度计（0～100℃）。

四、实验步骤

1. 标准曲线的绘制

（1）配制 100mg/L 亚甲基蓝溶液。

（2）用紫外可见分光光度计对样品在 250～750nm 波长范围内进行全程扫描，确定最大吸收波长。一般最大吸收波长为 662～665nm。

（3）测定标准曲线（亚甲基蓝浓度 0～4mg/L 时，浓度 C 与吸光度 A 成正比）。

分别移取 0mL、0.5mL、1.0mL、2.0mL、2.5mL、3.0mL、4.0mL 的 100mg/L 亚甲基蓝溶液于 100mL 容量瓶中，加水稀释至刻度，在上述最佳波长下，以蒸馏水为参比，测定吸光度。

以浓度为横坐标、吸光度为纵坐标，绘制标准曲线，拟合出标准曲线方程。

2. 间歇式吸附实验步骤

（1）将活性炭放在蒸馏水中浸 24h，然后放在 105℃烘箱内烘至恒重，再将烘干后的活性炭压碎，使其成为 200 目以下筛孔的粉状炭。

因为粒状活性炭要达到吸附平衡耗时太长，往往需数日或数周，为了使实验能在短时间内结束，所以多用粉状炭。

（2）在锥形瓶中，装入以下质量的已准备好的活性炭：0mg、10mg、20mg、30mg、40mg、50mg、60mg、70mg、80mg、90mg、100mg、120mg、140mg、160mg、180mg、200mg。

（3）在锥形瓶中各注入 100mL 10mg/L 的亚甲基蓝溶液。

（4）将锥形瓶置于振荡器上振荡 2h，然后用静沉法或滤纸过滤法移除活性炭。

（5）计算各个锥形瓶中亚甲基蓝的去除率、吸附量。

3. 连续流吸附实验步骤

（1）在吸附柱内加入经水洗烘干后的活性炭。

（2）用自来水配制 10mg/L 的亚甲基蓝溶液。

（3）以 40～200mL/min 的流量，按降流方式运行（运行时炭层中不应有空气气泡）。实验至少要用三种以上的不同流速进行。

（4）在每一流速运行稳定后，每隔 10～30min 由各柱中取样，测定出水的亚甲基蓝吸光度。

（5）考察达到吸附平衡所需要的时间。还可以通过反冲洗或逆流加入再生液，进一步进行活性炭的解吸或再生实验。

五、实验结果整理

1. 吸附等温线

（1）根据测定数据绘制吸附等温线。

（2）根据 Freundlich 等温线，确定方程中常数 K、n。

（3）讨论实验数据与吸附等温线的关系。

2. 连续流系统

（1）绘制穿透曲线，同时表示出亚甲基蓝在进水、出水中的浓度与时间的关系。

（2）计算亚甲基蓝在不同时间内转移到活性炭表面的量。计算方法可以采用图解积分法（矩形法或梯形法），求得吸附柱进水或出水曲线与时间之间的面积。

（3）画出去除量与时间的关系曲线。

动态吸附实验

一、实验目的

本装置专对水处理技术基础研究，提高学生动手能力，并使学生达到以下目的：

1. 了解该设备的工艺流程、技术参数。

2. 加深对实验基本概念的理解。

二、实验原理

活性炭处理工艺是运用物理吸附的方法，去除水和废水中异味、某些离子及难生物降解的有机物。吸附机理是活性炭表面的分子受到不平衡的力，而使其他分子吸附于其表面上，在吸附过程中，活性炭比表面积起着主要作用。被吸附物质在水中的溶解度也直接影响吸附的速度。此外，pH 的高低、温度的变化和被吸附物质的分散程度也对吸附速度有一定的影响。通过本实验确定活性炭对水中所含某些杂质的吸附能力。

三、实验装置与设备

活性炭吸附实验装置由反应柱体、进水系统、滤层（活性炭滤料）、反冲洗系统等部分组成，见图 3-9。

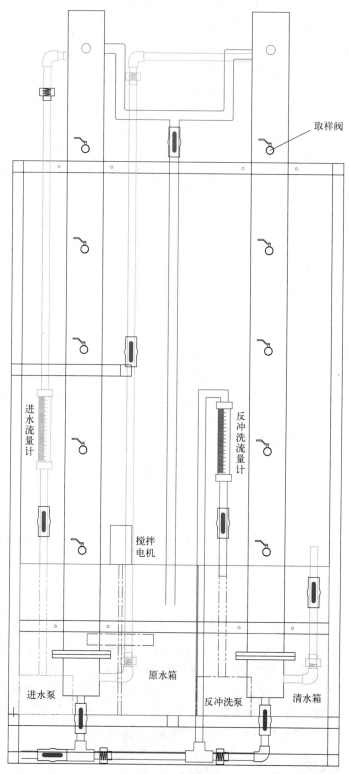

图 3-9　设备整体图

四、操作步骤

实验前首先通过阅读产品说明书，认清组成装置的所有构建物、设备和连接管路。经清水试运行，确认设备动作正常、池体和管路无漏水后，方可开始设备的启动和运行。该设备的操作需结合电控箱控件和各管道阀门使用。

1.设备通电，打开电控箱上的总电源开关，电压表指针指向220V。

2.检查各阀门的开关情况，实验前，确保每个阀门为关闭的。

3.将活性炭滤料放置于反应柱中（高度占反应柱高度2/3）。

4.将实验污水注入原水箱中，随后打开电控箱上的原水搅拌按钮。

5.打开进水泵按钮，将原水提升至活性炭吸附柱中。

6.打开进水流量计前的阀门以及串联两柱中间的阀门、清水管出水阀。

7.可开始吸附柱侧面的取样阀取水样检测。

8.吸附实验结束后，开始反冲洗清理过程。

9.关闭电控箱上的提升泵按钮，关闭之前打开的阀门。

10.打开反冲洗流量计前的阀门、吸附柱正底部的阀门、上部溢流出水的阀门（反冲洗所开阀门可根据实验者所需反洗的柱体选择开关）。

11.按下电控箱上的反冲洗泵按钮，反冲洗泵运行，调节反冲洗流量计前阀门开度，控制反冲洗水的流量。

12.进行反冲洗清理，直至上层清液清澈。

13.实验结束后，关闭电控箱上的按钮开关，关闭总电源开关，打开柱体所有阀门，将柱体内的水放空即可。

五、注意事项

1.实验过程中，避免对设备直接撞击，在操作过程中注意安全，避免不必要的伤害。

2.请尽量避免将本机器放置在高温、阳光直射、多尘的环境中。

3.如果长期不用，请拔掉电源线插头。

4.当发现电源线或者插头破损时，请勿使用。

实验六　压力溶气气浮实验

一、实验目的

1.加深理解气浮法去除废水中悬浮固体的原理。

2.了解工业化气浮法处理水中悬浮固体设备的工艺流程。

二、实验原理

气浮法常被用来分离密度小于或接近于水、难以用重力自然沉降法去除的悬浮颗粒。气浮法是通过在水中通入或产生大量高度分散的微小气泡，使其黏附于废水中的污染物上，形成密度小于水的气-水颗粒结合物，上浮到水面，实现固-液或液-液分离的过程。较广泛采用的是压力溶气气浮法。这种方法将空气在一定的压力下溶解于水中，始终保持这个压力获得溶气水。将此溶气水通入含有悬浮固体的废水中，溶气水由于突然失去压力，使得原来溶解于水中的空气从溶解态瞬间变成气态，这个过程中产生了无数个微小的空气气泡，并且吸附在悬浮固体的表面。随着吸附的微小气泡不断增加，悬浮固体的浮力不断增大，最终被托浮到水面，最后通过机械刮板将浮渣清除掉。这样就达到了去除废水中悬浮固体的目的。

　　黏附于悬浮颗粒上的气泡越多，颗粒与水的密度差就越大，悬浮颗粒的直径也越大，使得悬浮颗粒上浮速度增加，从而提高了固-液分离的效果。水中悬浮颗粒浓度越高，气浮时所需要的微细气泡数量就越多。通常以气固比表示单位质量的悬浮颗粒所需要的空气量，无量纲，气固比可按下式计算：

$$\frac{A}{S} = \frac{1.3 S_a (10.17 f p - 1) Q_r}{Q S_i} \tag{3-31}$$

式中　$\dfrac{A}{S}$——气固比（释放的空气/悬浮固体），g/g；

　　　S_i——入流中的悬浮固体浓度，mg/L；

　　　Q_r——加压水回流量，L/d；

　　　Q——污水流量，L/d；

　　　S_a——某一温度时空气溶解度；

　　　p——绝对压力，MPa；

　　　f——压力为 p 时水中的空气溶解系数，通常取 0.5；

　　1.3——1mL 空气在 0℃时的质量，mg。

　　气固比与操作压力、悬浮固体浓度及性质有关，一般为 0.005～0.06。气固比不同，即水中空气量不同，将影响出水水质和浮渣的含固率。在一定范围内，气浮效果是随气固比的增加而增大的，即气固比越大，出水悬浮固体浓度越低，浮渣的固体浓度越高。

　　影响压力溶气气浮效果的因素有很多，其中溶解空气量的多少和释放的气泡直径大小是较重要的因素。

三、实验仪器与装置

　　1.气浮法动态处理废水中悬浮固体的实验设备如图 3-10 所示，由空气压缩机、高压水泵、溶气罐、刮浮渣器、进水泵、气浮池和复合水箱组成。

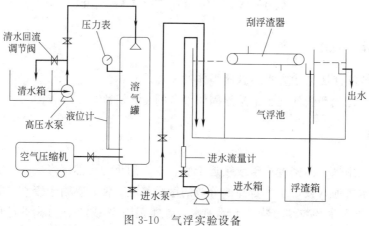

图 3-10　气浮实验设备

2.按照国家标准方法测定悬浮固体（SS）的仪器、设备和玻璃器皿。

四、实验步骤

1.全面了解实验设备的工艺流程，熟悉各个阀门、开关的功能。

2.将自来水注入气浮池中，注水至出水槽溢出为止。将自来水注入清水箱中，注水至清水箱的1/2体积。准备实验用模拟废水，放满整个进水箱。建议将河水（中度污染）直接用作实验模拟废水。

3.取250mL烧杯8个，分别放入实验废水200mL，向实验废水中加入不同量的絮凝剂（相当于不同的絮凝反应浓度），搅拌均匀，放置10min，找出具有较好絮凝性价比的加药浓度，作为絮凝剂加入量的依据。

4.根据上面的实验和进水箱中实验废水的体积，计算好总的加药量，将絮凝剂投加到进水箱中，搅拌均匀，10min后就可以开始进行实验。

5.制定好一系列的实验进水流量和实验时间等条件。

6.按照实验设备的使用说明书操作实验设备。

首先，开启（向上拉）空气压缩机的控制开关，将压缩空气慢慢压入溶气罐，直至溶气罐中的压力达到0.25MPa时关闭空气压缩机。

开启高压水泵，高压水泵出水经过回流阀门流入清水箱。当回流清水中不出现大气泡时，慢慢关小回流阀门，让回流清水的流量保持在500mL/min左右即可。打开高压水泵出水到溶气罐中去的阀门，让高压水注入溶气罐，注入的速度不要太快，观察液位计的水位上升速度，要求缓慢上升为宜。当溶气罐中的压力达到0.3~0.4MPa时，液位计的水位不再上升，让高压水泵继续运转，以始终保持0.3~0.4MPa的罐压。如果罐压达不到0.3~0.4MPa的要求，则适当地进一步关小回流阀门，以提高高压水泵的出水压力，但千万不要将回流阀门关死，以免损坏高压水泵。然后将高压水泵出水到溶气罐中去的阀门开至最大。

慢慢打开溶气罐到气浮池中去的出水阀门，让溶气水慢慢注入气浮池的混合区。此时，可看见乳白色的溶气水在混合区出现，慢慢调节溶气水的流量至气浮池的混合区全部为乳白色，气浮池的气浮区1/5~1/4高度为乳白色时，流量适宜。

开启进水泵控制开关，进水泵开始工作。慢慢打开进水流量计的调节阀门，调节至制定的实验流量。经一定时间的气浮作用后，就可以看到悬浮颗粒物被浮上液面形成浮渣。开启刮浮渣器控制开关，刮浮渣器慢慢转动，将气浮渣刮入浮渣槽并流入浮渣箱。

7.经过一定时间的处理，被去除悬浮颗粒物的废水从出水槽溢出并流入清水箱。测定进水箱内（已加过絮凝剂，搅均匀）和气浮池出水的悬浮固体浓度。

8.实验完毕后，关闭进水泵、刮渣器开关。关闭高压水泵出水到溶气罐中去的阀门，关闭高压水泵控制开关。慢慢开大溶气罐出水到气浮池中去的阀门，让溶气水全部注入气浮池（注意流量不要太大）。当溶气罐中的溶气水排放到低于溶气罐液位计时，慢慢打开溶气罐上方的排气阀，排空罐里的压缩空气。此时，溶气罐和空气压缩机上的压力表均指示为零。排空并清洗气浮池和复合水箱。

五、实验结果整理

1.观察与描述气浮过程，记录实验结果。

2.计算悬浮固体的去除率。

六、注意事项

1.随着气浮实验时间的延长，溶气罐中的压缩空气会越来越少，而溶气罐液位计的水位会越来越高。当溶气罐的水位超过液位计时，必须停止实验，排空溶气罐中的气和水，重新进行溶气水的生成。

2.在实验过程中和实验完毕的整理过程中，千万注意不要让压缩空气直接进入气浮池中，否则会引起气浮池中的水位大幅度波动并且冲出池子，流入电器控制箱，引起控制系统的损坏。

3.定期打开空气压缩机上储气罐的排积水阀门，排掉储气罐中的积水。

实验七　污泥比阻的测定

人们在日常生活和生产活动中产生了大量的生活污水和工业废水，这些污水和废水经过污水处理厂（站）的处理后都要产生大量的污泥。例如，城市污水处理厂每日产生的污泥量约为污水处理量的1/2，数量极为可观。这些污泥都具有含水率高、体积膨大、流动性大等特点。为了便于污泥的运输、储藏和堆放，在最终处置之前都要求进行污泥脱水。

污泥按来源可分为初沉污泥、剩余污泥、腐殖污泥、消化污泥和化学污泥。按性质又可分为有机污泥和无机污泥两大类。每种污泥的组成和性质不同，使污泥的脱水性能也各不相同。为了评价和比较各种污泥脱水性能的优劣，也为了确定污泥机械脱水前加药调理的投药量，常常需要通过实验来测定污泥脱水性能的指标——比阻（也称比阻抗）。比阻实验可以作为脱水工艺流程和脱水机选定的根据，也可作为确定药剂种类、用量及运行条件的依据。

一、实验目的

1.掌握用布氏漏斗测定污泥比阻的实验方法。

2.了解和掌握加药调理时混凝剂的选择和投加量确定的实验方法。

二、实验原理

污泥脱水是指以过滤介质（多孔性物质）的两面产生的压力差作为推动力，使水分强制通过过滤介质，固体颗粒被截留在介质上，从而达到脱水的目的。造成压力差的方法有以下四种：依靠污泥本身厚度的静压力（如污泥自然干化物的渗透脱水）；过滤介质的一面造成负压（如真空过滤脱水）；加压污泥把水分压过过滤介质（如压滤脱水）；造成离心力作为推动力（如离心脱水）。

影响污泥脱水性能的因素有污泥的性质和浓度、污泥和滤液的黏滞度、混凝剂的种类和投加量等。

根据推动力在脱水过程中的演变，过滤可分为定压过滤与恒速过滤两种。前者在过滤过程中压力保持不变；后者在过滤过程中过滤速率保持不变。一般的过滤操作均为定压过滤。本实验是用抽真空的方法造成压力差，并用调节阀调节压力，使整个实验过程压力差恒定。

表征污泥脱水性能优劣的最常用指标是污泥比阻。污泥比阻的定义是：在一定压力下，单位过滤面积上单位干重的滤饼所具有的阻力。它在数值上等于黏滞度为 1 时，滤液通过单位质量的滤饼产生单位滤液流率所需要的压差。比阻的大小一般采用布氏漏斗通过测定污泥滤液滤过介质的速率快慢来确定，并比较不同污泥的过滤性能，确定最佳混凝剂及其投加量。污泥比阻越大，污泥的脱水性能越差；反之，污泥脱水性能就越好。

过滤开始时，滤液只需克服过滤介质的阻力，当滤饼逐步形成后，滤液还需克服滤饼本身的阻力。滤饼是由污泥的颗粒堆积而成的，也可视为一种多孔性的过滤介质，孔道属于毛细管。因此，真正的过滤层包括滤饼与过滤介质。由于过滤介质的孔径远比污泥颗粒的粒径大，在过滤开始阶段，滤液往往是浑浊的。随着滤饼的形成，阻力变大，滤液变清。

由于污泥悬浮颗粒的性质不同，滤饼的性质可分为两类。一类为不可压缩滤饼，如沉砂或其他无机沉渣，在压力的作用下，颗粒不会变形，因而滤液中滤饼的通道（如毛细管孔径与长度）不因压力的变化而改变，压力与比阻无关，增加压力不会增加比阻。因此增压对提高过滤机的生产能力有较好效果。另一类为可压缩性滤饼，如初次沉淀池、二次沉淀池污泥，在压力的作用下，颗粒会变形，随着压力增加，颗粒被压缩而挤入孔道中，使滤液的通道变小，阻力增加，比阻随压力的增加而增大。因此，增压对提高生产能力效果不大。

过滤时，滤液体积 V 与过滤压力 p、过滤面积 A、过滤时间 t 成正比，而与过滤阻力 R、滤液黏度 μ 成反比，滤液体积的表达式为：

$$V = \frac{pAt}{\mu R} \tag{3-32}$$

式中　V——滤液体积，mL；

　　　p——过滤压力，Pa；

　　　A——过滤面积，cm^2；

　　　t——过滤时间，s；

　　　μ——滤液黏度，Pa·s；

　　　R——单位过滤面积上，通过单位体积的滤液所产生的过滤阻力，取决于滤饼性质，cm^{-1}。

过滤阻力 R 包括滤饼阻力 R_z 和过滤介质阻力 R_g 两部分。过滤开始时，滤液仅需克服过滤介质的阻力，当滤饼逐渐形成后，还必须克服滤饼本身的阻力。因此，阻力 R 随滤饼厚度增加而增加，过滤速率则随滤饼厚度的增加而减小。为此将式（3-32）改写成微分形式：

$$\frac{dV}{dt} = \frac{pA}{\mu R} = \frac{pA}{\mu(\delta R_z + R_g)} \tag{3-33}$$

式中　δ——滤饼的厚度，cm。

设每滤过单位体积的滤液，在过滤介质上截留的滤饼体积为 v，则当滤液体积为 V 时，滤饼体积为 vV，因此：

$$\delta A = vV \tag{3-34}$$

$$\delta = \frac{vV}{A} \tag{3-35}$$

将式（3-35）代入式（3-33）中，得：

$$\frac{dV}{dt} = \frac{pA^2}{\mu(vVR_z + R_gA)} \tag{3-36}$$

式（3-36）就是著名的卡门过滤基本方程式。

若以滤过单位体积的滤液在过滤介质上截留的滤饼干固体质量 w 代替 v，并以单位质量

的阻抗 r 代替 R_z，则式（3-36）可改写成：

$$\frac{\mathrm{d}V}{\mathrm{d}t}=\frac{pA^2}{\mu(wVr+R_gA)}\tag{3-37}$$

式中　r——污泥比阻。

定压过滤时，式（3-36）对时间积分，得：

$$\int_0^t \mathrm{d}t=\int_0^V \left(\frac{\mu wVr}{pA^2}+\frac{\mu R_g}{pA}\right)\mathrm{d}V\tag{3-38}$$

$$t=\frac{\mu wrV^2}{2pA^2}+\frac{\mu R_g V}{pA}\tag{3-39}$$

$$\frac{t}{V}=\frac{\mu wrV}{2pA^2}+\frac{\mu R_g}{pA}\tag{3-40}$$

式（3-40）说明，在定压下过滤，t/V 与 V 呈直线关系，即：

$$y=bx+a\tag{3-41}$$

斜率：

$$b=\frac{\mu wr}{2pA^2}\tag{3-42}$$

截距：

$$a=\frac{\mu R_g}{pA}\tag{3-43}$$

因此，比阻公式为：

$$r=\frac{2pA^2}{\mu}\times\frac{b}{w}\tag{3-44}$$

从式（3-44）可以看出，要求污泥比阻 r，需在实验条件下求出斜率 b 和 w。b 可在定压下（真空度保持不变）通过测定一系列的 t-V 数据，用图解法求取，见图3-11。

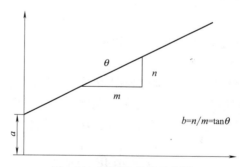

图3-11　图解法求 b 示意图

w 可按下式计算：

$$w=\frac{(V_0-V_y)\rho_b}{V_y}\tag{3-45}$$

式中　V_0——原污泥体积，mL；

ρ_b——滤饼固体浓度，g/mL；

V_y——滤液体积，mL。

$$V_0=V_y+V_b\tag{3-46}$$

$$V_0\rho_0=V_y\rho_y+V_b\rho_b\tag{3-47}$$

$$V_y=\frac{V_0(\rho_0-\rho_b)}{\rho_y-\rho_b}\tag{3-48}$$

式中　ρ_0——原污泥固体浓度，g/mL；

　　　ρ_y——滤液固体浓度，g/mL；

　　　V_b——滤饼体积，mL。

将式(3-48) 代入式(3-45) 中化简得：

$$w = \frac{\rho_0(\rho_b - \rho_y)}{\rho_b - \rho_0} \tag{3-49}$$

因滤液固体浓度 ρ_y 相对污泥固体浓度 ρ_0 来说要小得多，可忽略不计，故：

$$w = \frac{\rho_b \rho_0}{\rho_b - \rho_0} \tag{3-50}$$

将所得的 b、w 代入式(3-44)，即可求出比阻 r。在国际单位制（SI）中，比阻的单位为 m/kg 或 cm/g。在 CGS 制中，比阻的单位为 s^2/g。各单位的换算见表 3-11。

表 3-11　比阻各因素的单位换算

因素	工程制（CGS 制）单位	换成 SI 单位	乘换算因子
比阻 r	s^2/g	m/kg	9.81×10^3
压力 p	g/cm^2	Pa 或 N/m^2	9.81×10
动力黏度 μ	P 或 $g/(cm \cdot s)$	Pa·s 或 $(N \cdot s)/m^2$	1.00×10^{-1}

用式(3-50) 求 w 在理论上是正确的，但在求式中 ρ_b 时要测量湿滤饼的体积，操作时误差很大。为此，根据 w 的定义，可将求 w 的方法改为：

$$w = \frac{W}{V_y} = \frac{\rho_0 V_0}{V_y} \tag{3-51}$$

式中　W——滤饼的干固体质量，g。

一般认为：比阻在 $10^{12} \sim 10^{13}$ cm/g 为难过滤污泥；在 $(0.5 \sim 0.9) \times 10^{12}$ cm/g 为中等；小于 0.4×10^{12} cm/g 为易过滤污泥。初沉污泥的比阻一般为 $(4.61 \sim 6.08) \times 10^{12}$ cm/g；活性污泥的比阻为 $(1.65 \sim 2.83) \times 10^{13}$ cm/g；腐殖污泥的比阻为 $(5.98 \sim 8.14) \times 10^{12}$ cm/g；消化污泥的比阻为 $(1.24 \sim 1.39) \times 10^{13}$ cm/g。这四种污泥均属于难过滤污泥。一般认为，进行机械脱水时，较为经济和适宜的污泥比阻在 $(9.81 \sim 39.2) \times 10^{10}$ cm/g 之间，故这四种污泥在机械脱水前须进行调理。

加药调理（投加混凝剂）是减小污泥比阻、改善污泥脱水性能最常用的方法。对于上述污泥，无机混凝剂［如 $FeCl_3$、$Al_2(SO_4)_3$］的投加量一般为污泥干重的 5%～10%；消石灰的投加量为 20%～40%；聚合氯化铝（PAC）和聚合硫酸铁（PTS）的投加量为 1%～3%；有机高分子（PAM）的投加量为 0.1%～0.3%。投加石灰的作用是在 pH>12 的条件下产生大量的 $Ca(OH)_2$ 絮体物，使污泥颗粒产生凝聚作用。

评价污泥脱水性能的指标除比阻外，还有毛细吸水时间（CST）。这是巴斯克维尔（Baskerville）和加尔（Cale）于 1968 年提出的。毛细吸水时间指污泥与滤纸接触时，在毛细管作用下，污泥中水分在滤纸上渗透 1cm 所需要的时间，单位为 s。这个方法与布氏漏斗法相比，具有快速、简便、重现性好等优点。但此法对滤纸的要求很高，要求滤纸的质量均匀、湿润边界清晰、流速适当并有足够的吸水量等，一般国产滤纸较难做到。

三、实验装置与设备

1.实验装置

污泥比阻测试装置如图 3-12 所示，可以自行搭建。

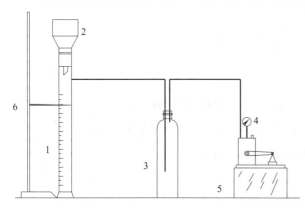

图 3-12　污泥比阻测试装置示意图
1—计量筒；2—布氏漏斗；3—缓冲罐；
4—真空表；5—循环水式真空泵；6—铁架台

计量筒为具塞玻璃量筒，用铁架固定夹住，上接抽气接管和布氏漏斗。吸滤筒作为真空室及盛水之用，由有机玻璃制成，它上有真空表和调节阀，下有放空阀；一端用塑料接管连接抽气接管，另一端用硬塑料管接真空泵。真空泵抽吸吸滤筒内的空气，使筒内形成一定真空度。

2.实验设备和仪器仪表

真空泵，$2 \times 2 - 0.5$ 型直联旋片式，1 台；铁质固定架，1 个；具塞玻璃量筒，100mL，1 个；抽气接管，玻璃三通，标准磨口 19mm，1 只；布氏漏斗，$\phi 80mm$，1 只；调节阀、放空阀、煤气开关，各一只；真空表，0.1MPa，1 只；秒表，30s/圈，1 块；烘箱，电热鼓风箱，1 台；分析天平，FA1604，1 台；吸滤筒，自制有机玻璃，$\phi 15cm \times 25cm$，1 只；硬塑料管，$\phi 10mm \times 1.5m$，1 根。

四、实验步骤

1.配制 $FeCl_3$（10g/L）和 $Al_2(SO_4)_3$ 混凝剂溶液。

2.在布氏漏斗中放置 $\phi 15cm$ 的定量中速滤纸，用水湿润后贴紧周边和底部。

3.将布氏漏斗插在抽气接管的大口中，启动真空泵，用调节阀调节真空度为实验压力的 1/3（实验压力为 0.035MPa 或 0.071MPa），吸滤 0.5min 左右，关闭真空泵，倒掉计量筒内的抽滤水。

4.取 90mL 污泥倒进漏斗，重力过滤 1min，启动真空泵，调节真空度至实验压力，记下此时计量筒内的滤液体积 V_0。

5.启动秒表，定时（开始 10～15s，以后 30s～2min）记下计量筒内滤液的体积 V_1。

6.定压过滤至滤饼破裂，真空破坏，或过滤 30～40min 停止实验。测量滤液的温度并记录。

7.另取污泥 90mL，加混凝剂（污泥干重的 5%～10%）$FeCl_3$ 或 $Al_2(SO_4)_3$，重复实验步骤 2～6。

8.将过滤后的滤饼放入烘箱，在 103～105℃的温度下烘干，称重。

五、实验结果整理

1.测定并记录实验基本参数（表 3-12）。

表 3-12　基本参数记录表

实验日期_____年_____月_____日

不加混凝剂的污泥				加 $FeCl_3$ 的污泥				加 $Al_2(SO_4)_3$ 的污泥		
t/s	计量筒内滤液 V_1/mL	滤液量 $V=V_1-V_0$/mL	$\dfrac{t}{V}$ /(s/mL)	t/s	计量筒内滤液 V_1/mL	滤液量 $V=V_1-V_0$/mL	$\dfrac{t}{V}$ /(s/mL)	t/s	计量筒内滤液 V_1/mL	滤液量 $V=V_1-V_0$/mL	$\dfrac{t}{V}$ /(s/mL)
0				0				0			
15				15				15			
30				30				30			
45				45				45			
60				60				60			
75				75				75			
90				90				90			
105				105				105			
120				120				120			
130				130				130			
⋮				⋮				⋮			

实验真空度_____MPa

加 $Al_2(SO_4)_3$ _____ mg/L，滤饼干重 $W_1 =$ _____ g，$\rho_{b1} =$ _____ g/L

加 $FeCl_3$ _____ mg/L，滤饼干重 $W_2 =$ _____ g，$\rho_{b2} =$ _____ g/L

未加混凝剂的滤饼干重 $W_3 =$ _____ g，$\rho_{b3} =$ _____ g/L

污泥固体浓度 $\rho_0 =$ _____ g/L

2.根据测得的滤液温度 t(℃) 计算动力黏滞度 μ(Pa·s)。

$$\mu = \frac{0.00178}{1+0.337t+0.000221t^2} \tag{3-52}$$

3.将实验所得数据按表（3-12）记录并计算。

4.以 t/V 为纵坐标、V 为横坐标作图，求 b。

5.根据式(3-51)求 w。

6.计算实验条件下的比阻 r。

六、注意事项

1.实验时，抽真空装置的各个接头均不应漏气。

2.在整个过滤过程中，真空度应始终保持一致。

3.在污泥中加混凝剂时，应充分搅拌后立即进行实验。

4.做对比实验时，每次取样污泥浓度应一致。

七、问题与讨论

1.比阻的大小与污泥的固体浓度是否有关系？有怎样的关系？

2.活性污泥在真空过滤时，能否说真空度越大，滤饼的固体浓度就越大？为什么？

3.做过滤实验时，重力过滤时间的长短对 b 是否有影响？如果有影响，是怎样的影响？

4.实验中发现的问题加以讨论。

实验八　离子交换实验

一、实验目的

1.加深对离子交换基本理论的理解，了解工业化离子交换树脂交换处理设备的工艺流程。

2.考察离子交换设备动态处理某种实验废水的处理效率。

二、实验原理

离子交换法是处理电子、医药、化工等工业用水和处理含有有害离子的废水、回收废水中贵重金属的普遍方法。它可以去除或交换水中溶解的无机盐、去除水中硬度和碱度以及制备去离子水。

离子交换树脂的交换容量表示离子交换剂中可交换离子量的多少，是交换树脂的重要技术指标。由于各种离子交换树脂可以以不同形态存在，为了正确比较各树脂的性能，常常在测定性能前将其转变成某种固定的形态。一般阳离子交换树脂以 H 型为标准，强碱性阴离子交换树脂以 Cl 型为标准，弱碱性阴离子交换树脂以 OH 型为标准。各种树脂在实验前应进行必要的处理，以洗去杂质。

树脂性能的测定目前尚无统一的规定，可根据需要对其物理性状和化学性状进行测定。在应用中，决定树脂交换能力大小的指标是树脂交换容量，它又分为全交换容量（E）、平衡交换容量（m）和工作交换容量（E_0）。全交换容量对于同一种离子交换树脂来说是一个常数，常用酸碱滴定法确定其值。

利用阴、阳离子树脂共同工作是目前制备纯水的基本方法之一。水中各种无机盐类电离生成的阴、阳离子经过 H 型离子交换树脂时，水中阳离子被 H^+ 取代；经过 OH 型离子交换树脂时，水中阴离子被 OH^- 取代。进入水中的 H^+ 和 OH^- 结合成 H_2O，从而达到了去除无机盐的效果。水中所含阴、阳离子的多少，直接影响了溶液的导电性能，经过离子交换树脂处理的水中离子很少，电导率很小，电阻值很大，生产上常以水的电导率控制离子交换后的水质。

三、实验仪器与装置

1.动态处理的离子交换树脂实验设备（图 3-13）。

2.检测设备。

（1）盐度计和电导率仪。

（2）测定重金属离子的原子吸收仪。

3.玻璃器皿。

本实验装置由四根柱子组成，从左到右第一根为砂滤柱，第二根为阳离子交换柱，第三根为阴离子交换柱，第四根为阴、阳离子交换柱。采用上进下出的进水方式进行处理实验。

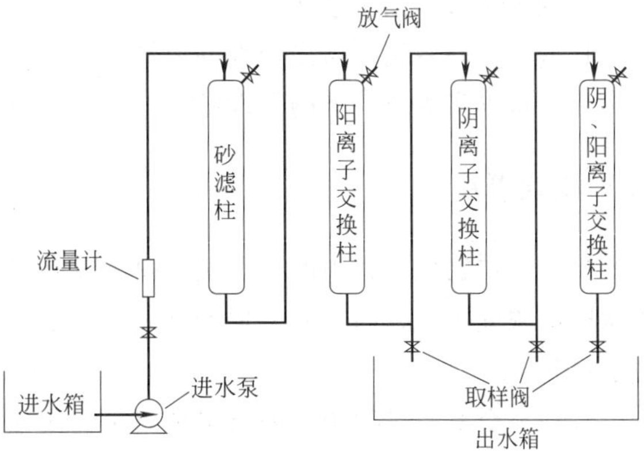

图 3-13　离子交换树脂实验设备

四、实验步骤

1.将配制的实验用水放入水箱。采用纯净水加盐或重金属离子的方法配制水样进行实验，也可以直接采用电镀废水进行处理实验，但要注意废水浓度。

2.准备相应的仪器。如果采用自来水或是纯水加盐的方法来进行脱盐处理实验，则要准备好盐度计。如果采用配制的含重金属离子的水样进行实验，则要准备好检测重金属离子的分析方法和仪器。

3.设计实验方案，选择进水流量（一般为 $20\sim100\mathrm{mL/min}$）和交换时间等实验条件。

4.开启水泵，慢慢打开流量计调节阀，让流量计转子处于 1/3 位高度。慢慢打开最后一根离子交换柱的下端出水阀，开至出水流量与进水流量基本平衡（流量计转子基本上处于1/3 位高度）。然后再调节流量计至选定的实验流量，并开始计时。

5.实验用水动态流经三根离子交换柱一定时间后（实验时间），慢慢打开阳柱和阴柱的下端出水阀，分别取阳柱、阴柱和混合柱的出水，测定相应的检测项目（如盐度、电导率和重金属离子浓度）。阳柱和阴柱取完水样后要立即关闭出水阀。

6.实验结束后，关闭最后一根混合柱的出水阀，关闭进水流量计的调节阀，关闭电源。用自来水清洗进水箱和出水箱。

五、实验结果整理

实验数据记入表 3-13。

表 3-13　实验数据记录表

水样	盐浓度/(mg/L)	电导率/(μS/cm)	重金属离子浓度/(mg/L)	备注
原水样				
阳柱出水				
阴柱出水				
混合柱出水				
最终去除率/%				

根据表 3-13 记录的数据：

1. 分析实验数据，做出合理的解答。

2. 评价本实验条件下的处理结果。

六、注意事项

1. 由于本实验装置中的离子交换树脂量有限，为了延长树脂的使用寿命，故在配制实验用水时的浓度不宜过高，一般控制在 $(50 \sim 100) \times 10^{-6}$。交换树脂的再生采用体外再生的方法进行。

2. 在整个实验过程中，如果出现离子交换柱的上端积累空气太多的现象，则可打开上端的排积气阀，排除多余的空气后关闭排积气阀门。

实验九　酸性废水过滤中和实验

一、实验目的

过滤中和法适用于处理含酸浓度较低（3%～4%以下）的酸性废水，废水在滤池中进行中和作用的时间、滤率与废水中酸的种类、浓度有关。通过实验可以确定滤率、滤料消耗量等参数，为工艺设计和运行管理提供依据。

本实验的实验目的包括：

1. 了解滤率与酸性废水浓度、出水 pH 值之间的关系。

2. 掌握酸性废水过滤中处理的原理和工艺。

二、实验原理

酸性废水可以分为以下三类：

（1）含有强酸（如 HCl、HNO_3），其钙盐易溶于水。

（2）含有强酸（如 H_2SO_4），其钙盐难溶于水。

（3）含有弱酸（如 CO_2、CH_3COOH）。

目前采用的滤料主要有石灰石、大理石和白云石，最常用的是石灰石。

中和第一种酸性废水，各种滤料均可，反应后生成的盐类溶解而不沉淀，例如石灰石与 HCl 的反应为：

$$2HCl + CaCO_3 \longrightarrow CaCl_2 + H_2O + CO_2 \uparrow \qquad (3-53)$$

中和第二种酸性废水时，因生成的钙盐难溶于水，会附着于滤料表面，减慢中和反应速率。因此，进水 pH 值浓度如 H_2SO_4，浓度应限制。若条件允许，最好采用白云石作滤料，其反应生成易溶于水的 $MgSO_4$，反应为：

$$2H_2SO_4 + CaCO_3 \cdot MgCO_3 \longrightarrow CaSO_4 + MgSO_4 + 2H_2O + 2CO_2 \uparrow \qquad (3-54)$$

中和第三种弱酸与碳酸盐时，中和反应速率很慢，采用过滤中和法时，滤率应小些。当酸性废水浓度较大或滤率较大时，过滤中和后出水含有大量 CO_2 使出水 pH 值偏低（pH 在 5 左右）。此时，可用吹脱法去除 CO_2 以提高 pH 值。

三、实验装置与设备

1. 实验装置

本实验装置由吸水池、水泵、恒压高位水箱和石灰石过滤中和柱等组成，如图 3-14 所示。

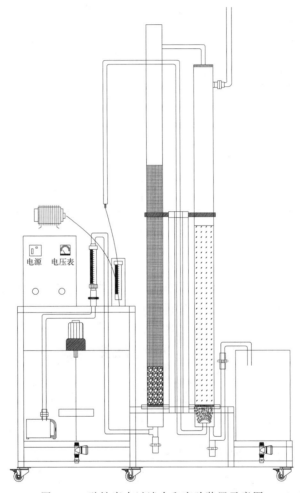

电源　电压表

图 3-14　酸性废水过滤中和实验装置示意图

2. 实验仪器

pH 计，1 台；量筒，1000mL，1 个；秒表，1 块。

四、实验步骤

1. 用盐酸配制成的酸性废水加入原水箱中，并取 200mL 水样测定 pH 值。

2. 启动进水泵，调节进水流量计控制进水流量，在进水一段时间后，在出水口取 200mL 水样，测试出水的 pH 值。

3. 保持进水流量不变，开启曝气风机，调节进气流量，在曝气条件下停留相同时间后，在出水口取 200mL 水样测试出水的 pH 值。

4. 改变进水流量，改变进水停留时间，重复上述步骤 2 和 3，测试出水 pH 值。

五、实验结果

实验结果记录在表 3-14 中。

表 3-14　酸性废水过滤中和实验结果记录表

实验者姓名_____　　　实验时间_____

原水 pH 值	流量	是否曝气	出水 pH 值

六、问题与讨论

1.根据实验结果说明过滤中和法处理酸性废水时处理效果与哪些因素有关？

2.曝气吹脱在酸性废水中和过程中起到什么作用？

实验十　成层沉淀实验

一、实验目的

1.通过实验掌握成层沉淀和压缩沉淀的过程和规律。

2.绘制成层沉淀和压缩沉淀的实验曲线。

二、实验原理

该实验是研究浓度较高的悬浮颗粒的沉淀规律。沉淀过程中有明显的清水和浑水分界面，称为浑液面，浑液面缓慢下沉，直到泥沙最后完全压实为止。颗粒间的絮凝过程越好，交界面就越清晰，清水区的悬浮物就越少。

A 与 B 交界面Ⅰ—Ⅰ为浑液面，见图 3-15。

A—清水区
B—等浓度区 ⎫
C—变浓度区 ⎬ 悬浮物区或污泥区
D—压实区 ⎭

在沉淀过程中，清水区高度逐渐增加，压实区高度也逐渐增加，而等浓度区的高度则逐渐减小，最后不复存在。变浓度区的高度开始是基本不变的，但当等浓度区消失后，也就逐

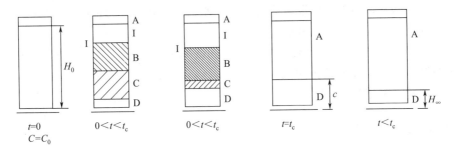

图 3-15　高浓度悬浮颗粒沉淀过程示意图

渐消失。变浓度区消失后，压实区仍然继续压实，直到这一区的悬浮物达到最大密度为止。当沉降达到变浓度区刚消失的位置时，称为临界沉降点（c 点）。

　　如以交界面为纵坐标，沉淀时间为横坐标，可得交界面沉降过程曲线（图 3-16）。曲线 ab 段为上凸的曲线，可解释为颗粒间的凝聚，由于颗粒凝聚变大，使下降速度逐渐变大。bc 段为直线，表明交界面等速下降。曲线 cd 段为下凹的曲线，表明交界面下降速度逐渐变小。此时 B 区和 C 区已消失，c 点称为临界沉降点，交界面下的浓度均大于 c_0。cd 段表示 B、C、D 三区重合后，沉淀物压实的过程。随着时间的增长，压实变慢，最后压实到高度 H_∞ 为止。

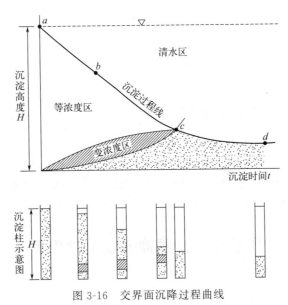

图 3-16　交界面沉降过程曲线

三、实验设备和试剂

　　秒表（或手表），1 块；量筒，1000mL，1 个；烧杯，2000mL，1 个；水桶（带搅拌机），1 个；玻璃棒，1 支；SS＞500mg/L 实验水样，10L；$FeSO_4$，5mol/L 的 NaOH 溶液。

四、实验步骤

　　1. 称取 1～2g $FeSO_4$，溶解于 1000mL 水中；用 NaOH 溶液调节溶液 pH≥10。

2.将配好的水样，用玻璃棒混合均匀，并快速倒入 1000mL 的量筒中，静沉实验开始。

3.观察静沉过程中出现的浑液面。

4.每隔一定时间记录浑液面的高度，前 20min 每分钟记录一次，后期每 5min 记录一次。整个静沉过程约 60min 即可完成。

5.停止实验，整理仪器。

五、实验结果

实验数据记入表 3-15 中。

表 3-15　成层沉淀实验记录表

浑液面出现时　　$t =$ _____

时间 t									
浑液面高度 H									

六、数据处理

1.通过静沉实验记录，绘制 t-H 曲线。

2.从曲线求出 t_c、H_c。

七、注意事项

1.使水样中悬浮物分布均匀。

2.注入沉淀柱的速度不能太快也不能太慢。

八、问题与讨论

1.观察实验现象，注意成层沉淀不同于自由沉淀、絮凝沉淀的地方何在？原因是什么？

2.成层沉淀实验的重要性，如何应用到二沉池的设计中？

实验十一　过滤及反冲洗实验

一、实验目的

1.熟悉过滤装置的组成及构造。

2.掌握反冲洗时冲洗强度与滤层膨胀度之间的关系。

3.了解清洁砂层过滤时水头损失变化规律，以及滤层水头损失的增长对过滤周期的影响。

二、实验原理

1.过滤原理

水的过滤是根据地下水通过地层过滤形成清洁井水的原理而创造的处理浑浊水的方法。

在处理过程中，过滤一般是指以石英砂等颗粒状滤料层截留水中悬浮杂质，从而使水达到澄清的工艺过程。过滤是水中悬浮颗粒与滤料颗粒间黏附作用的结果。黏附作用主要取决于滤料和水中颗粒的表面物理化学性质，当水中颗粒迁移到滤料表面上时，在范德华引力和静电引力以及某些化学键和特殊的化学吸附力作用下，它们被黏附到滤料颗粒的表面上。此外，某些絮凝颗粒的架桥作用也同时存在。经研究表明，过滤主要还是悬浮颗粒与滤料颗粒经过迁移和黏附两个过程来完成去除水中杂质的过程。

2. 影响过滤的因素

在过滤过程中，随着过滤时间的增加，滤层中悬浮颗粒的量也会随着不断增加，这就必然会导致过滤过程水力条件的改变。当滤料粒径、形状、滤层级配和厚度及水位已定时，如果孔隙率减小，则在水头损失不变的情况下，将引起滤速减小。反之，在滤速保持不变时，将引起水头损失的增加。就整个滤料层而言，鉴于上层滤料截污量多，越往下层截污量越小，因而水头损失增值也由上而下逐渐减小。此外，影响过滤的因素还有很多，诸如水质、水温、滤速、滤料尺寸、滤料形状、滤料级配，以及悬浮物的表面性质、尺寸和强度等。

3. 滤料层的反冲洗

过滤时，随着滤层中杂质截留量的增加，当水头损失增至一定程度时，导致滤池产生水量锐减，或由于滤后水质不符合要求，滤池必须停止过滤，并进行反冲洗。反冲洗的目的是清除滤层中的污物，使滤池恢复过滤能力。反冲洗时，滤料层膨胀起来，截留于滤层中的污物，在滤层孔隙中的水流剪力作用下，以及在滤料颗粒碰撞摩擦的作用下，从滤料表面脱落下来，然后被冲洗水流带出滤池。反冲洗效果主要取决于滤层孔隙水流剪力。该剪力既与冲洗流速有关，又与滤层膨胀率有关。冲洗流速小，水流剪力小；冲洗流速大，使滤层膨胀度大，滤层孔隙中水流剪力又会降低，因此，冲洗流速应控制适当。高速水流反冲洗是最常用的一种形式，反冲洗效果通常由滤床膨胀率 e 来控制，即：

$$e = \frac{L - L_0}{L} \times 100\%$$ （3-55）

式中　L——砂层膨胀后的厚度，cm；

L_0——砂层膨胀前的厚度，cm。

通过长期实验研究表明，e 为 25% 时反冲洗效果为最佳。

三、实验装置及器材

有机玻璃过滤柱（附测压板），1个；高位水箱及配置好的原水；量筒，1000mL，1个；秒表，1块；钢卷尺，1个。

过滤及反冲洗实验设备如图 3-17 所示。

四、实验步骤

1. 滤层冲洗强度与膨胀度的关系

（1）用钢卷尺测量实验用过滤柱的外径及柱内装填的砂层静止厚度 L_0。

（2）计算出砂层膨胀度依次为 5%、10%、20% 时对应的高度，并在滤柱相应位置处做

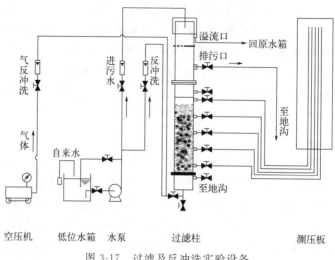

图 3-17　过滤及反冲洗实验设备

出标记。

（3）用自来水对滤层进行反冲洗。慢慢开启反冲洗进水阀门，将砂层膨胀度调节至 5%～10%，保持冲洗 30min。

（4）待膨胀后砂面稳定后，测出膨胀后的砂层厚度 L。

（5）使用秒表和 1000mL 量筒从滤柱上部溢流管中接取出水量，算出反冲洗流量记入实验数据记录表 3-16。

2. 测定过滤时砂层水头损失增长情况

（1）打开水箱阀门，将高位水箱中预先配置好的原水由上往下流经实验滤柱过滤，用秒表、量筒从滤柱下部出水管中测出流量，从而求得滤速。

（2）从各测压管上读出不同时间内各段砂层水头损失，即砂面上不同高度的各测压点水头，记入表 3-17。

五、实验结果

过滤柱外直径＝_____ m　　　　滤柱壁厚＝_____ mm

冲洗前砂层厚度 L_0＝_____ m　　过滤面积 F＝_____ m²

1. 滤层冲洗强度与膨胀度的关系

表 3-16　冲洗强度和膨胀度试验记录

序号	膨胀后砂层厚度 L/m	膨胀度 $e=(L-L_0)/L_0$ /%	冲洗水量 Q/(L/s)	冲洗强度 $q=Q/F$ /[L(s/m²)]
1				
2				
3				
4				

按表 3-16 数值在坐标纸上以冲洗强度为横坐标，膨胀度为纵坐标，绘出冲洗强度和膨

胀度的关系曲线。

2. 测定过滤时砂层水头损失增长情况

表 3-17 过滤时水头损失增长记录

过滤历时 /s	各测压点水头 /m					砂层水头损失 (1~4 水头差)/m	砾石层水头损失 (4~5 水头差)/m
	1	2	3	4	5		
1	4	5	6	7	8	9	10
0							
10							
20							
30							
40							
50							
60							

以过滤时间为横坐标，砂层水头损失（表 3-17 中第 9 项即为整个砂层水头损失）为纵坐标，绘出砂层水头损失随过滤历时的变化曲线。

六、注意事项

1. 滤柱用自来水冲洗时，要注意检查冲洗流量，因给水管网压力的变化及其他滤柱进行冲洗都会影响冲洗流量，应及时调节冲洗自来水阀门开启度，尽量保持冲洗流量不变。

2. 反冲洗过滤时，不要使进水阀门开启度过大，应缓慢打开，以防滤料冲出柱外。

3. 反冲洗时，为了量出砂层厚度，一定要在砂面稳定后再测量，并在每一个反冲洗流量下连续测量 3 次。

4. 过滤实验前，滤层中应保持一定水位，不要把水放空，以免过滤实验时测压管中积有空气。

七、问题与讨论

1. 滤层内有空气泡时对过滤、冲洗有何影响？

2. 冲洗强度为何不宜过大？

实验十二 板框压滤实验

一、实验目的

1. 了解板框过滤机的结构。

2. 认识板框过滤实验装置，掌握其操作方法。

3. 掌握恒压过滤操作时的过滤常数 K、q_e、θ_e 的测定方法。

二、实验原理

过滤是分离固体与液体或气体非均相混合物的方法之一，其过程是利用重力、压力或离心力的作用，使悬浮液通过滤纸或滤布等过滤介质，将固体颗粒截流堆积在过滤介质表面形成滤饼，液体通过介质成为滤液，从而达到分离目的。

一般而言，过滤操作可分为三种方式：①恒压过滤。过滤过程中，自始至终维持一定的压力，滤液的流速随时间而降低。②恒速过滤。过滤过程中维持过滤速率恒定，由于随着过滤的进行，滤饼不断增厚，过滤阻力不断增大，要维持过滤速率不变，必须不断增大过滤的推动力——压力差。③可变压可变速过滤。

在恒压过滤过程中，由于固体颗粒不断地被截留在介质表面上，滤饼厚度增加，液体流过固体颗粒之间的孔道加长，使流体阻力增加，故恒压过滤时，过滤速率逐渐下降。随着过滤的进行，若要得到相同的滤液量，过滤时间则要增加。

无论是生产还是设计，过滤计算都要有过滤常数作依据。由于滤渣厚度随着时间而增加，所以恒压过滤速率随着时间而降低。不同物料形成的悬浮液，其过滤常数差别很大，即使是同一种物料，由于浓度不同，滤浆温度不同，其过滤常数也不尽相同，故要有可靠的实验数据作参考。

根据恒压过滤方程：

$$(q+q_e)^2 = K(\theta + \theta_e) \tag{3-56}$$

式中　q——单位过滤面积获得的滤液体积，m^3/m^2；

　　　q_e——单位过滤面积的虚拟滤液体积，m^3/m^2；

　　　θ——实际过滤时间，s；

　　　θ_e——虚拟过滤时间，s；

　　　K——过滤常数，m^2/s。

式（3-56）微分得：

$$\frac{d\theta}{dq} = \frac{2}{K}q + \frac{2}{K}q_e \tag{3-57}$$

当各数据点的时间间隔不大时，$\dfrac{d\theta}{dq}$ 可以用增量之比 $\dfrac{\Delta\theta}{\Delta q}$ 来代替，即：

$$\frac{\Delta\theta}{\Delta q} = \frac{2}{K}q + \frac{2}{K}q_e \tag{3-58}$$

式（3-58）为一直线方程，实验时，在恒压下过滤要测定的悬浮液，测出过滤时间 $\Delta\theta$ 及滤液累计量 Δq 的数据，在直角坐标纸上标绘 $\dfrac{\Delta\theta}{\Delta q}$ 对 q 的关系，所得直线斜率为 $\dfrac{2}{K}$，截距为 $\dfrac{2}{K}q_e$，从而求出 K、q_e。

θ_e 由下式得：

$$q_e^2 = K\theta_e \tag{3-59}$$

三、实验装置与器材

实验设备如图 3-18 所示。

$CaCO_3/$硅藻土；水；板框压滤机；恒压过滤器；搅拌器。

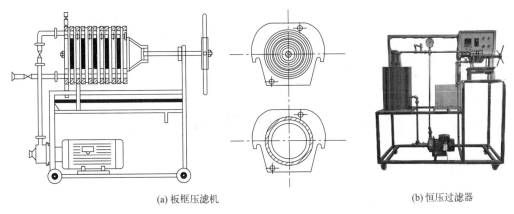

(a) 板框压滤机　　　　　　　　　　　　(b) 恒压过滤器

图 3-18　板框压滤实验设备

四、实验步骤

1.打开总电源空气开关，打开仪表电源开关。

2.正确装好滤布。滤布使用前用水浸湿，滤布要绷紧，不能起皱。

3.配制含 $CaCO_3$ 8%～13%（质量分数）的水悬浮液，开启搅拌，转速 100r/min。

4.关闭进水阀、排气阀，开启空压机，利用真空表调节到所需压力。

5.打开进水阀，使料浆自动由配料桶经滤布流入储水槽。

6.根据储水槽刻度，从 100mL 开始计时，记录每 100mL 过滤液所需时间 $\Delta\theta$，总过滤体积为 1000mL。

7.过滤完毕，关闭进水阀，然后关闭空压机，再打开进水阀，等待真空度到 0。

8.打开排气阀，打开储水槽下端排水阀，将排出水倒入配料桶循环使用。

9.改变不同压力，重复以上步骤，记录每 100mL 过滤时间 $\Delta\theta$。

10.关闭空气压缩机电源，关闭仪表电源，关闭总电源。

五、实验数据整理

1.实验数据记录

实验数据记入表 3-18。

表 3-18　板框压滤实验结果记录表

项目	序号				
	1	2	3	4	5
过滤时间 $\Delta\theta$					
滤液累计量 Δq					

2.数据处理要求

（1）绘出图 $\dfrac{\Delta\theta}{\Delta q}$-$q$。

（2）求出 K、q_e、θ_e 值。

六、实验注意事项

1.过滤板和框之间的密封垫要注意放正，过滤板和框的滤液进出口对齐。用摇柄把过滤设备压紧，以免漏液。

2.计量桶的流液灌口应贴桶壁，否则液面波动影响读数。

实验十三　电凝聚气浮实验

一、实验目的

1.了解电凝聚的现象及过程，以及净水作用。

2.确定影响电凝聚的主要因素。

二、实验原理

电凝聚法即电解凝聚法。它是利用电解过程中铁极板或铝极板的腐蚀溶出而生成的无机絮凝剂（氯化铝＋聚合氯化铝、氯化铁＋聚合氯化铁、聚合铝铁等）的凝聚絮凝作用清除水中胶体物质的方法。胶体物质被絮凝剂吸附后，又随电解中阴阳极上所产生的氧气和氢气微泡升浮至水面，然后将之刮出得以分离。它是一种日益广泛应用的废水处理方法。

三、实验装置与器材

河水或人工配制废水或某种工业废水（如印染废水）；KL-1 型电凝聚气浮装置；浊度仪；光栅分光光度计；pH 试纸。

四、实验步骤

1.定量准备欲处理污水，量达塑料贮槽的 2/3 处，并在贮槽内安好微型潜水泵，在贮槽架上架好凝聚池，并将泵出水口与凝聚池进水口连接，使凝聚池底部出水口能无泄漏地自流入贮槽形成循环系统，并且在凝聚池出渣口下放置一个贮渣容器。

2.将电解电源输出线和微型潜水泵电源线以及刮泡电机电源线按控制器后板标志分别接妥。

3.将电解电源输出线的鲤鱼夹与铝（或铁）极板相连，连接方式一般以双极性接法为佳，即第一、二极板并联接正极，而第三、四极板并联接负极。这种接法可大大降低极板碰极短路的概率。

4.将控制器后板接地端可靠接地，接地电阻应不大于 10Ω。

5.进一步检查，确认正负极板无碰片现象。

6.检查并调整控制器板面：

（1）电源总开关应打至"OFF"位置。

（2）电压调节旋钮应逆时针旋至最小。

（3）将电凝聚定时时间输入定时调节器。

（4）电凝聚工作方式选择开关应打在中间"OFF"处。

（5）将倒极周期调节旋钮旋至所选择倒极间隔值上。

（6）刮泡电机开关应放在"OFF"上。

（7）循环泵开关应放在"OFF"上。

7.准备工作完毕，插上电源插座。

8.将总电源、循环泵、刮泡电机的开关打至"ON"，此时它们投入工作。

9.如操作不灵，则需检查板后插座是否接触不良，插紧后再试。

10.如以上操作灵活无误，调整凝聚池循环水流软管上的节流阀，以调节凝聚池中水至适度液面（既不漫入出渣槽，又能刮出浮渣）。

11.将电凝聚方式选择开关向上打向定时，此时倒极调节器开始周期性动作，指示灯有闪烁指示，定时器也开始计数。

12.小心地缓缓沿顺时针方向调节直流输出电压与电流（调节过猛会使空气开关发生瞬时失误动作），保持电流在所需电流上（但一般不要超过 2.5A 为宜），如电流过小，可以在水中加入少量食盐以提高电导率。

13.在电凝聚过程中，由于溶液中物质的电化学作用变化，会使其电解电流发生波动，此时，请注意调整电压，使电流保持在小于等于 2.5A 的某值上进行恒流式电解。

14.当废水被循环电凝聚处理达预定时间后实验结束，控制器自行切断电解电源，定时器与倒极器停止工作，此后，应注意板面操作：

（1）关闭总电源开关至"OFF"位置。

（2）将电凝聚方式选择开关打至中间"OFF"处。

（3）将直流输出电压调节旋钮逆时针方向旋至最小。

15.稍澄清后，取出水样做水质分析，并与原水样对比评判处理效果，既可测定 BOD、COD，又可用来比色或测定某类特殊例子等。

五、实验结果

实验数据记入表 3-19。

表 3-19　电凝聚气浮实验数据记录表

时间(t)/min	吸光度	pH 值	浊度/NTU
0			
30			
60			
90			
120			

六、注意事项

1.实验过程中，适时灵活调整凝聚池循环水流软管上的节流阀，勿使欲处理污水泄漏出体系，保持实验台的清洁。

2.实验过程中，铝极板之间始终不能出现碰片现象，避免出现短路；手不能碰触铝极板，避免出现安全隐患。

七、问题与讨论

1.影响电凝聚的主要因素有哪些？作用机理是什么？

2.实验过程中，进水水质的波动变化对处理效果有怎样的影响？

实验十四　电泳实验

一、实验目的

1.了解并验证胶体离子带有电荷的特性。

2.通过实验观察，理解胶体溶液中有的胶体颗粒带正电荷，而有的胶体颗粒带负电荷。

二、实验原理

1.胶体分散体系

分散体系的分类（按分散相的颗粒大小来分）如下：

（1）$r > 10^{-7}$ m：粗分散体系，如悬浊液、乳浊液。

（2）10^{-9} m $< r \leqslant 10^{-7}$ m：胶体分散体系（溶胶）。

（3）$r \leqslant 10^{-9}$ m：分子或离子分散体系（真溶液）。

2.胶体的电学性质

在胶体溶液中，分散在介质中的微粒由于自身的电离或表面吸附其他粒子而形成带一定电荷的胶粒，同时在胶粒附近的介质中必然分布有与胶粒表面电性相反而电荷数量相同的反离子，形成一个扩散双电层。在外电场作用下，带电荷的胶粒携带起周围一定厚度的吸附层向带相反电荷的电极运动，这就是所谓的电泳现象。

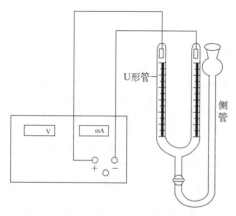

图 3-19　电泳实验装置示意图

三、实验装置与器材

U形玻璃管，1支；等压数显稳流电源，1台；烧杯，250mL，1个；玻璃棒，1支；容量瓶，1000mL，1个；pH 试纸；硫酸铝 [$Al_2(SO_4)_3$] 和氢氧化钠（NaOH）等药剂。

电泳实验装置如图 3-19 所示。

四、实验步骤

1.配制胶体溶液

（1）乳化油胶体溶液的配制：注自来水于 250mL 烧杯中（或带塞瓶中），加入少许煤油及洗衣粉，用玻璃棒搅拌约 20min，使之乳化。

（2）氢氧化铝［Al(OH)₃］胶体溶液的配制：注自来水于 250mL 烧杯中，加入 Al₂(SO₄)₃，再利用氢氧化钠调节 pH 到 7 左右。

2.洗净电泳管，然后在电泳管中加入 20mL 配制好的 Al(OH)₃ 胶体溶液。

3.将与整流器正、负极连接好的两根铜丝插入 U 形管的两端内。

4.开动整流器电源开关，调节电压为 10V，约 15min 后，可看到在某一极附近聚集着一条线状的某种胶体粒子，即说明此胶体带有与这一级相反的电荷。

5.实验完成，关闭电源开关，U 形管内换上新的 Al(OH)₃ 胶体溶液，调节电压为 20V，记录某极附近聚集着一条线状的某种胶体粒子的时间。

6.同上，调节电压为 30V、40V、60V，观察现象，记录数据。

五、实验结果

实验数据记入表 3-20。

表 3-20　电泳实验结果记录表

电压/V	时间(t)/min
10	
20	
30	
40	
60	

六、实验注意事项

1.电泳测定管须洗净，以免其他离子干扰，否则电泳现象不易观察。

2.每次时间要精确，4min 时读取数据，避免因时间不准造成实验误差。

3.观察界面时应由同一个人观察，从而减小误差。

七、问题与讨论

1.实验中看到，随着外加电压的线性增加，记录某极附近聚集着一条线状的某种胶体粒子时间的变化趋势是什么？解释说明。

2.随着电泳的进行，发现两电极上附着有一些小气泡，它们会给测量结果带来误差吗？

实验十五　电渗析实验

一、实验目的

电渗析是膜分离法之一，广泛应用于水处理的各个行业，既可用于海水、苦咸水的淡化和工业生产用水的处理，又可用于冶金、化工、食品、医药等行业的废水回收利用。本装置是利用电渗析工艺进行水处理的实验设备，实验目的为：

1. 了解电渗析实验装置的构造及工作原理。
2. 熟悉电渗析配套设备，学习电渗析实验装置的操作方法。
3. 掌握电渗析法除盐技术，求脱盐率。

二、实验原理

在外加直流电场作用下，利用离子交换膜的选择透过性，即阳膜只容许阳离子透过，阴膜只容许阴离子透过，使水中阴、阳离子作定向迁移，从而使离子从水中分离。

如图 3-20 所示，在电渗析器内，阴极和阳极之间，将阳膜与阴膜交替排列，并用特制的隔板将这两种膜隔开，隔板内有水流的通道。进入淡水室的含盐水，在两端电极接通直流电源后，即开始电渗析的过程，水中阳离子不断透过阳膜向阴极方向迁移，阴离子不断透过阴膜向阳极方向迁移，结果是含盐水逐渐变成淡化水。而进入浓水室含盐水由于阳离子在向阴极方向迁移中不能透过阴膜，阴离子在向阳极方向迁移中不能透过阳膜，含盐水却因不断增加由邻近淡水室迁移透过的离子而变成浓盐水。这样在电渗析器中，组成了淡水和浓水两个系统。与此同时，在电极和溶液的界面上，通过氧化、还原反应，发生电子与离子之间的转换，即电极反应。

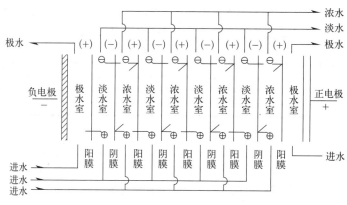

图 3-20　电渗析实验装置示意图

以食盐水为例，阴极还原反应为：

$$H_2O \longrightarrow H^+ + OH^- \tag{3-60}$$

$$2H^+ + 2e^- \longrightarrow H_2 \uparrow \tag{3-61}$$

阳极氧化反应为：

$$H_2O \longrightarrow H^+ + OH^- \tag{3-62}$$

$$4OH^- \longrightarrow O_2 \uparrow + 2H_2O + 4e^- \quad 或 \quad 2Cl^- \longrightarrow Cl_2 \uparrow + 2e^- \tag{3-63}$$

所以，在阴极不断排出氢气，在阳极不断有氧气或氯气放出。在阴极室溶液呈碱性，当水中有 Ca^{2+}、Mg^{2+}、HCO^- 等离子时，会生成 $CaCO_3$ 和 $Mg(OH)_2$ 水垢，依附在阴极上。而阳极室溶液则呈酸性，对电极造成强烈的腐蚀。

在电渗析过程中，电能的消耗主要用来克服电流通过溶液、膜时所受到的阻力以及进行电极反应。运行时，处理水不断地流入交替相间的隔室，这些隔室是被阴阳离子交换膜交替隔开的，在外加直流电场的作用下，原水中的阴阳离子在水中发生定向迁移，最终形成淡水室和浓水室，淡水室出水即为淡化水，浓水室出水即为浓盐水。

三、实验装置与器材

电渗析处理装置见图 3-20，主要由 PVC 水箱、有机玻璃过滤柱、进水泵、电渗析器、电气控制箱和不锈钢架等组成。其中电气控制箱内有硅整流电源、直流电流表、换向指示灯（正向、反向）、电源按钮、10A 插座带开关和漏电保护开关。

四、实验步骤

1. 在实验前，必须掌握处理装置的所有设备、连接管路的作用及相互之间的关系，了解其工作原理。在此基础上方可开始进行装置的启动和运行。

2. 向水箱中加入其体积约一半的水样（含盐量 35mmol/L，可用自来水和 NaCl 配制）进行实验。并测定原水样的电导率。

3. 启动进水泵，调节流量阀在 1/2 处，运行 3～5min 后接通直流电源，电流表显示出工作电流。

4. 每隔 5min，测定两个出口水样的电导率（测定两次，求其平均值），连续运行 30min。同时记录整个过程中的电流大小。并判断淡水口和浓水口。

5. 改变流量（调节流量阀到最大处），重复操作 4。

6. 实验完毕，先停电渗析器的直流电源，后停泵停水。

五、实验结果

1. 记录实验设备和操作的基本参数

实验日期：　　　　年　　　月　　　日

整流器参数：　　　电流范围：　　　　电压范围：

水样来源：

水箱及电渗析膜尺寸：

电导率仪型号：

2. 实验数据记录参考表

实验数据记入表 3-21。

表 3-21　实验数据记录参考表

项目	阀门 1/2 流量						电流/mA
	1	2	3	4	5	6	
实验原水样的电导率/(μS/cm)							
淡水出口电导率/(μS/cm)							
浓水出口电导率/(μS/cm)							
除盐效率/%							

续表

项目	阀门最大流量						电流/mA
	1	2	3	4	5	6	
实验原水样的电导率/(μS/cm)							
淡水出口电导率/(μS/cm)							
浓水出口电导率/(μS/cm)							
除盐效率/%							

六、注意事项

1.实验时间每隔15min，将正负电极对调，以防交换膜两侧生成水垢和水发生电离。

2.实验刚开始出水有气泡产生，待稳定后再测量数据。

3.运行时务必先通水后通电，操作结束时应先停电后停水。

七、问题与讨论

讨论说明实验过程中正负电极对调的作用。

第二节　综合性设计性实验

实验一　微电解处理制药工业废水的实验与研究

一、实验目的

1.学习和掌握文献资料的检索和应用。

2.巩固实验操作技能，学习运用微电解、混凝沉淀等处理技术，熟练并灵活使用检测COD、色度、悬浮物等指标的方法。

3.经过对实验结果的分析评价和理论探讨，巩固所学的化学、物理等学科的基础知识和有关的专业知识，培养和提高科学研究能力。

4.通过整个实验过程，培养和锻炼学生发现问题、分析问题和解决问题的综合能力，使学生的主观能动性和创新思维能力得到启发和提高。

二、实验原理

很多种类的工业废水中都含有难生物降解有机物，难生物降解有机物也称持久性有机物。近几十年来，人工合成的化学品大量生产和使用，导致大量危害性很大的难以生物降解的化学品以废水形式排入环境。难降解有机污染物主要来自制药、酒精、农药、染料、塑料、合成橡胶、化纤等工业废水及农田废水排放，如有机氯化合物、多氯联苯、部分染料、高分子聚合物以及多环有机化合物等。这些难降解污染物进入水体后，能长时间残留在水体中，且大多具有较强的毒性和致癌、致畸、致突变作用，并通过食物链不断积累、富集，最终进入动物或人体内产生毒性或其他危害。

难降解工业废水成分较为复杂，污染物成分、浓度的变化与波动频繁，可生化性较差，处理难度较高，其 COD 和色度往往成为该类工业废水处理达标的主要障碍，是对水环境构成严重污染威胁的工业废水污染源之一。因此，采用技术上可行、经济上合理的难降解工业废水处理工艺，使各种类型的难降解有机物得到有效处理，达到国家和地方的排放标准，达到社会效益、经济效益和环境效益的统一，对实现可持续发展有着重要的意义。

在难降解工业废水的处理技术中，微电解技术正日益受到重视，并已在工程实际中得到了成功的应用。其处理机理为：在偏酸性的条件下（pH＝3~5），废水经微电解反应后产生了大量的新生态 $[H]$ 和 Fe^{2+}，能与废水中的许多组分发生氧化还原反应，破坏某些有机物质的分子结构，使某些难生化降解的物质转变为易生化处理的物质，提高废水的可生化性，同时，使废水中某些不饱和发色基团的双键断裂，使发色基团破坏而去除色度。如制药废水中的硝基（NO_3^-），不但难以被生物降解，而且对微生物有抑制作用，但在微电解池内硝基可转化为氨基（NH_2^-），这样为进一步的生物处理创造了条件。另外，由于 Fe^{2+} 的不断生成，能有效地克服阳极的极化作用，从而促进铁的电化学腐蚀，使 Fe^{2+} 大量溶入溶液。废水经微电解池处理后进入中和反应池，加入石灰乳液，调节 pH 值至 8~9，同时在曝气作用下，使溶液中 Fe^{2+} 形成 $Fe(OH)_2$ 和 $Fe(OH)_3$ 胶体，并进一步水解成铁的单核配合物沉淀。这种配合物具有较高的吸附絮凝活性，能有效地吸附制药废水中的有机物质，另外，在微原电池周围电场作用下，废水中以胶体状态存在的污染物质可在极短时间内完成电泳沉积过程。

因此，铁屑微电解预处理难降解工业废水可起到吸附絮凝、氧化还原及配合等多种作用，能有效地去除废水中的色度、SS 和 COD。

三、实验内容

本实验采用抗生素制药企业的实际生产废水（或按抗生素生产企业的实际生产工艺配方配制废水）作为实验对象，要求治理后的废水有机物指标、色度指标、悬浮物达到国家综合污水排放二级标准，治理工艺技术上可行、经济上合理、具可操作性。

四、实验步骤

1.学生通过检索和查阅有关文献资料，设计出实验方案，包括实验目的、原理、装置构思、所需仪器设备、所需试剂和操作步骤。

2.指导教师审查学生提交的实验设计方案后，根据实验室环境条件等具体情况，与学生讨论并修正实验方案，确定实验计划，提供相关装置设备。

3.学生按自己设计的方案进行全过程操作（包括溶液的配制、安装实验装置、采样等），实验完成后整理实验数据，对实验结果进行分析评价，提交正式实验报告。

4.教师对实验报告进行评价，并将评价意见反馈给学生。

实验二　O₃＋UV 高级氧化实验

一、实验目的

1. 理解高级氧化的作用机理。
2. 了解高级氧化反应器的工艺流程。
3. 考察高级氧化技术对难分解的高分子化合物的降解效果。

二、实验原理

臭氧由三个氧原子构成，常温常压下是具有鱼腥味的淡紫色气体。臭氧的氧化还原电位为 2.07V，无论在水中还是在空气中，臭氧都具有极强的氧化性，能够氧化大部分无机物和有机物。臭氧对有机物的氧化机理大致包括三类：①夺取氢原子，并使链烃羰基化，生成醛、酮或酸；芳香化合物先被氧化成酚，再被氧化为酸。②打开双键，发生加成反应。③氧原子进入芳香环发生取代反应。

臭氧发生氧化反应后的生成物是氧气，所以臭氧是高效的无二次污染的氧化剂。臭氧在废水处理中的应用十分普遍，利用其强氧化性，可以去除水中的锰、铁、芳香化合物、酚和胺类等。

当臭氧溶解于水溶液时能激发产生各种活性自由基，这些活性自由基与臭氧一样具有很强的氧化能力，因此，可以用来氧化分解那些难分解的高分子化合物。在进行高级氧化的同时，可以通过紫外光的照射来加速化学分子键的断裂，进一步提高高级氧化的效率。

三、实验仪器与装置

1. 臭氧＋紫外光催化高级氧化实验设备如图 3-21 所示。
2. 按照国家标准测定 COD 的相关器材。
3. 分光光度计。

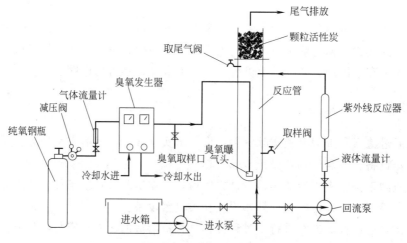

图 3-21　臭氧＋紫外光催化高级氧化实验设备

四、实验步骤

1. 仔细了解整个实验设备的工艺流程、各个单元的连接情况与操作方法。

2. 选择一种难降解的实验材料（结构稳定的大分子有机物，如苯磺酸钠、磺基水杨酸、苯系物、硝基苯、石油产品、染料等），COD 控制在 $500\sim1000\text{mg/L}$。也可以根据需要或结合研究课题来选择试验的材料。

3. 按照设备的使用说明书操作。

首先，打开臭氧发生器冷却水的水源（自来水）。打开 O_2 钢瓶的总阀，顺时针方向慢慢调节减压阀的输出压力为 $0.1\sim0.2\text{MPa}$。打开 O_3 发生器的电源开关，O_3 发生器开始工作。打开进气（O_2）流量计，调节至所需的进气（O_2）流量。从 O_3 出气取样口取气样，采用碘量法测定 O_3 的含量（以同样的方法，在实验过程中从尾气取样口取气测定 O_3 的含量，这样就可以计算出反应中消耗 O_3 的情况）。通过不同的 O_2 流量的实验，可以得到 O_3 发生器的工作条件曲线，为以后提供试验参数。

将实验水倒入进水箱。开启进水泵，让实验水进入反应器，具体的实验水体积根据需要确定（不要超过 3L，反应器上有刻度），然后关闭进水泵的出水阀，关闭进水泵。可将多余的水样从取水样阀门排掉，以保持准确的实验水体积。

开启氧气瓶，调节好氧气输出压力。开启 O_3 发生器，氧气流量根据需要确定。如要进行 UV 光催化过程，则打开循环水阀门，打开循环泵，开启 UV 反应器进行 UV 光催化反应。可以设计为单臭氧氧化与臭氧氧化＋紫外线反应与单紫外线反应之间的对比实验，来进行更加深入的研究性实验。

4. 经过不同实验时间后，分别从取水样阀门（反应器中间位置）取水样，进行相关的项目检测（COD、色度等），得到实验结果。

5. 实验结束后，关闭 O_3 发生器的电源，关闭冷却水。关闭氧气钢瓶气阀，打开 O_3 发生器的进气流量计，放空管道内的余气，待钢瓶减压阀上的高压表和低压表都降至零位时，将钢瓶减压阀的输出压力调节阀逆时针方向旋得很松（关闭减压阀）即可。将进水箱中的实验水用虹吸法排掉。将反应器中的实验水从底部的取水样阀口排掉。将自来水放入进水箱，打开进水泵，将自来水泵入反应器（水体积可以多一些），打开循环泵，清洗管路和 UV 反应器。反复清洗 $2\sim3$ 次，最后放空所有积水。

五、实验结果整理

1. 记录反应物名称、反应液体积、臭氧的产生量与浓度、回流流量等实验条件。

2. 将实验数据填入记录表中（表 3-22 和表 3-23）。

表 3-22　脱色情况记录表

项目	取样时间						
	0min	0.5min	1.0min	3.0min	5.0min	7.0min	10.0min
吸光度							
色度去除率/%							

表 3-23　COD 去除情况记录表

项目	取样时间						
	0h	0.5h	1.0h	1.5h	2.0h	2.5h	3.0h
COD/(mg/L)							
COD 去除率/%	—						

3.分别绘制色度和 COD 随时间变化的降解曲线。

4.分析实验数据，解释实验结果。

实验三　SBR 的运行与生物除磷

一、实验目的

1.运用 SBR 系统处理市政污水和工业污水中的有机物、氮、磷等营养物。

2.掌握生物除磷的原理。

3.了解生物除磷工艺及其特点。

二、实验原理

1. SBR 工艺原理

经典 SBR（sequencing batch reactor activated sludge process）的基本运行模式，其操作由进水、反应、沉淀、滗水和待机五个基本过程组成。从污水流入开始到待机时间结束算作一个周期。在一个周期内一切过程都在一个设有曝气或搅拌装置的反应器内依次进行，不需要连续活性污泥法中必须设置的沉淀池、回流污泥泵等设备。连续活性污泥法是在空间上设置不同设施进行固定连续操作，与此相反，SBR 是单一的反应器内，在时间上进行各种目的的不同操作。SBR 系统可以在较短的时间内把污水加入反应器中，并在反应器充满水后开始曝气，污水里的有机物通过生物降解达到排放要求后停止曝气，沉淀一定时间后将上清液排出。上述过程可概括为：短时间进水—曝气反应—沉淀—短时间排水—进入下一个工作周期，也可称为进水阶段—加入底物、反应阶段—底物降解、沉淀阶段—固液分离、排水阶段—排上清液和待机阶段（活性恢复）五个阶段。SBR 法处理污水的原理图见图 3-22。

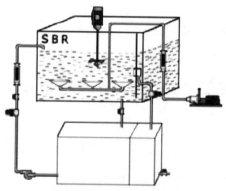

图 3-22　SBR 工艺反应原理示意图

SBR 工艺的特点：①运行管理简单，特别是微机控制系统，自动化程度高；②造价低，与其他活性污泥法相比，SBR 系统仅用一个反应池；③理想静沉，分离效果好，其沉淀过程几乎是一个不受干扰的完美理想静沉过程，泥水分离效果好；④耐冲击负荷，SBR 系统是一种间歇进水、间歇排放处理工艺，耐水量变化，又耐水质变化的冲击；⑤运行可靠，操作灵活，可以用软件调试和更改运行程序，因此泥龄很容易控制；⑥污泥活性高，沉降性能好，SBR 系统反应池的工作特点使其对活性污泥细菌产生选择性，促使其活性污泥中快速生长而又不易发生膨胀的兼性菌占优势，因此其污泥不但沉降性能好，而且生物活性高。其污泥中的 RNA（核糖核酸）含量高于普通活性污泥 3～4 倍，RNA 决定了细菌的增殖速率，说明 SBR 反应池中污泥活性高。

2. 除磷原理

污水生物除磷现象是由 Srinath 在 1959 年报道的，20 世纪 60 年代以来得到广泛的研究。生物除磷的基本原理即在厌氧-好氧或厌氧-缺氧交替运行的系统中，利用聚磷微生物具有厌氧释磷及好氧（或缺氧）超量吸磷的特性，使好氧或缺氧段中混合液磷的浓度大大降低，最终通过排放含有大量富磷污泥而达到从污水中除磷的目的。

聚磷微生物（PAOs）也称聚磷菌，是指具有以下代谢特征的微生物（图 3-23）：在厌氧条件下，细胞吸收挥发性脂肪酸（volatile fatty acids，VFAs），并将其转化为胞内聚合物 PHA，同时分解胞内的糖原（glycogen），水解原有的聚磷（poly-P），产生的无机磷（Pi）被释放至胞外环境；在好氧或缺氧条件下，细胞将 O_2 或硝态氮（亚硝态氮）作为最终电子受体，氧化胞内储存的 PHA，产生 CO_2 和 H_2O 或氮气（N_2）释放到胞外环境，同时从外部环境吸收超过自身生理代谢需求量的无机磷（PO_4^{3-}-P），在胞内重新合成聚磷和糖原，通过这样的循环过程，细胞获得新物质和能量得以生长并繁殖新细胞。

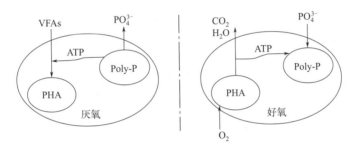

图 3-23 聚磷菌代谢途径示意图

钼锑抗分光光度法测定水样中磷酸盐，方法原理是：在酸性条件下，正磷酸盐与钼酸铵、酒石酸锑氧钾反应，生成磷钼杂多酸，被还原剂抗坏血酸还原，则变成蓝色络合物，通常称为钼酸蓝。

三、实验装置与器材

时控开关，8 个；机械搅拌器，2 台；潜水泵，4 个；曝气泵，2 个；插线板，8 插位，2 个；移液管，0.5mL、1mL、5mL，各 2 支；玻璃瓶，50mL，6 个；烧杯，50mL，6 个；具塞比色管，50mL，18 个；塑料桶，5L，6 个；市政污水；活性污泥；玻璃漏斗；定性滤纸；皮筋；洗瓶；分光光度计；玻璃比色皿。

四、实验步骤

1. 材料准备

取进水桶、反应桶和出水桶各一个，机械搅拌器 1 台，潜水泵和曝气泵各 1 台，插线板 1 个，时控开关 4 个。

2. 装置连接与运行

设置一套厌氧-好氧交替运行的 SBR 系统。按照水力停留时间为 6h 设置时控开关，按时间序列瞬时进水、厌氧段时间为 1.5h、好氧段时间为 2.5h、沉淀时间为 1.5h、排水时间为 0.5h 进行设置。连接机械搅拌器和曝气泵，按照时间序列运行反应器。

3. 取样准备

从厌氧-好氧交替运行的 SBR 系统中，在不同时间点取厌氧段（1.5h）和好氧段（2.5h）污泥混合液，选取 0min、30min、60min、90min、120min、180min、240min 的污泥混合液，经滤纸过滤待测。

4. 样品测定

分别取不同时间点、适量的污泥滤液，加入 50mL 比色管中，用水稀释至 50mL 刻线处，根据《水和废水监测分析方法》（第四版），先后加入 1mL 抗坏血酸和 2mL 钼酸铵溶液，上下颠倒摇匀，静置 15min 后，用 10mm 或者 30mm 比色皿，于 700nm 波长处，以零浓度溶液为参比，测定吸光度并记录。根据已作的磷酸盐标准曲线（$y = Mx$，x 为吸光度，y 为对应的浓度值，单位 mg/L），减去空白试验的吸光度，从标准曲线上查出对应的磷酸盐浓度。

五、实验结果

实验数据记入表 3-24。

表 3-24　实验结果记录表

取样点/min	吸光度	磷酸盐浓度/(mg/L)
0		
30		
60		
90		
120		
180		
240		

六、注意事项

1. 反应底泥需要提前 24h 放置于 SBR 反应器内。

2. 当该实验计划全部完成后，一定要彻底清洗该设备的所有管路和阀门。

3. 测样过程中，试样要混合均匀，防止飞溅，以免腐蚀皮肤或衣物。

4. 加入抗坏血酸和钼酸盐后，需要静置显色 15min。

5.测定完毕后的废液要倒入废液缸中，不可直接倒入下水道。

七、问题与讨论

1.SBR 法工艺的特点是什么？
2.简述 SBR 法与传统活性污泥法的区别。
3.生物除磷过程中磷酸盐的变化趋势如何？
4.影响生物除磷的因素有哪些？

实验四　纳米零价铁类芬顿体系的废水预处理实验

一、实验目的

1.掌握纳米零价铁类芬顿体系废水预处理方法。
2.发现纳米零价铁类芬顿体系水处理技术的处理效果。
3.总结该方法的优缺点。

本实验，以 nZVI 代替二价铁盐构成异相芬顿试剂，研究其对茶叶（多酚类）废水的降解效率，并与微电解方法对比。

二、实验原理

1.纳米零价铁

纳米材料是指粒径至少有一维在 $1\sim100nm$ 的微观粒子。纳米材料较小的粒径使其具有独特的量子尺寸效应、宏观量子隧道效应和表面效应等，并表现出独特的光学、热学和电磁学特性。随着研究不断发展，纳米材料已经广泛应用于生产、生活等诸多领域。

铁是地壳中含量第四的元素。由于其无毒、储量丰富且容易获得，因此被广泛应用于污染物的去除。铁的电极电位 $E_0(Fe^{2+}/Fe)=-0.44V$，因此具有较强的还原性，可还原多种金属离子和有机污染物。

与常规铁粉相比，纳米零价铁（nano-scale zero-valent iron，nZVI）随着尺寸的减小，比表面积显著增大、反应活性位点增多、反应速率提高，从而对污染物的降解效率显著提升。nZVI 具体特点如下。

（1）比表面积效应

nZVI 比表面积为 $10\sim50m^2/g$，而常规铁粉的比表面积仅有 $0.1\sim0.5m^2/g$，比表面积的提高将显著提升材料表面上的原子数量。

（2）活性位点

随着颗粒粒径的减小，比表面积迅速增大，由于纳米材料表面的原子数过多，导致纳米颗粒表面的原子配位数不够，且纳米颗粒结构上出现许多表面缺陷，使得表面原子具有很高的活性和能量，并容易与其他原子结合，发生反应。因此，使材料获得更大的反应活性。

（3）还原作用

零价铁单独使用时，对污染物主要为还原作用。以脱氯反应为例：自 1994 年科研人员首次提出使用零价铁还原脱氯，随后零价铁被广泛应用于还原降解包括氯代有机物在内的一系列污染物的研究中，包括用零价铁还原三氯乙烯、五氯苯酚、杀虫剂及偶氮染料等。对于氯代化合物，主要脱氯反应可以表示为：

$$Fe^0 + RX + H^+ \longrightarrow Fe^{2+} + RH + X^-$$ (3-64)

（4）作用方式灵活

nZVI 在污水处理中，既可独立注入反应器中，也可以将其负载或固定到另一种材料上，如生物质碳、沸石等，形成复合纳米零价铁，以提高其处理效率。

2. 芬顿反应

芬顿反应为典型的氧化反应 [式(3-65)]。由于芬顿反应设备简单，实验条件不需要高温高压，处理废水效果好，而被广泛应用。但传统芬顿试剂采用 Fe^{2+}/H_2O_2，其在处理废水中催化剂金属离子流失严重，极易形成铁泥，并形成高浓度的阴离子，造成出水的二次污染。

$$Fe^{2+} + H_2O_2 \longrightarrow Fe^{3+} + OH^- + \cdot OH$$ (3-65)

3. nZVI-H$_2$O$_2$ 异相芬顿体系

（1）反应机理

以固相的零价铁代替 Fe^{2+} 作为铁盐催化异相芬顿试剂氧化反应，可以有效克服传统芬顿反应的缺点，且有着更好的反应效果。而 nZVI 基于自身纳米材料的特性可进一步提高反应效率。

由于 nZVI 本身具有还原性，所以在 nZVI-芬顿试剂体系中，零价铁既是芬顿试剂氧化反应的催化剂，也是还原反应的还原剂。在 nZVI-芬顿试剂体系中，去除有机污染物的主要媒介是体系产生的羟基自由基（·OH）。而·OH 的产生有两条途径：一是由均相 Fe^{2+} 与 H_2O_2 作用产生 [式(3-68)]，二是零价铁在其表面活性位点与 H_2O_2 发生作用 [式(3-71)]。

$$Fe^0 + 2H^+ \longrightarrow Fe^{2+} + H_2 \uparrow$$ (3-66)

$$Fe^0 + H_2O_2 \longrightarrow Fe^{2+} + 2OH^-$$ (3-67)

$$Fe^{2+} + H_2O_2 \longrightarrow Fe^{3+} + OH^- + \cdot OH$$ (3-68)

$$2Fe^{3+} + Fe^0 \longrightarrow 3Fe^{2+}$$ (3-69)

$$Fe^0(表面) + 2Fe^{3+} \longrightarrow 3Fe^{2+}$$ (3-70)

$$Fe^0(表面) + 2H_2O_2 \longrightarrow Fe^{2+} + 2 \cdot OH + 2OH^-$$ (3-71)

（2）影响条件

① pH 值　在碱性条件下，H_2O_2 可以按以下机理分解：

$$H_2O_2 + OH^- \rightleftharpoons HOO^- + H_2O$$ (3-72)

$$H_2O_2 + HOO^- \longrightarrow O_2 \uparrow + OH^- + H_2O$$ (3-73)

而在酸性（pH 2～3 最优）条件下，H^+ 可以缓解羟基铁复合物或氢氧化铁沉淀的生成和覆盖，抑制 H_2O_2 分解，并与零价铁发生氧化还原反应，促进芬顿反应进行 [式(3-68)]。

② 纳米零价铁投加量　当 nZVI 投加量过高或不足时，都不利于废水降解。原因是：当 nZVI 用量过低，起到催化作用的 Fe^{2+} 减少，故而催化 H_2O_2 产生·OH 的量也相对减少，所以降解率下降。而当 nZVI 的用量过大，会促使过量的二价铁消耗产生的·OH，发生如

下反应：

$$Fe^{2+} + \cdot OH \longrightarrow Fe^{3+} + OH^- \tag{3-74}$$

从而使溶液中有限的·OH经由这种方式被消耗，导致废水降解率下降。

③ H_2O_2投加量　当H_2O_2加入量过低（<1mmol/L）时，其作为芬顿体系中产生·OH的主体，会导致·OH产生量降低，进而使污染物降解率降低；当H_2O_2加入量过高时（>1.0mmol/L），过量H_2O_2会与产生的·OH发生式(3-75)、式(3-76)反应，使·OH的量减少，导致污染物降解率下降。

$$H_2O_2 + \cdot OH \longrightarrow H_2O + \cdot HO_2 \tag{3-75}$$

$$\cdot HO_2 + \cdot OH \longrightarrow H_2O + O_2 \uparrow \tag{3-76}$$

④ nZVI、H_2O_2投加次序　改变nZVI-芬顿试剂体系中反应物投加顺序，先向体系中加入nZVI，一段时间后再加入H_2O_2，可使污染物的去除效率更高。这是由于nZVI是良好的还原剂，可以先将水体中有机污染物还原成小分子中间产物，并生成Fe^{2+}，加入H_2O_2后，反应得以更快、更彻底地进行。

三、实验材料和仪器

1. nZVI（平均粒径50nm，粒径范围30~80nm）；过氧化氢；1%稀盐酸；氢氧化钠；去离子水。

2. 磁力搅拌器；磁子；烧杯；离心管；移液管；比色皿等。

四、实验步骤

1. 纳米零价铁预处理

nZVI尺寸小、比表面积大，表层原子极易被氧化，因而具有典型的壳核结构，即内层为Fe^0，外层为零价铁腐蚀产物（即铁氧化物或氢氧化物）。

使用前，先用1%的稀盐酸活化，以去除颗粒表面的铁氧化物。实验步骤是：取100mL1%的稀盐酸于锥形瓶中，并加1.15g纳米零价铁。密封后，将锥形瓶置于恒温振荡器中振荡1h，反应完成后，用去离子水反复洗涤铁粉，以去除残留氯离子，直至悬浊液pH值稳定至7左右，定容至200mL，待用。活化过程中铁损失率约为15%，因此，活化后nZVI悬浊液浓度约为5g/L，超声分散15min后使用。由于nZVI在放置过程中易被空气氧化，所以每次实验现用现配。

2. 实验流程

将800mL茶叶废水装入反应器中，并调节pH值至3；取200mL经过预处理的5g/L nZVI悬浊液稀释投加到反应器中，10min后按0.1mL/L的量投加30%H_2O_2溶液（目标H_2O_2浓度约1mmol/L），在室温下密封装置并开启磁力搅拌器，计时，反应开始。在计划取样时间分别取出20mL水样，用5% NaOH溶液调节pH值至9左右混凝沉淀，离心后取上清液，分别进行UV254吸光度测定和COD测定。

根据废水情况，计划反应时间1.5h，取样时间分别为：0min、5min、15min、30min、60min、90min。

3. UV254 测定

（1）0.45μm 滤膜过滤水样。

（2）过滤后水样放入 1cm 比色皿（石英）。

（3）254nm 处测定吸光度。

五、实验结果

1.分别绘制微电解和纳米零价铁类芬顿体系的 t-COD 曲线、t-UV254 曲线和 t-UV254/COD 曲线。

2.比较两种方法的优缺点，分别总结两种方法的适用条件。

实验五　含铬废水的处理和评价

一、实验目的

1.了解铁屑还原法去除废水中铬的基本原理。

2.掌握分光光度计测定水中 Cr(Ⅵ) 的方法。

3.复习定容操作，锻炼数据分析能力。

二、实验原理

1.铁屑去除铬

在酸性条件下，铁屑在废水中生成亚铁离子，并将水中的 Cr(Ⅵ) 还原为 Cr^{3+}，其反应式如下：

$$Fe + 2H^+ \longrightarrow Fe^{2+} + H_2 \uparrow \tag{3-77}$$

$$Cr_2O_7^{2-} + 6Fe^{2+} + 14H^+ \longrightarrow 2Cr^{3+} + 6Fe^{3+} + 7H_2O \tag{3-78}$$

$$2CrO_4^{2-} + 6Fe^{2+} + 16H^+ \longrightarrow 2Cr^{3+} + 6Fe^{3+} + 8H_2O \tag{3-79}$$

反应的进行消耗大量氢离子，溶液中的氢氧根离子浓度增高，pH 值上升，当达到一定浓度时生成氢氧化铬和氢氧化铁。氢氧化铁是很好的絮凝剂，可为 Cr(OH)$_3$ 提供活性吸附体，加速絮凝过程，从而提高了铬离子的去除效果。

$$Fe^{3+} + 3OH^- \longrightarrow Fe(OH)_3 \tag{3-80}$$

$$Cr^{3+} + 3OH^- \longrightarrow Cr(OH)_3 \tag{3-81}$$

$$4Fe(OH)_2 + O_2 + 2H_2O \longrightarrow 4Fe(OH)_3 \tag{3-82}$$

$$Cr^{3+} + 3OH^- \longrightarrow Cr(OH)_3 \tag{3-83}$$

铁屑再生的氢氧化铬是两性化合物，易溶于稀酸生成三价铬，也易溶于碱生成亚铬酸盐。因此，用稀酸或碱液均可将铁屑进行预处理使其恢复除铬能力。

$$Cr(OH)_3 + 3H^+ \longrightarrow Cr^{3+} + 3H_2O \tag{3-84}$$

$$Cr(OH)_3 + NaOH \longrightarrow NaCrO_2 + 2H_2O \tag{3-85}$$

2.分光光度计测定

在酸性溶液中，六价铬与二苯碳酰二肼反应，生成紫红色化合物，其最大吸收波长为

540nm，吸光度和浓度的关系符合比尔定律，摩尔吸光系数为 $4 \times 10^4 L/(mol \cdot cm)$。

$$O=C{<}^{NH-NH-C_6H_5}_{NH-NH-C_6H_5} + Cr(Ⅵ) \longrightarrow O=C{<}^{NH-NH-C_6H_5}_{N=N-C_6H_5} + Cr^{3+} \qquad (3-86)$$

二苯碳酰二肼(DPC)　　　　　　　　　　　苯肼羰基偶氮苯

三、实验仪器与装置

1. 仪器

分光光度计；烧杯；移液管；容量瓶；比色管；玻璃棒；pH 试纸；铁屑。

2. 试剂

（1）配制铬储备液，100mg/L：称取于 120℃ 干燥 2h 的重铬酸钾（优级纯）0.2829g，用蒸馏水溶解后，转移至 1000mL 的容量瓶中，用蒸馏水稀释至标线，摇匀备用。每毫升溶液含 0.10mg Cr(Ⅵ)。

（2）配制铬标准使用液，1mg/L：吸取 5.0mL 铬标准储备液于 500mL 容量瓶中，用蒸馏水稀释至标线，摇匀。每毫升标准使用液含 $1.00\mu g$ Cr(Ⅵ)，要求使用当天配制。

（3）显色剂溶液：称取 0.1g 二苯碳酰二肼（$C_{13}H_{14}N_4O$），溶于 25mL 丙酮中，加水稀释至 50mL，摇匀，贮于棕色瓶内，置于冰箱中保存。颜色变深后不能再用。

（4）氢氧化钠溶液，4g/L：称取 1g 氢氧化钠溶于水，并稀释至 250mL。

（5）1+1 硫酸：取 50mL 浓硫酸缓慢倒入盛有 50mL 蒸馏水的烧杯中。

（6）1+1 磷酸：取 50mL 浓磷酸缓慢倒入盛有 50mL 蒸馏水的烧杯中。

四、实验步骤

1. 铁屑除铬

（1）取 7 个烧杯，分别加入铬标准液 40mL，加硫酸调至 pH 值为 4~5，然后分别同时加入 2g 铁屑，搅拌使其反应均匀。

（2）分别在 5min、15min、20min、30min、40min、50min 和 70min 从 7 个烧杯中各取同体积水样，定容至 25mL，测定样品中六价铬的含量，探索相同条件下时间对铁屑还原除铬的影响。

（3）往上述溶液中逐滴加入 4g/L 的 NaOH 溶液，冷却静置，观察 Fe^{3+}、Fe^{2+}、Cr^{3+} 所形成的氢氧化物沉降。

2. 分光光度计测定和标准曲线

（1）绘制吸光度 A 对 Cr(Ⅵ) 含量的标准曲线：分别取铬标准液 0mL、0.5mL、1.0mL、2.0mL、3.0mL、4.0mL 和 5.0mL 依次加入 7 支 25mL 比色管中，用水稀释至标线，各加入 1+1 硫酸溶液 0.5mL、1+1 磷酸溶液 0.5mL，摇匀后加入 2mL 显色剂，摇匀。静置 5~10min 后，用比色皿于 540nm 波长处，以试剂空白（加 1+1 硫酸溶液 0.5mL、1+1 磷酸溶液 0.5mL 和 2mL 显色剂的蒸馏水）为参比，测定吸光度，绘制标准曲线。

（2）检查仪器各调节钮的起始位置是否正确，接通电源开关，打开样品室暗箱盖，使电表指针处于 "0" 位，预热 20min 后，再选择需用的单色光波长和相应的放大灵敏度档位，用调"0"电位器调整电表为 $T=0\%$。

（3）盖上样品室盖使光电管受光，推动试样架拉手，使参比溶液池（溶液装入 4/5 高度，置第一格）置于光路上，调节 100％透射比调节器，使电表指针指 $T=100\%$。

（4）重复进行打开样品室盖，调"0"，盖上样品室盖，调透射比为 100％的操作至仪器稳定。

（5）盖上样品室盖，推动试样架拉手，使样品溶液池置于光路上，读出吸光度，读数后应立即打开样品室盖。其他样品的测定步骤相同。

（6）测量完毕，取出比色皿，洗净后倒置于滤纸上晾干。各旋钮置于原来位置，电源开关置于"关"，拔下电源插头。

五、实验结果

1. 废水中铬的去除率

$$R=\left(\frac{C_0-C_t}{C_0}\right)\times100\%=\left(1-\frac{C_t}{C_0}\right)\times100\% \tag{3-87}$$

式中　　C_0——初始时刻六价铬的浓度；

$\quad\quad C_t$——t 时刻六价铬的测定浓度；

$\quad\quad t$——含铬水样的反应时间。

2. 分光光度计测定

（1）根据系列标准溶液测得的吸光度绘制吸光度-六价铬含量标准曲线。

（2）从标准曲线上查得六价铬浓度。

实验数据记入表 3-25。

表 3-25　实验结果记录表

项目	编号							
	0	1	2	3	4	5	6	7
铬浓度								
吸光度 A								

六、注意事项

1.硫酸、磷酸、氢氧化钠和重铬酸钾均有腐蚀性，注意勿接触皮肤。

2.配制酸溶液时，应将酸缓慢加至蒸馏水中，并进行搅拌以防止酸液溅出。

3.实验完毕后将废液倒入废液桶内，勿倒入水槽中。

4.铁屑除铬的氧化还原反应必须在酸性介质中进行，沉淀反应的 pH 值对除铬效果影响较大，pH 值过低或过高均不利。

5.分光光度计测定中所有实验器皿（包括采样瓶）不能用铬酸洗液清洗。

七、问题与讨论

1.如何绘制标准曲线？

2.简述样品的测定。

3.如果铁屑还原水样所测得的吸光度不在标准曲线的范围内，怎么办？

4.综合分析反应时间与铬去除率的关系。

实验六　纳米 TiO_2 的制备及光催化性能研究

一、实验目的

1.初步了解纳米材料的概念和特征。

2.掌握纳米 TiO_2 的制备方法。

3.熟悉纳米材料的表征技术（电镜 X 射线粉末衍射仪等）。

4.了解纳米 TiO_2 的光催化原理及其催化活性的评价方法。

5.熟悉实验设计和数据处理方法。

6.培养学生科学思维能力和解决实际问题能力。

二、实验原理

1.光催化原理

光催化氧化技术利用催化剂在阳光照射下能够产生强氧活性自由基，降解有机物，并最终生成 H_2O、CO_2 等无机小分子。

二氧化钛作为光催化剂的优点如下：

（1）TiO_2 的禁带宽度为 $3.0 \sim 3.2eV$，可以用紫外光光源激发活化，通过改性有望直接利用太阳能来驱动光催化反应。

（2）光催化活性高，具有很强的氧化还原能力，可以降解大部分有机污染物。

（3）化学稳定性好，具有很强的抗光腐蚀性。

（4）价格便宜，无毒，且原料易得。

2. TiO_2 制备原理

以钛酸四丁酯为原料，在水热（溶剂热）条件下，利用钛酸四丁酯的水解反应生成纳米 TiO_2 结晶：

$$Ti(OC_4H_9)_4 + 2H_2O \longrightarrow TiO_2 + 4C_4H_9OH \tag{3-88}$$

通过加入不同添加剂调控 TiO_2 的晶型、形貌和颗粒大小。

三、实验材料和仪器

1.仪器

紫外-可见分光光度计；电子天平；干燥箱；磁力搅拌器；光催化反应仪；超声波清洗器；离心机；研钵；100mL 量筒；1000mL 容量瓶；移液枪及配套针头；磁力搅拌子。

2.试剂

钛酸四丁酯；罗丹明 B；乙酸锌；硫酸铜；硫酸；无水乙醇。

四、实验步骤

1. 光催化剂二氧化钛的制备步骤

（1）第一组：取 1mL 钛酸四丁酯在磁力搅拌作用下逐滴加入 30mL 水中。

第二组：称取 0.013g 乙酸锌，磁力搅拌下溶解于 30mL 水中，然后取 1mL 钛酸四丁酯在磁力搅拌作用下逐滴加入此溶液中。

第三组：称取 0.015g 硫酸铜，磁力搅拌下溶解于 30mL 水中，然后取 1mL 钛酸四丁酯在磁力搅拌作用下逐滴加入此溶液中；搅拌 10min 使溶液混合均匀。

（2）将上述溶液转移至 50mL 反应釜中，放入烘箱中，将温度设置为 180℃，反应 3h。

（3）反应结束，自然冷却至室温后，打开反应釜，将悬浊液转移至烧杯后，离心收集白色沉淀并用无水乙醇洗涤（将悬浊液倒入离心管中约 1/3，再将无水乙醇倒入离心管中，充分摇匀后离心分离，重复操作至沉淀收集完成）。

（4）将所得到的光催化剂在 80℃下干燥。

2. 光催化实验步骤

（1）配制 10mg/L 的罗丹明 B 溶液。

（2）用脱脂棉清洗石英试管后，取 50mg 制备的二氧化钛加入石英试管中，取 50mL 罗丹明 B 溶液加入上述试管中，将该溶液超声分散 3～5min（试管底部不能接触超声波清洗器），使二氧化钛均匀分散在罗丹明 B 溶液中。

（3）将上述试管转移至光催化反应仪中。

（4）磁力搅拌 30min 达到吸附平衡后，打开高压汞灯，记录时间。

（5）每隔 20min 取样，用注射器吸取 5mL 样品至离心管中，记录取样时间；观察溶液颜色变化，溶液变为白色后关灯，取样。

（6）将所取样品离心分离，收集上清液，观察不同时间点样品颜色变化。

（7）用分光光度计测步骤（6）中的溶液，根据所测数据算出降解率。

五、实验结果

根据所测数据算出罗丹明 B 降解率。绘出罗丹明 B 随时间变化降解率曲线。

$$\alpha = \frac{A_0 - A_t}{A_0} \times 100\% \tag{3-89}$$

式中　C_0——初始样的浓度；

　　　A_0——初始样吸光度；

　　　C_t——t 时刻样品浓度；

　　　A_t——t 时刻样品吸光度；

　　　α——溶液的降解率。

六、注意事项

1. 实验前应提前预习实验内容。

2.实验室仪器、设备不得带出室外。

3.保持实验室安静，服从指导、严禁喧哗。

4.保持实验室整洁，课后值日，离开时注意关好水、电、门窗。

七、思考题

1.影响材料光催化性能的因素有哪些？

2.制备纳米二氧化钛的主要方法有哪些？

3.操作过程中产生误差的原因有哪些？

二维码3-1　水污染
控制工程拓展实验

第四章

大气污染控制工程

第一节　基础性实验

实验一　粉尘真密度的测定

一、实验目的

真密度是粉尘重要的物理性质之一，粉尘真密度的大小直接影响其在气体中的沉降或悬浮。在设计选用除尘器、设计粉料的气力输送装置以及测定粉尘的质量分散度时，粉尘的真密度都是必不可少的基础数据。在缺少资料的情况下，粉尘的真密度可以通过测定来获得。

通过本实验，希望达到以下目的：

1. 了解测定粉尘真密度的原理并掌握真空法测定粉尘真密度的方法。

2. 了解引起真密度测量误差的因素及消除方法，提高实验技能。

二、实验原理

物质的密度 ρ 即单位体积的质量的表达式为：

$$\rho = m/V_c \tag{4-1}$$

式中　m——物质的质量，kg；

　　　V_c——该物质的体积，m^3。

粉尘真密度的测定原理是：先将一定量的试样用天平称量（即求它的质量），然后放入比重瓶中，用液体浸润粉尘，再放入真空干燥器中抽真空，排除粉尘颗粒间隙的空气，从而得到该粉尘试样在真密度条件下的体积，根据式(4-1)即可计算得到粉尘的真密度。

设比重瓶的质量为 m_0，容积为 V_s，瓶内充满已知密度为 ρ_s 的液体，则总质量为：

$$m_1 = m_0 + \rho_s V_s \tag{4-2}$$

在瓶内加入质量为 m_0、体积为 V_c 的粉尘试样后，瓶中减少了 V_c 体积的液体，故有：

$$m_2 = m_0 + \rho_s(V_s - V_c) + m_c \tag{4-3}$$

粉尘试样体积 V_c 可根据上述两式表示为：

$$V_c = \frac{m_1 - m_2 + m_c}{\rho_s} \tag{4-4}$$

所以粉尘试样的真密度 ρ_c 为：

$$\rho_c = \frac{m_c}{V_c} = \frac{m_c \rho_s}{m_1 - m_2 + m_c} = \frac{m_c \rho_s}{m_s} \tag{4-5}$$

式中　m_s——排出液体的质量，kg 或 g；

m_c——粉尘的质量，kg 或 g；

m_1——比重瓶加液体的质量，kg 或 g；

m_2——比重瓶加液体和粉尘的质量，kg 或 g；

V_c——粉尘真体积，m^3 或 cm^3。

以上关系可以表示为：

$$尘 + (比重瓶 + 液体) - (瓶 + 液 + 尘) = 液体 \tag{4-6}$$

$$m_c + m_1 - m_2 = m_s = \rho_s V_c \tag{4-7}$$

三、实验装备与设置

1. 实验装置

测定装置示意图如图 4-1 所示。

2. 实验设备与仪器

比重瓶，100mL，3 只；分析天平，0.1mg，1 台；真空泵，真空度大于 0.9×10^5 Pa，1 台；烘箱，0~150℃，1 台；真空干燥器，300mm，1 只；滴管，1 支；烧杯，250mL，1 个；滑石粉试样；蒸馏水；滤纸，若干。

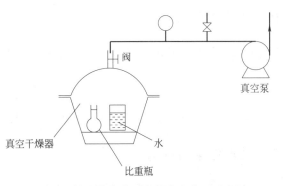

图 4-1　粉尘真密度测定用真空装置示意图

四、实验步骤

1. 将粉尘试样约 25g 放在烘箱内，于 105℃下烘干至恒重（每次称重前必须将粉尘试样放在干燥器中冷却到常温）。

2. 将上述粉尘试样用分析天平称重，记下粉尘质量 m_c。

3. 将比重瓶洗净，编号，烘干至恒重，用分析天平称重，记下质量 m_0。

4. 将比重瓶加蒸馏水至标记（即毛细孔的液面与瓶塞顶平），擦干瓶外表面的水再称重，记下水和瓶的质量 m_1。

5. 将比重瓶中的水倒去，加入粉尘 m_c（比重瓶中粉尘试样不少于 20g）。

6. 用滴管向装有粉尘试样的比重瓶内加入蒸馏水至比重瓶容积的一半左右，使粉尘润湿。

7. 把装有粉尘试样的比重瓶和装有蒸馏水的烧杯一同放入真空干燥器中，盖好盖，抽真空（图 4-1）。保持真空度在 98kPa 下 15~20min，以便把粉尘颗粒间隙的空气全部排除，使粉尘能够全部被水湿润，即使水充满所有间隙，同时去除烧杯内蒸馏水中可能存在的气泡。

8. 停止抽气，通过放气阀向真空干燥器缓慢进气，待真空表恢复常压指示后打开真空干燥器盖，取出比重瓶和蒸馏水杯，将蒸馏水加入比重瓶至标记处，擦干瓶外表面的水后称重，记下其质量 m_2。

9. 测定数据记录在表 4-1 中。

表 4-1　粉尘真密度测定数据记录表

粉尘名称_____

比重瓶编号	粉尘质量 m_c/g	比重瓶质量 m_0/g	比重瓶加水质量 m_1/g	比重瓶加水加粉尘质量 m_2/g	粉尘真密度 $/(kg/m^3)$
平均					

五、实验数据整理

将测定数据代入式(4-8)中，即可求出粉尘真密度：

$$\rho_c = \frac{m_c}{V_c} = \frac{m_c \rho_s}{m_1 - m_2 + m_c} \tag{4-8}$$

取 3 个平行样品，要求 3 个样品测定结果的绝对值误差不超过 $\pm 0.02 g/cm^3$。

六、实验结果与讨论

结合实验测定的结果，讨论实验过程中可能产生误差的原因及可能的改进措施。

实验二　粉尘比电阻的测定

一、实验目的

粉尘的比电阻是一项有实用意义的参数，如考虑将电除尘器和电强化布袋除尘器作为某一烟气控制工程的待选除尘装置时，必须取得烟气中粉尘的比电阻。粉尘比电阻的测试方法可分成两类。第一类方法是将比电阻测试仪放进烟道，用电力使气体中的粉尘沉淀在测试仪的两个电极之间，再通过电气仪表测出流过粉尘沉积层的电流和电压，换算后可得到比电阻。这类方法的特点是利用一种装置在烟道中采集粉尘试样，而这个装置又可在采样位置完成对采得尘样的比电阻的测量。第二类方法是在实验室控制的条件下测量尘样的比电阻。本实验采用第二类方法。

二、实验原理

两块平行的导体板之间堆积某种粉尘，两导体施加一定电压 U 时，将有电流通过堆积的粉尘层。电流 I 的大小正比于电流通过粉尘层的面积，反比于粉尘层的厚度。此外，I 还与粉尘的介电性质、粉尘的堆积密实程度有关。但是，通过堆积尘层的电流 I 和施加电压 U 的关系不符合欧姆定律，即 U/I 不等于定值，它随 U 的大小而改变。粉尘比电阻的定义式为：

$$\rho = \frac{UA}{Id}$$ (4-9)

式中　ρ——比电阻，$\Omega \cdot cm$；

U——加在粉尘层两端面间的电压，V；

I——粉尘层中通过的电流，A；

A——粉尘层端面面积，cm^2；

d——粉尘层厚度，cm。

三、实验装置

1. 比电阻测试皿

比电阻测试皿由两个不锈钢电极组成。安装时处于下方的固定电极做成平底敞口浅碟形，底面直径 7.6cm，深 0.5cm，它也是盛待测粉尘的器皿。固定电极的上方设一个可升降的活动电极。为了消除电极边缘通电流的边缘效应，活动电极周围装有保护环，保护环与活动电极之间有一狭窄的空隙。比电阻的测量值与加在粉尘层的压力有关。一般规定该压力为 1kPa，达到这一要求的活动电极的设计如图 4-2 所示。

2. 高压直流电源

这一电源是供测量时施加电压用的，它应能连续地调节输出电压。调压范围为 0～10kPa。高电压表是测量粉尘层两端面间的电压的。粉尘层的介电性可能出现很高的值，因此与它并联的电压表必须具有很高的内阻，如采用 Q5-V 型静电电压表。测量通过粉尘层电流的电流表可用 C46-μA 型。供电和仪表的连接见图 4-3。

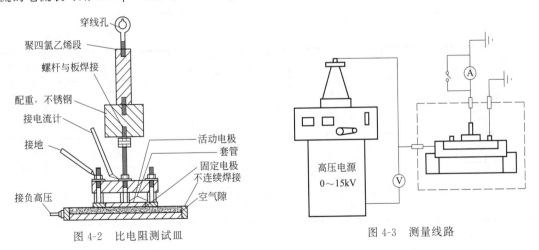

图 4-2　比电阻测试皿　　　　　　　　图 4-3　测量线路

3. 恒温箱

粉尘比电阻随温度的改变而改变。在没有提出指定测试温度的情况下，一般报告中给出的是150℃时测得的比电阻。而测量环境中水汽体积分数规定为0.05。因此，应装备可调温调湿的恒温箱。将比电阻测试皿装在恒温箱中，活动电极的升降通过伸出箱外的轴进行操作。

四、实验步骤

1. 取待测层样300g左右，置于一耐高温浅盘内，并将其放入恒温箱内烘2h，恒温箱的温度调到150℃。

2. 用小勺取待测粉尘装满比电阻测试皿的下盘，取一直边刮板从盘的顶端刮过，使层面平整。小心地将盘放到绝缘底座上。注意，勿过猛震动灰盘，避免烫伤，通过活动电极调节轴的手轮将活动电极缓慢下降，使它以自身重量压在灰盘中的粉尘的表面上。

3. 接通高压电源，调节电压输出旋钮，逐步升高电压，每步升50V左右，记录通过粉尘层的电流和施加的电压。如出现电流值突然大幅度上升，高压电压表读数下降或摇摆时，表明粉尘层内发生了电击穿，应立即停止升压，并记录击穿电压。然后将输出电压调回到零，关断高压电源。

4. 将活动电极升高，取出灰盘，小心地搅拌盘中粉尘使击穿时粉尘层出现的通道得到弥合，再刮平（或重新换粉尘）。重复步骤2和3，测量击穿电压三次。取三次测量值U_{B1}、U_{B2}、U_{B3}的平均值U_B。

5. 关断高压。按照步骤2，在盘中重装一份粉尘。按照步骤3调节电压输出旋钮，使电压升高到击穿电压U_B的0.85～0.95倍。记录高压电压表和微电流表的读数。根据式(4-9)计算比电阻ρ。

6. 另装两份粉尘，按以上步骤重复测量ρ。

五、实验数据整理

实验数据记录在表4-2中。比电阻测定记录表见表4-3。

表4-2　击穿电压测量记录表

粉尘来源_____　恒温箱烘尘温度_____℃　恒温箱水汽体积分数_____

第一次

U/kV											U_{B1}/V
I/μA											

第二次

U/kV											U_{B2}/V
I/μA											

第三次

U/kV											U_{B3}/V
I/μA											

平均击穿电压(U_B)_____

表 4-3　比电阻测定记录表

指标	尘样 1	尘样 2	尘样 3
U/V			
I/A			
$\rho/(\Omega \cdot cm)$			

平均比电阻($\overline{\rho}$)=＿＿＿＿＿＿＿＿

六、实验结果讨论

本实验采用的方法仅适合比电阻超过 $1 \times 10^7 \Omega \cdot cm$ 的粉尘。假若仍用这种方法测量 $1 \times 10^6 \Omega \cdot cm$ 以下的粉尘比电阻，可能遇到什么困难？

假若先将待测粉尘放在较高温度下烘烤，再让它冷却到规定温度时测量比电阻，是否得到按本实验指定程序测得的同样结果？

实验三　文丘里洗涤器除尘实验

一、实验目的

本实验所用文丘里洗涤除尘系统，由文丘里管和旋风分离器以及辅助设备组成。在实验中，可进行洗涤器除尘操作，通过对主要设备结构和实验现象的观察、设备启动停止等的操作以及现场监测实验数据，帮助学生：

1. 了解文丘里湿式除尘器的组成及运行状况。
2. 加深对水膜除尘器的除尘原理的理解。
3. 了解该种除尘器水膜的形成原理。
4. 实验中要求学生仔细观察文丘里管和旋风分离器的外形和结构，掌握文丘里管和旋风分离器的结构特点以及运行要素。

二、实验原理

水膜除尘器通过在除尘器器壁表面上形成自上向下流动的水膜，并利用烟气旋转的惯性力将尘粒抛向水膜而被水流带走，从而达到除尘的目的。

在水膜除尘器烟气进口管道上安装一个文丘里管，即成文丘里洗涤器。文丘里洗涤器是一种高效湿式洗涤器，常用在高温烟气降温和除尘上，其结构主要由收缩管、喉管和扩散管组成。含尘气体由进气管进入收缩管后，流速逐渐增大，气流的压力能逐渐变为动能，在喉管入口处，气流速度达到最大值。洗涤液通过沿喉管周边均匀分布的喷嘴进入，液滴被高速气流雾化和加速，充分的雾化是实现高速除尘的基本条件。通常假定微细颗粒以与气流相同的速度进入喉管且洗涤液滴的轴向初速度为零，由于气流曳力，液滴在喉管部分被逐渐加速。在液滴加速过程中，由于液滴与粒子之间惯性碰撞，实现微细颗粒的捕集。当液滴速度接近气流速度时，液滴与颗粒之间相对速度接近零。在喉管下部，惯性碰撞的可能迅速减小。因为碰撞捕集效率随相对速度增加而增加，因此，气流入口速度必须高。在扩散管中，气流速度减小和压力回升，使以颗粒为凝结核的液滴凝聚速度加快，形成直径较大的含尘液滴，以便于被低能洗涤器或除雾器捕集下来。

文丘里洗涤器内高速气流的动能主要用于雾化和加速液滴，因而气流的压力损失大于其他干式和湿式除尘器。

在文丘里洗涤器中所进行的除尘过程可分为雾化、凝聚、除雾三个过程，前两个过程在文丘里管内进行，后一个过程在捕滴器内完成。文丘里管可以使小颗粒灰尘变成大颗粒，但尚不能除尘，所以必须安装捕滴器。本实验中采用传统的旋风分离器。含一定液固凝结核的气流由下部切向引入，形成螺旋形旋转气流。气流做旋转运动时，凝结核在离心力的作用下逐步移向外壁，到达外壁的凝结核在气流和重力共同作用下沿壁面落入灰斗。净化后的烟气经捕滴器的上部轴向收缩引出，经引风机排入大气。

三、实验装置与仪器

1. 实验装置

实验装置如图 4-4 所示，包括一个文丘里管和一个旋风分离器以及其他辅助设备。

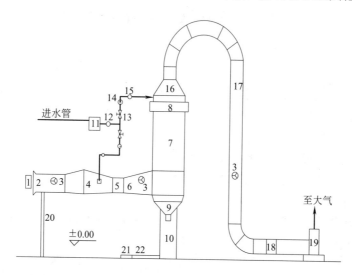

图 4-4　文丘里洗涤器除尘模拟实验系统示意图

1—配尘装置；2—集流器；3—测量孔；4—文丘里管收缩端；5—文丘里管喉管；
6—文丘里管渐扩段；7—捕滴器；8—溢流槽；9—灰斗；10—水封筒；11—高位储水箱；
12—微型水泵；13—阀门；14—压力表；15—水表；16—烟气引出段；17—烟道；
18—风量调节板；19—通风机；20—支架；21—灰水沟；22—下水道

2. 实验仪器

微电脑烟尘平行采样仪，1 台；玻璃纤维滤筒，若干；镊子，1 支；分析天平（分度值0.001g），1 台；烘箱，1 台；橡胶管，若干。

四、实验步骤

1. 滤筒的预处理：测试前先将滤筒编号，然后在 105℃烘箱中烘 2h，取出后置于干燥器内冷却 20min，再用分析天平测得初重 G_1 并记录。

2. 检查微电脑烟尘平行采样仪干燥筒内的硅胶干燥剂，保证其呈蓝色，清洗瓶内装入 3％的 H_2O_2 150mL，仔细阅读该装置的说明书及线路连接图，连接线路。然后打开电源开关，预热 20～30min。

3. 启动风机：风机启动应在无负荷或负荷很低的情况下，否则会烧坏电动机，因此要在风机前的阀门处于全闭时启动，待运行正常再打开阀门。

4. 启动微型水泵，为系统供水，通过压力表控制压力在 0.1kPa 左右。

5. 在烟气进口配备粉尘吸入送尘装置。

6. 实验装置性能测试。

（1）把预先干燥、恒重、编号的滤筒用镊子小心装在采样管的采样头内，再把选定好的采样嘴装到采样头上。

（2）用橡胶管将采样管连接到烟尘测试仪上，将采样枪采样嘴和皮托管伸入文丘里水膜除尘器烟气进口采样口内，使采样嘴背对气流预热 10min 后转动 180°，即采样嘴正对气流方向，同时打开抽气泵的开关进行等速采样。

（3）采样完毕后，关掉仪器开关，抽出采样枪，待温度降低后，小心取出滤筒保存好。

（4）采尘后的滤筒称重：将采集尘样的滤筒放在 105℃烘箱中烘 2h，取出置于玻璃干燥器内冷却 20min 后，用分析天平称重 G_2 并记录。

（5）计算各采样点烟气的含尘浓度。

（6）在文丘里洗涤器的烟气出口烟道上和采样口内，同时测定烟气参数并记录。

（7）其他。

① 测试完毕，关掉配尘装置；

② 用清水冲洗系统 5min，停止自吸泵，停止鼓风机；

③ 切断所有带电设备电源；

④ 整理实验室。

五、实验记录

按照表 4-4 记录实验数据。

表 4-4　文丘里水膜除尘器进出口烟气流量及含尘浓度测定实验记录表

第_____组　　　姓名_____

（1）测定日期_____　　　测定烟道_____

项目	大气压力/kPa	大气温度/℃	烟气温度/℃	烟道全压/Pa	烟道静压/Pa	烟气干球温度/℃	烟气湿球温度/℃	烟气含湿量 X_{sw}
烟气进口								
烟气出口								

（2）烟道断面面积_____ m^2　　测点数_____

采样点编号	动压 /Pa	烟气流速 /(m/s)	采样嘴直径 /mm	采样时间 /min	采样体积 /L	换算体积 /L	滤筒号	滤筒初重 /g	滤筒总重 /g	烟尘浓度 /(mg/L)
1										
2										
3										
⋮										

（3）文丘里洗涤器除尘数据

项目	烟道断面平均流速/(m/s)	烟道断面流量/(m^3/s)	平均烟尘浓度/(mg/L)	除尘器的除尘效率/%
烟气进口				
烟气出口				

六、分析和讨论

　　1. 文丘里洗涤器的除尘效率由哪些因素确定？

　　2. 实验前需要完成哪些准备工作？

　　3. 后接的分离器有什么要求？

实验四　布袋除尘实验

一、实验目的

　　袋式除尘器利用织物过滤气流中的粉尘，使其沉积在织物表面，净化后的气体从排气口排出，从而使含尘气流得以净化。在实验中，学生应观察袋式除尘器的结构特点和布局，进一步提高对袋式除尘器结构形式和除尘机理的认识。在除尘操作中，应仔细观察除尘布袋的形变，对袋式除尘器主要性能如除尘效率和压力损失进行测定。本实验还可设计成过滤速度的单因素多水平实验，考察过滤速度对袋式除尘器压力损失及除尘效率的影响，以提高学生分析问题的能力。

二、实验原理

　　袋式除尘器是一种干式滤尘装置。一般含尘气流从下部进入圆形滤袋，在通过滤料的空隙时，粉尘被捕集于滤料上，透过滤料的清洁气体由排气口排出。沉积在滤料上的粉尘可在机械振动的作用下从滤料表面脱落，抖入灰斗中。滤料使用一段时间后，由于筛滤、碰撞、滞留、扩散、静电等效应，表面积聚了一层粉尘，这层粉尘称为粉尘初层，在以后的粉尘过滤中，粉尘初层成了滤料的主要过滤层，依靠初层的作用，网孔较大的滤料也能获得较高的过滤效率。随着粉尘在滤料表面的积聚，除尘器的效率和阻力都相应增加，当滤料两侧的压力差很大时，会把有些已附着在滤料上的细小尘粒挤压过去，使除尘效率下降。另外，除尘器的阻力过高会使除尘系统的风量显著下降。因此，除尘器的阻力达到一定数值后，要及时清灰。清灰时不能破坏粉尘初层，以免效率下降。

过滤速度对袋式除尘器的效率也有重要影响。它定义为烟气实际体积流量与滤布面积之比，所以称气布比。过滤速度是一个重要的技术经济指标。从经济上考虑，选用高的过滤速度处理相应体积烟气所需要的滤布面积小，则除尘器体积、占地面积和一次投资等都会减小，但除尘器的压力损失却会加大。从除尘机理看，过滤速度主要影响惯性碰撞和扩散作用。选取过滤速度时还应当考虑捕集粉尘的粒径及其分布。一般来讲，除尘效率随过滤速度增加而下降。另外，过滤速度的选取还与滤料种类和清灰方式有关。

袋式除尘器主体结构主要由上部箱体、中部箱体、下部箱体（灰斗）、清灰系统和排灰机构等部分组成。

滤袋材料对袋式除尘器的性能起着决定性的作用。袋式除尘器的滤料种类较多，常用的有海绵纤维、毛纤维、合成纤维以及玻璃纤维等。不同纤维制成的滤料具有不同性能。常用的滤料有 208 或 901 涤纶绒布，使用温度一般不超过 120℃；经过硅酮树脂处理的玻璃纤维滤袋，使用温度一般不超过 250℃；棉毛织物一般适用于没有腐蚀性、温度在 80～90℃以下的含尘气体。

除了滤袋材料外，清灰系统对袋式除尘器的性能亦有重要影响。袋式除尘器常按清灰方法进行分类，常用的清灰方法有以下几种。

（1）气体清灰 借助于高压气体或外部大气流反吹滤袋，以清除滤袋上的积灰。气体清灰包括脉冲喷吹清灰、反吹风清灰和反吸风清灰。

（2）机械振打清灰 分顶部振打清灰和中部振打清灰（均对滤袋而言），借助于机械振打装置周期性地轮流振打各排滤袋，以清除滤袋上的积灰。

（3）人工敲打 人工拍打每个滤袋，以清除滤袋上的积灰。

袋式除尘器运转时，必须对系统的单一部件进行检查，然后做适应性运转，并要做部分性能试验。在日常运转中，仍应进行必要的检查，特别是袋式除尘器的性能检查。要注意主机设备负荷的变化会对除尘器性能产生影响。在机器开动后，应密切注意袋式除尘器的工作状况，做好有关记录。

袋式除尘器的性能与其结构形式、滤料种类、清灰方式、粉尘特性及其运行参数等因子有关。本实验是在其结构形式、滤料种类、清灰方式和粉尘特性已定的前提下，测定袋式除尘器的主要性能指标，并在此基础上，测定运行参数 Q、u_F 对袋式除尘器压力损失（p）和除尘效率（η）的影响。

1. 处理气体流量和过滤速度的测定和计算

（1）处理气体流量的测定和计算

本实验采用在线风量仪测定袋式除尘器处理气体流量（Q）。一般在线风量仪仅为气体运行的线速度乘流通管道的横截面积，即为气体流量。应同时测除尘器进、出口连接管道中的气体流量，取其平均值作为除尘器的处理气体量：

$$Q=\frac{1}{2}Q=\frac{1}{2}(Q_1+Q_2) \tag{4-10}$$

式中 Q_1，Q_2——袋式除尘器进、出口连接管道中的气体流量，m^3/s。

除尘器漏风率（δ）按下式计算：

$$\delta = \frac{Q_1 - Q_2}{Q_1} \times 100\%$$ (4-11)

一般要求除尘器的漏风率小于 $\pm 5\%$。

（2）过滤速度的计算

若袋式除尘器总过滤面积为 F，则其过滤速度 u_F 按下式计算：

$$u_F = \frac{Q_1}{F}$$ (4-12)

2. 压力损失的测定和计算

袋式除尘器压力损失（Δp）为除尘器进、出口管中气流的平均全压之差。当袋式除尘器进、出口管的断面面积相等时，可采用其进、出口管中气体的平均静压之差计算，即：

$$\Delta p = p_{s1} - p_{s2}$$ (4-13)

式中 p_{s1}——袋式除尘器进口管道中气体的平均静压，Pa；

  p_{s2}——袋式除尘器出口管道中气体的平均静压，Pa。

袋式除尘器的压力损失与清灰方式和清灰制度有关。本实验装置采用手动清灰方式，实验应尽量保证在相同清灰条件下进行。当采用新滤料时，应预先发尘运行一段时间，使新滤料在反复过滤和清灰过程中，残余粉尘基本达到稳定后再开始实验。

考虑到袋式除尘器在运行过程中，其压力损失随运行时间产生一定的变化，因此，在测定压力损失时，应每隔一定时间连续测定（一般可考虑 5 次），并取其平均值作为除尘器的压力损失（Δp）。

3. 除尘效率的测定和计算

除尘效率采用质量浓度法测定，即采用等速采样法同时测除尘器进、出口管道中气流的平均含尘浓度 ρ_1 和 ρ_2，按下式计算：

$$\eta = 1 - \frac{\rho_2 Q_2}{\rho_1 Q_1} \times 100\%$$ (4-14)

管道中气体含尘浓度的测定和计算方法详见相关参考文献。由于袋式除尘器除尘效率高，除尘器进、出口气体浓度相差较大，为保证测定精度，可在除尘器出口采样中适当加大采样流量。

4. 压力损失、除尘效率与过滤速度关系的分析测定

为了得到除尘器的 u_F-η 和 u_F-Δp 的性能曲线，应在除尘器清灰制度和进口气体含尘浓度（ρ_1）相同的条件下，测出除尘器在不同过滤速度（u_F）下的压力损失（Δp）和除尘效率（η）。

过滤速度的调整可通过改变风机入口阀门开度实现，利用动压法测定过滤速度。

保持实验过程中 ρ_1 基本不变。可根据发尘量（S）、发尘时间（τ）和进口气体流量（Q_1），按下式估算除尘器入口含尘浓度（ρ_1）：

$$\rho_1 = \frac{S}{\tau Q_1}$$ (4-15)

三、实验装置与仪器

1. 实验装置

实验流程及装置如图 4-5 所示。本套系统包括风机、空气压缩机等。在进口管道处已经安装在线风量仪，压差计读数直接显示布袋内外压差。

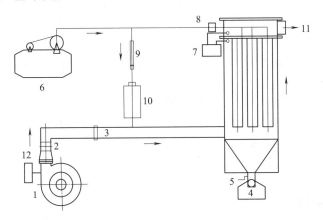

图 4-5　布袋除尘实验装置工艺流程图

1—风机；2—手动蝶阀；3—在线风量仪；4—转移箱；5—清灰手柄；6—空气压缩机；
7—压差计；8—电磁阀；9—流量计；10—储尘箱；11—出口引至窗外；12—变频器

2. 实验仪器和试剂

微电脑烟尘平行采样仪，1 台；玻璃纤维滤筒，若干；镊子 1 只；分度值 0.001g 分析天平，1 台；烘箱，1 台；橡胶管，若干；实验中选用的粉尘主要有飞灰、石灰石和烧结机尾粉尘以及火力发电厂静电除尘器收集的粉尘。

四、实验步骤

1. 滤筒的预处理：测试前先将滤筒编号，然后在 105℃烘箱中烘 2h，取出后置于干燥器内冷却 20min，再用分析天平测得初重为 G_1 并记录。

2. 检查微电脑烟尘平行采样仪干燥桶内的硅胶干燥剂，保证其呈蓝色，清洗瓶内装入 3％的 H_2O_2 150mL，仔细阅读该装置的说明及线路连接图，连接线路。然后打开电源开关，预热 20～30min。

3. 打开布袋除尘器实验装置总电源，仔细检查系统阀门状态，蝶阀全开。

4. 开启风机，观察记录在线风量仪的读数，读取布袋内外压差；通过控制蝶阀开度调节气流量。

5. 开启微型空气压缩机，打开进气调节阀，观察粉尘的混合状态及进入除尘器的过程。要注意粉尘需要干燥后使用，必要时可以用一根竹棒搅动粉尘。

6. 运行稳定的情况下，可对进出气体的粉尘浓度取样分析（出口含尘浓度较低，每次采样时间不低于 30min，进出口含尘气体浓度测定可连续采样 3～4 次，取平均值），测读布袋内外压差（对应每次测浓度时的压差）。具体操作如下。

（1）把预先干燥、称重、编号的滤筒用镊子小心装在采样管的采样头内，再把选定好的采样嘴装到采样头上。

（2）用橡胶管将采样管连接到烟尘测试仪上，将采样枪采样嘴和皮托管伸入烟气进口采样口内，使采样嘴背对气流预热 10min 后转动 180°，即采样嘴正对气流方向，同时打开抽气泵的开关进行等速采样。

（3）采样完毕后，关掉仪器开关，抽出采样枪，待温度降低后，小心取出滤筒保存好。

（4）采尘后的滤筒称重：将采集尘样的滤筒放在 105℃ 烘箱中烘 2h，取出置于玻璃干燥器内冷却 20min 后，用分析天平称重 G_2 并记录。

（5）计算各采样点烟气的含尘浓度。

7. 运行到布袋表面明显有一层灰尘时，关闭进灰的进气阀门，关闭风机，摇动排灰手柄，观察排灰的过程。

8. 查看空气压缩机压力指示和压差计读数，达到要求数值时，点开电磁阀控制按钮，对布袋进行清灰操作。建议每一组实验完毕，都要将布袋喷吹干净。

9. 排出的灰尘用小的塑料箱转运至储存箱，要注意布袋除尘器底部要保留少量余灰以防漏气。

五、实验数据及处理

1. 按表 4-5 记录实验数据。

表 4-5　布袋除尘器进出口烟气流量及含尘浓度测定实验记录表

第_____组　　姓名_____　　实验日期_____

编号		流量 /(m³/s)	滤筒初重 /g	滤筒总重 /g	烟尘浓度 /(mg/L)	过滤速度 /(m/min)	除尘效率 /%	压力损失 /Pa
1	进口							
	出口							
2	进口							
	出口							
3	进口							
	出口							
4	进口							
	出口							

2. 计算除尘效率。

六、分析与讨论

1. 用发尘量求得的入口含尘浓度和用等速采样法测得的入口含尘浓度，哪个更准确些？为什么？

2. 压差计读出数据与压力损失有什么关系？

3. 如何根据压差计读数判断布袋除尘器的运行状况？

4.根据实验数据分析过滤速度对袋式除尘器压力损失和除尘效率的影响。

5.总结在一个清灰周期中，压力损失、除尘效率和过滤速度随过滤时间的变化规律。

七、注意事项

1.清灰频率可根据布袋除尘器的缩胀时间和空气压缩机的压力指示进行适当调整。

2.本实验所用粉尘应避免黏结性和吸水性粉尘，最好采用碳酸钙粉末或火力发电厂电除尘得到的粉尘。

3.粉尘入口浓度可通过发尘量进行适当调整。

实验五　旋风除尘器性能测定

一、实验目的

通过本实验，希望达到以下目的：

1.掌握旋风除尘器性能测定的主要内容和方法，并对影响旋风除尘器性能的主要因素有较全面的了解。

2.掌握旋风除尘器入口风速与阻力、全效率、分级效率之间的关系，了解进口浓度对除尘效率的影响。

3.通过对分级效率的测定与计算，进一步了解粉尘粒径大小等因素对旋风除尘器效率的影响，熟悉除尘器的应用条件。

二、实验装置与设备

1.实验装置

本实验装置如图4-6所示。含尘气体由双纽线集流器流量计进入系统，通过旋风除尘器将粉尘从气体中分离，净化后的气体由风机经过排气管排入大气。所需含尘气体浓度由发尘装置配制。

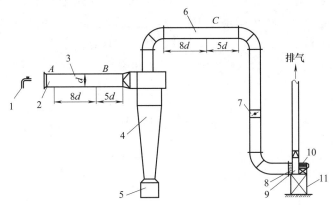

图 4-6　旋风除尘器性能测定实验装置示意图

1—发尘装置；2—双纽线集流器流量计；3—进气管道；4—旋风除尘器；5—灰斗；
6—排气管道；7—调节阀；8—软接头；9—风机；10—电机；11—支架

2. 仪器

（1）手持式 DP2000 数字微压计：1 台。

（2）干湿球温度计：1 支。

（3）空盒气压计：DYM-3，1 台。

（4）分析天平：分度 0.0001g，1 台。

（5）天平：分度 0.1g，1 台。

（6）秒表：1 块。

（7）钢卷尺：1 个。

（8）组合工具：1 套。

三、旋风除尘器测定项目计算

1. 气象参数测定

气象参数包括空气温度、密度、相对湿度和大气压力。空气的温度和湿度用干湿球温度计测定，大气压力由气压计测定，干空气密度由下式计算：

$$\rho_g = \frac{p}{RT} = \frac{101325}{287T} = \frac{353}{273+t} \tag{4-16}$$

式中　ρ_g——空气密度，kg/m^3；

　　　　t——空气温度，℃；

　　　　p——大气压力，Pa；

　　　　T——空气热力学温度，K；

　　　　R——通用气体常数，$J/(kg·K)$。

实验过程中，要求空气相对湿度不大于 75%。

2. 除尘器处理风量测定和计算

在含尘浓度较高和气流不太稳定时，用毕托管测定风速有一定困难，故本实验采用双纽线集流器流量计测定气体流量。该流量计利用将空气动压能转化为静压能的原理，将流量计入口气体动压转化成静压（转化率接近 100%），通过测定静压并换算成管内气体动压，得到管道内的气体流速和流量。另外，气体静压比较稳定且有自平均作用，因而测量结果比较稳定、可靠。流量计的流量系数（φ）由实验方法标定得出，通常接近 1。本实验中，流量系数：

$$\varphi = \frac{\overline{p_d}}{|p_s|} = 0.997 \tag{4-17}$$

式中　$\overline{p_d}$——用毕托管法测量的管道截面平均动压，Pa；

　　$|p_s|$——双纽线集流器的静压，Pa。

管内流速 u_1（m/s）：

$$u_1 = \sqrt{\frac{2}{\rho_g}|p_s|\varphi} \tag{4-18}$$

除尘器处理风量 Q（m^3/h）：

$$Q = 3600 f_1 \sqrt{\frac{1}{\rho_g} | p_s | \varphi} \tag{4-19}$$

式中 f_1——风管面积，m^2。

由于 XZZ 型旋风除尘器进风口为渐缩形，进风口流速是指内进口处断面流速。除尘器入口流速 u_2 按下式计算：

$$u_2 = \frac{Q}{3600 f_2} \tag{4-20}$$

式中 f_2——除尘器内进口面积，m^2。

3. 除尘器阻力测定和计算

由于实验装置中除尘器进、出口管径相同。可用 A、C 之间的静压差（扣除管道沿程阻力与局部阻力）求得：

$$\Delta p = \Delta H - \sum \Delta h = \Delta H - (R_m L + z) \tag{4-21}$$

式中 Δp——除尘器阻力，Pa；

ΔH——前后测量断面上的静压差，Pa；

$\sum \Delta h$——测点断面之间系统阻力，Pa；

R_m——比摩阻（查相关气体管道计算手册），Pa/m；

L——管道长度，m；

z——异形接头的局部阻力，Pa。

$$z = \sum \frac{\epsilon_i \rho_g u_i^2}{2} \tag{4-22}$$

式中 ϵ_i——异形接头的局部阻力系数（可查相关手册得）；

u_i——i 异形接头入口断面风速，m/s。

将 Δp 换算成标准状态（101325Pa，0℃）下的阻力 Δp_N：

$$\Delta p_N (\mathrm{Pa}) = \Delta p \frac{p_N T}{p T_N} \tag{4-23}$$

式中 T_N，T——标准状态和实验状态下的空气温度，K；

p_N，p——标准状态和实验状态下的空气压力，Pa。

除尘器阻力系数 ζ 按下式计算：

$$\zeta = \frac{\Delta p_N}{p_{di}} \tag{4-24}$$

式中 ζ——除尘器阻力系数；

Δp_N——标准状态下的除尘器阻力，Pa；

p_{di}——除尘器内进口截面处动压，Pa。

4. 除尘器进、出口浓度计算

$$\rho_1 = \frac{G_1}{Q_1 \tau} \times 6 \times 10^2 \tag{4-25}$$

$$\rho_2 = \frac{G_1 - G_2}{Q_2 \tau} \times 6 \times 10^2 \tag{4-26}$$

式中 ρ_1，ρ_2——除尘器进口与出口的气体含尘浓度，g/m^3；

    G_1，G_2——发尘量和收尘量，kg；

    Q_1，Q_2——除尘器进口和出口空气量，m^3/h；

    τ——发尘时间，min。

5. 除尘效率计算

（1）重量法

$$\eta = \frac{G_1}{G_2} \times 100\%$$ (4-27)

式中 η——除尘效率，%；

    G_1——实验粉尘发尘量，kg；

    G_2——实验粉尘收尘量，kg。

（2）浓度法

$$\eta = \left(1 - \frac{Q_2 G_2}{Q_1 G_1}\right) \times 100\%$$ (4-28)

当系统中除风率小于 3% 时，可认为 $Q_1 = Q_2$，上式可化简为：

$$\eta = \left(1 - \frac{G_2}{G_1}\right) \times 100\%$$ (4-29)

6. 粉尘分散度测定

粉尘分散度可根据除尘机理采用离心沉降法、移液管法、计数法等进行测定，并可选用 YFC 粒度分析仪、库尔特（Coulter）计数仪、KF-9 型颗粒分析计数器等仪器。本实验中讨论的是旋风除尘器，所以采用巴柯（Bahco）法，详见本章二维码电子教材实验一。

7. 分级效率计算

$$\eta_i = \eta \frac{g_{si}}{g_{fi}} \times 100\%$$ (4-30)

式中 η_i——粉尘某一粒径范围的分级效率，%；

    g_{si}——收尘某一粒径范围的质量分数，%；

    g_{fi}——发尘某一粒径范围的质量分数，%。

8. 除尘器动力消耗计算

$$N = 2.78 \times 10^{-8} \Delta p_N Q + \Delta N$$ (4-31)

式中 N——动力消耗，kW；

    Δp_N——标准状态下除尘器阻力，kPa；

    Q——除尘器进口的气体流量，m^3/h；

    ΔN——辅助设备动力消耗，kW。

9. 除尘器负荷适应系数计算

负荷适应系数分为高负荷和低负荷两种：

$$\varepsilon_g = \frac{\eta_g}{\eta}, \varepsilon_d = \frac{\eta_d}{\eta}$$ (4-32)

式中　ε_g，ε_d——高负荷和低负荷适应系数；

　　　　η——额定风量下的除尘效率，%；

　　　　η_g——风量为额定风量的 1.1 倍时的除尘效率，%；

　　　　η_d——风量为额定风量的 0.7 倍时的除尘效率，%。

四、实验步骤

1.除尘器处理风量的测定

（1）用干湿球温度计和空盒气压计测定室内空气的温度、相对湿度和气压，按式（4-16）计算管内的气体密度。

（2）启动风机，在管道断面 A 处（图 4-6），利用双纽线集流器和手持式 DP2000 数字微压计测定该断面的静压，并从微压计中读出静压值（p_s），按式（4-19）计算管内的气体流量（即除尘器的处理风量），并计算断面的平均动压值（$\overline{p}_d$）。

2.除尘器阻力的测定

（1）用 DP2000 数字微压计测量 B、C 断面间的静压差（ΔH）。

（2）量出 B、C 断面间的直管长度（L）和异形接头的尺寸，求出 B、C 断面间的沿程阻力和局部阻力。

（3）按式（4-21）和式（4-22）计算除尘器的阻力。

注：本实验中，取弯头 $\zeta=0.25$，直管 $\lambda/d=0.30$，$R_m=\lambda/d\times P_d$。由于实验系统管道截面积基本相同，系统中管道的动压基本相同，计算时可取均值。

3.除尘器效率的测定

（1）用托盘天平称出发尘量（G_1）。

（2）通过发尘装置均匀地加入发尘量（G_1），记下发尘时间（τ），按式（4-25）计算除尘器入口气体的含尘浓度（ρ_1）。

（3）称出收尘量（G_2），按式（4-26）计算除尘器出口气体的含尘浓度（ρ_2）。

（4）按式（4-27）计算除尘器的全效率（η）。

改变调节阀开启程度，重复以上实验步骤 1～3，测定除尘器各种不同的工况下的性能。

每个实验小组选择一组工况，通过本章二维码电子教材实验一测定本实验用尘和收集灰斗中所收集粉尘的粒径分布，并根据式（4-30）由总效率和实验用尘、收集粉尘的粒径分布求出分级效率。

五、实验结果整理

1.除尘器处理风量的测定

实验时间＿＿＿＿＿年＿＿＿＿＿月＿＿＿＿＿日

空气干球温度 $t_d=$＿＿＿＿＿℃　　空气湿球温度 $t_w=$＿＿＿＿＿℃

空气相对湿度 $\phi=$＿＿＿＿＿%

环境空气气压 $p=$＿＿＿＿＿Pa　　空气密度 $\rho_g=$＿＿＿＿＿kg/m³

将测定结果整理成表（表 4-6）。

表 4-6　除尘器处理风量测定结果记录表

测定次数	微压计读数 静压 p_s/Pa	流量系数 φ	管内流速 u_1/(m/s)	风管横截面积 f_1/m²	风量 Q/(m³/h)	除尘器进口 面积 f_2/m²	除尘器进口 气速 u_2/(m/s)

2. 除尘器阻力的测定

结果记录见表 4-7。

表 4-7　除尘器阻力测定结果记录表

测定 次数	B、C 断面 间静压差 ΔH/Pa	比摩阻 R_m	直管长度 L/m	管内平均 动压 $\overline{p}_d$/Pa	管间的总 局部阻力 系数 $\sum\overline{\zeta}_i$	管间的局 部阻力 Δp_m/Pa	除尘器 阻力 Δp/Pa	除尘器 标准状态 下的阻力 Δp_N/Pa	除尘器进 口截面处 动压 p_{di}/Pa	除尘器阻 力系数 ζ

3. 除尘器全效率的测定

结果记录见表 4-8。

表 4-8　除尘器效率测定结果记录表

测定 次数	发尘量 G_1/g	发尘时间 τ/s	除尘器进口气体 含尘浓度 ρ_1/(g/m²)	收尘量 G_2/g	除尘器出口气体 含尘浓度 ρ_2/(g/m²)	除尘器全 效率 η/%

以 u_1 为横坐标、Δp 为纵坐标，以 ρ_1 为横坐标、η 为纵坐标，以 u_1 为横坐标、η 为纵坐标，将上述实验结果绘成曲线（图 4-7）。

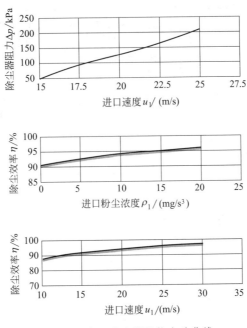

图 4-7　旋风除尘器性能实验曲线

4. 除尘器分级处理效率

将粒径分布测定结果列于表 4-9 中，对各个工况条件下发尘和收尘的粒径分布测定结果计算分级效率，列于表 4-10 中。

表 4-9　粒径分布测试数据记录表

样品名称_____

测试工况_____

片号	分级粒径 $d_{pi}/\mu m$	筛上残留量 G/g	筛上累计质量分数 $R_X/\%$	质量频率 $S/\%$
18				
17				
16				
14				
12				
8				
4				
0				

表 4-10　工况分级效率数据计算表

工况全效率_____

序号	粒径 $d_{pi}/\mu m$	入口颗粒质量 频率/%	出口颗粒质量 频率/%	分级效率 $\eta_i/\%$
1				
2				
3				
4				
5				
6				
7				
8				

根据表 4-10 作如图 4-8 所示的分级效率曲线。

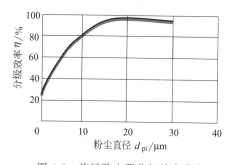

图 4-8　旋风除尘器分级效率曲线

5. 技术性能示意表达

旋风除尘器的主要性能曲线（冷态）Δp-u_1、η-u_1、η-ρ_1、η-d_{pi} 如表 4-10 和图 4-7 所示。这些性能曲线是在下列测试条件下测出的：

实验用除尘器规格：XZZ-Ⅲ 型，$D =$ _____ mm

实验粉尘：医用滑石粉（$d_{pm} =$ _____ μm，$\sigma =$ _____ ）

实验环境：气温 $t =$ _____ ℃，相对湿度 $\phi =$ _____ %

空气密度：$\rho_g =$ _____ kg/m³

六、实验结果讨论

1. 通过实验，从旋风除尘器全效率 η 与运行阻力 Δp 随入口气速 u_1 变化的规律中可得到什么结论？它对除尘器的选择和运行有何意义？

2. 对于目前关注的 PM_{10} 的净化，旋风除尘器能否达到较好的净化效果？

3. 如果用于压力测定的 B、C 管段截面积不同，除尘器的压降又应该如何计算？

实验六　板式高压静电除尘实验

一、实验目的

1.通过实验让学生进一步理解静电除尘的工作原理。

2.了解静电除尘实验设备的工艺流程、单元组成，掌握基本操作。

3.通过静电除尘实验设备对灰尘的实际处理，让学生了解工作电压对静电除尘实验设备脱除灰尘的效果的影响。

二、实验原理

电除尘器是利用静电力实现气体中的固体、液体粒子与气流分离的一种高效除尘装置。含尘气体在通过高压电场进行电离过程中，使尘粒荷电，并在电场力的作用下使尘粒沉积在集尘极上，由此将尘粒从含尘气体中分离出来。

电除尘器的放电极（或电晕极）和收尘极（或集尘极）接于电压直流电，维持一个足以使气体电离的静电场，当含尘气体通过两极间非均匀电场时，在放电极周围强电场作用下发生电离，形成气体离子和电子并使粉尘离子荷电。荷电后的粒子在电场力作用下向收尘极运动并在收尘极上沉积，从而达到粉尘和气体的分离。当收尘极上粉尘达到一定厚度时，借助于机械振动可使粉尘落入下部灰斗中。电除尘器的工作原理包括电晕放电、气体电离、粒子荷电、荷电粒子的迁移和捕集，以及清灰等过程。

与其他除尘机理相比，电除尘过程的分离力直接作用于粒子上，而不是作用于整个气流上，这就决定了它具有分离粒子耗能小、气流阻力小的特点。由于作用在粒子上的静电力相对较大，即使对亚微米级的粒子也能有效捕集。在收集细粉尘的场合，电除尘器已是主要的除尘装置。

三、实验仪器与装置

（1）板式高压静电除尘器主要技术参数及指标如下：

① 电场电压 0～20kV；

② 电晕极有效驱进速度 100mm/s；

③ 通道数 3 个；

④ 断面气流速度 1.0m/s；

⑤ 入口气体的含尘浓度＜30g/m³；

⑥ 除尘效率 95%；

⑦ 压力降＜200Pa。

（2）板式高压静电除尘器实验系统如图 4-9 所示，说明如下：

① 透明有机玻璃进气管段 1 副，配有动压测定环，与数据自动采集器配合使用可测定进口管道流速和流量；

② 自动粉尘加料装置（采用调速电机），用于配制不同浓度的含灰气体；

③ 入口管段采样口，自动数据采集系统在此测定入口气体粉尘浓度，也可手动采用毕

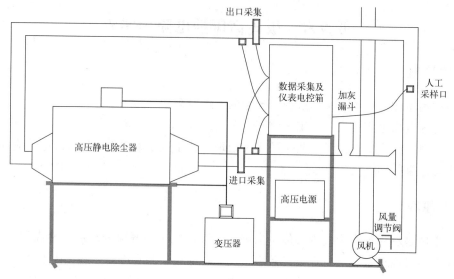

图 4-9　板式高压静电除尘器实验系统

托管和微压计在此处测定管道流速；

④ 静电除尘器入口、出口测压环，与数据采集系统一道用来测定静电除尘器的压力损失；

⑤ 有机玻璃壳体板式高压静电除尘器（含放电极、收尘极板、收尘极板振动清灰电机及卸灰斗）；

⑥ 高压静电发生器，电除尘器高压电源；

⑦ 出口管段采样口，自动数据采集系统在此测定入口气体粉尘浓度，也可手动采用毕托管和微压计在此处测定管道流速；

⑧ 风量调节阀，用于调节系统风量；

⑨ 高压离心通风机（简称风机），为系统运行提供动力；

⑩ 数据采集及仪表电控箱，用于系统的运行控制和实验参数测定。

四、实验步骤

1. 首先检查设备系统外况和全部电气连接线有无异常（如管道设备有无破损，卸灰装置是否安装紧固等），一切正常后开始操作。

2. 打开电控箱总开关，合上触电保护开关；启动数据采集系统。

3. 打开控制开关箱中的高压电源开关，电除尘器开始工作。

4. 在风量调节阀关闭的状态下，启动电控箱面板上的主风机开关。

5. 调节风量调节开关至所需的实验风量（即数据自动采集系统上显示的流量所需的实验流量）。

6. 将一定量的粉尘加入自动发尘装置灰斗，然后启动自动发尘装置电机，并可调节转速控制加灰速率。

7. 自动数据采集器对除尘器进出口气流中的含尘浓度进行测定显示，也可通过计量加入的粉尘量和捕集的粉尘量（卸灰装置实验前后的增重）来估算除尘效率。

8. 在加灰装置启动 5min 后，周期启动控制箱面板上振打电机开关后开始极板清灰。每周期清灰时间 3min，停止 5min。

9.实验完毕后依次关闭发尘装置、高压电源和主风机，然后启动振打电机进行清灰 5min，待设备内粉尘沉降后，清理卸灰装置。

10.关闭数据采集系统和控制箱主电源。

11.检查设备状况，没有问题后离开。

五、实验结果整理

1.记录和计算实验数据

实验数据记入表 4-11。

表 4-11　实验结果记录表

工作电压/kV	除尘器进口灰尘浓度 /(mg/m³)	除尘器出口灰尘浓度 /(mg/m³)	灰尘去除率/%

2.建立工作电压与灰尘去除率之间的关系曲线。

3.分析实验数据，解释实验结果。

六、注意事项

1.每次实验前首先确保除尘器外壳接地螺丝处于接地状态！

2.不得无故拆卸、触摸高压电源部位！

3.必须熟悉仪器的使用方法。

4.注意及时清灰。

5.长期不使用时，应将装置内的灰尘清干净，放在干燥、通风的地方。如果再次使用，要先将装置内的灰尘清干净再使用。

实验七　干法脱除烟气中的 SO_2

干法烟气脱硫常用粉状或粒状吸收剂、吸附剂或催化剂来脱除烟气中的 SO_2，工艺过程简单，无须用水，可避免污水、污酸处理问题。烟气经干法净化后温度降幅较小，不需要二次加热即可引入烟囱排放，同时可避免产生"白烟"现象，腐蚀性小且系统能耗低。但干法烟气脱硫剂利用率和脱硫效率均较低，设备庞大，导致一次性投资和占地面积较大，对操作技术要求较高。

一、实验目的

本实验采用石灰石和活性炭作吸附剂，实验中烟气进入固体吸收 U 形吸收管，与吸收管中的固体吸收剂反应，干净的烟气直接排空。实验中应注意实验操作的步骤、流程，观察固体吸收剂的变化，对进出口烟气 SO_2 浓度进行分析并对脱硫效率做出评价。通过该实验，使学生：

1. 理解干法脱硫原理。
2. 了解物理吸附和化学吸附的原理和区别。
3. 掌握干法脱硫的基本特点和工艺流程。
4. 掌握干法脱硫工艺的操作和维护。

二、实验原理

我国是以煤炭为主要能源的国家，是世界上 SO_2 污染最为严重的国家之一，严格控制和减少 SO_2 的排放刻不容缓。目前，脱硫工艺处理有多种方法：按脱硫剂化学成分划分有石灰石法、氨法、氧化镁法和活性炭吸附法等；按脱硫剂形态（液态、固态）划分有湿法、半干法和干法烟气脱硫等，其中石灰石干法脱硫具有投资少、设备简单、操作方便等优点，已得到广泛应用。一般认为石灰石钙基干法脱硫的化学反应为：

$$CaCO_3 \longrightarrow CaO + CO_2 \tag{4-33}$$

$$CaO + SO_2 \longrightarrow CaSO_3 \tag{4-34}$$

$$2CaSO_3 + O_2 \longrightarrow 2CaSO_4 \tag{4-35}$$

实施中，将石灰石破碎至合适颗粒度后，喷入烟气中。石灰石在高温下分解成 CaO 和 CO_2。随着烟气中的 SO_2 与 CaO 反应生成 $CaSO_3$，完成 SO_2 的吸收过程。当炉内有足够的氧气时，在吸收 SO_2 的同时还发生氧化反应生成 $CaSO_4$。

活性炭作为吸附剂吸附二氧化硫，是由于活性炭具有较大的比表面和较高的物理吸附性能，能够将气体中的二氧化硫浓集于其表面而分离出来。活性炭吸附二氧化硫的过程是可逆过程，在一定温度和气体压力下达到吸附平衡；而在高温、减压条件下，被吸附的二氧化硫又被解吸出来，使活性炭得到再生。本实验仅对石灰石、活性炭的吸附性能进行研究，不考虑其再生。

本实验采用 SO_2 快速检测法进行测定。

三、实验流程与装置

1. 实验流程

实验采用 U 形管反应床。可以根据需要自行确定直径和长度。实验装置流程图如图 4-10 所示，本套实验装置设计了旁路系统。所有旁路气流通过一个装有吸收二氧化硫填料的吸收塔，并避免实验过程造成空气污染。

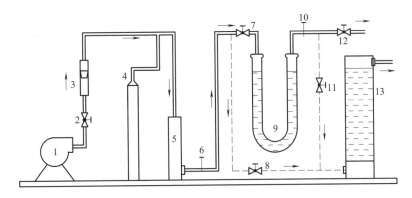

图 4-10　干法脱硫实验流程图

1—鼓风机；2—流量控制阀；3—气体流量计；4—二氧化硫钢瓶；5—缓冲罐；

6—入口取样阀；7—吸收管入口阀；8—吸收管入口旁路阀；9—U 形吸收反应管；

10—出口取样管；11—吸收管出口旁路阀；12—吸收管出口控制阀；13—填料塔

2. 实验仪器和试剂

手动采样器，1 个；二氧化硫快速检测管，数根；石灰石。

四、实验内容及步骤

1. 配气：含二氧化硫烟气由纯二氧化硫和空气配制而成，可根据需要选择鼓风机型号。

2. 对石灰石分别称重，并把石灰石装入 U 形吸收反应管和填料塔。

3. 按图 4-10 连接好各装置，关闭吸收反应管入口阀门，开启旁路阀门。

4. 开启鼓风机，调节流量计流量至合适数值。

5. 缓慢开启二氧化硫钢瓶减压阀，通过减压阀出口流量计控制配气中二氧化硫浓度 $[(200 \sim 500) \times 10^{-6}]$。

6. 待入口二氧化硫浓度和气体流量稳定后，开启吸收反应管出、入口阀。

7. 关闭出、入口旁路阀，开始计时。

8. 每间隔 3min 在进、出气取样管处，用手动采样器配合快速检测管采集 200mL 气体样品，读取快速采样管读数，记录入口二氧化硫浓度数据。

9. 实验结束时，关闭二氧化硫钢瓶总阀，关闭减压阀。

10. 二氧化硫钢瓶关闭后，鼓风机继续运行 3min 之后停掉鼓风机。

11. 拆下 U 形管反应床，对吸收剂吸收二氧化硫前后的外形进行对比并称重，记录实验数据。

12. 整理实验室内务，切断所有带电设备电源。

五、实验数据记录及处理

1. 实验数据按表 4-12 记录。

表 4-12　实验数据记录表

姓名_____　　第_____组　　实验日期_____

吸收剂石灰石含量_____　　温度_____　　相对湿度_____

项目		通气时间 t/min	气体流量 v/(L/min)	采集体积 /mL	快速检测管读数	SO_2 浓度 C/(mg/m³)	脱硫效率 η/%
进气口							
出气口	1						
	2						
	3						
	4						
	5						
	6						
	7						

2.脱硫效率计算公式：

$$\eta = \frac{C_r - C_t}{C_r} \times 100\% \tag{4-36}$$

式中　η——脱硫效率；

　　C_r——SO_2 入口浓度；

　　C_t——SO_2 出口浓度。

3.以脱硫效率对时间作图。

4.根据入口二氧化硫浓度和吸收反应时间，计算吸收过程中参与反应的石灰石量以及结束时吸收剂质量的理论变化值。

5.比较吸收剂实际变化值和理论变化值。

六、讨论与分析

1.评价脱硫剂的脱硫效率。

2.计算脱硫剂在实验结束时的利用率。

3.计算脱硫剂在实验条件下的工作硫容。

4.分析吸收剂实验前后总质量的理论与实际变化量之间的差异可能存在的原因。

5.综合评价干法脱硫剂的优缺点。

七、注意事项

1.实验中应严格防止二氧化硫气体泄漏。

2.钢瓶操作时应缓慢开启并仔细查漏。

3.如果有泄漏现象，应快速关闭钢瓶总阀，打开通风系统，组织人员撤离。

4.填料塔内的脱硫剂反应到中层以后，应加强对填料塔内的脱硫剂的定期观察。

5.若填料塔内的脱硫剂反应量达到 80% 时，应进行更换。

实验八　机动车尾气排放检测

一、实验意义和目的

机动车排放污染控制是机动车排放控制中非常重要的一项工作，而怠速排放检测又是汽油车排放检测中最简便和常用的方法。通过检测可以判定汽车发动机燃烧是否达到正常状态，从而降低油耗和排放。

通过本实验，学习使用汽油车尾气分析仪在怠速和高息速情况下对在用汽油车排气中的一氧化碳（CO）和碳氢化合物（HC）浓度（体积分数）的测量方法。

二、实验原理

机动车在怠速工况下（注：当发动机运转、离合器处于接合位置、油门踏板与手油门处于松开位置、变速器处于空挡位置，且当采用化油器的供油系统其阻风门处于全开位置时，即为怠速工况），发动机汽缸内通常处于不完全燃烧状况，此时尾气中 CO 和 HC 的排放相对较高，但 NO_x 排放则很低。由于怠速工况时机动车没有行驶负载，无须底盘测功机就可进行尾气排放检测，故虽然怠速法不能全部反映实际运行工况下的机动车排放，仍是目前各国普遍采用的在用车排放检测方法之一。

汽油车怠速检测的主要内容是尾气中 CO 和 HC 的体积分数，一般采用汽油车尾气四气（或五气）分析仪。对 CO 和 HC 的体积分数检测均为不分光红外法。其基本原理是根据物质分子吸收红外辐射的物理特性，利用红外线分析测量技术确定物质的浓度。光学平台的示意图如图 4-11 所示。

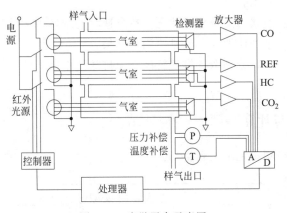

图 4-11　光学平台示意图

红外光源驱射的红外光线，经由微处理器操作的电子开关控制发出低频的红外光脉冲，检测和参比脉冲光束通过气室到达检测器。检测器是多元型的，每一个检测单元前均有一个窄带干涉光滤片，红外光电检测器件分别接收到对应波长的光，将光电信号线性放大后，送入 A/D 转换器，转换成数字信号送到微处理器处理。在检测气路上分别有压力传感器和温度传感器进行压力和温度补偿校正，以消除外界环境变化对气体浓度测量误差的影响。

三、实验仪器和设备

1. 汽油车尾气四气（或五气）分析仪

1台。取样软管长度为 5.0m，取样探头长度不小于 600mm，并应有插深定位装置；仪器的取样系统不得有泄漏，由标气口静态标定和由取样系统动态标定的结果对 CO 应一致，对 HC 允差 100×10^{-6}；仪器应有在大气压为 86～106kPa 范围内保持上述各项性能指标要求的措施。

2. 受检车辆或发动机

不同型号若干台。进气系统应装有空气滤清器，排气系统应装有排气消声器，并不得有泄漏；汽油应符合 GB 17930—2016 的规定；测量时发动机冷却水和润滑油温度应达到汽车使用说明书所规定的热状态；自 1995 年 7 月 1 日起新生产汽油发动机应具有怠速螺钉限制装置，点火提前角在其可调整范围内都应达到排放标准要求。

3. 其他

必要时在发动机上安装转速计、点火正时仪、冷却水和润滑油测温计等测试仪器。

四、实验方法和步骤

怠速检测介绍如下。

（1）发动机由怠速工况加速至 0.7 额定转速，维持 60s 后降至高怠速状态。

（2）发动机降至高怠速状态后，将取样探头插入排气管中，深度等于 400mm，并固定于排气管上。

（3）发动机在高怠速状态维持 15s 后开始读数，读取 30s 内的最高值和最低值。取平均值即为高怠速排放测量结果。

（4）发动机从高怠速状态降至怠速状态，在怠速状态维持 15s 后开始读数，读取 30s 内的最高值和最低值，其平均值即为怠速排放测量结果。

（5）若为多排气管时，分别取各排气管高怠速排放测量结果的平均值和怠速排放测量结果的平均值。

五、实验数据记录与计算

汽油车怠速污染物测量记录见表 4-13。

尾气分析仪型号：＿＿＿＿＿＿＿＿＿＿＿＿＿＿＿＿＿＿＿＿＿＿

转速仪型号：＿＿＿＿＿＿＿＿＿＿＿＿点火正时仪型号：＿＿＿＿＿＿＿＿＿＿＿

大气压力：＿＿＿＿＿＿＿＿＿＿＿大气温度：＿＿＿＿＿＿＿＿＿＿＿

实验地点：＿＿＿＿＿＿＿实验人员：＿＿＿＿＿＿＿实验日期：＿＿＿＿＿＿＿

表 4-13　汽油车怠速污染物测量记录表

序号	车(机)型	车(机)号	转速 /(r/min)	点火提前角/(°)	CO 体积分数/%			HC 体积分数/%		
					最高值 V_1	最低值 V_2	平均值	最高值 V_1	最低值 V_2	平均值

六、实验结果讨论

1. 根据本实验的结果，各监测车辆（或发动机）是否能够达标？

2. 双怠速阀为何不能反映实际运行工况下的机动车排放？替代的在用车排放检测方法有什么？

第二节　综合性设计性实验

实验一　吸收法净化二氧化硫实验

一、实验目的

1. 深入理解湿法烟气脱硫法去除有害废气的原理和特点。

2. 掌握湿法烟气脱硫法的工艺流程和脱硫装置的特点。

3. 训练工艺实验的操作技能，掌握主要仪器设备的安装和使用。

4. 掌握实验过程中的样品分析和数据处理的技术。

二、实验原理

烟气脱硫（flue gas desulfurization，FGD）的工艺有很多种，包括干式脱硫、喷雾脱硫、煤灰脱硫、湿法脱硫等。

按脱硫剂的种类划分，可分为五种方法：以 $CaCO_3$（石灰石）为基础的钙法，以 MgO 为基础的镁法，以 Na_2SO_3 为基础的钠法，以 NH_3 为基础的氨法，以有机碱为基础的有机碱法。

化学原理：烟气中的 SO_2 实质上是酸性的，可以通过与适当的碱性物质反应从烟气中脱除 SO_2。烟道气脱硫最常用的碱性物质是石灰石（碳酸钙，$CaCO_3$）、生石灰（氧化钙，CaO）和熟石灰［氢氧化钙，$Ca(OH)_2$］，石灰石产量丰富，因而相对便宜，生石灰和熟石灰都是由石灰石通过加热来制取。有时也用碳酸钠（纯碱）、碳酸镁和氨等其他碱性物质。所用的碱性物质与烟道气中的 SO_2 发生反应，产生了一种亚硫酸盐和硫酸盐的混合物（根据所用的碱性物质不同，这些盐可能是钙盐、钠盐、镁盐或铵盐）。亚硫酸盐和硫酸盐间的比例取决于工艺条件，在某些工艺中，所有亚硫酸盐都转化成了硫酸盐。SO_2 与碱性物质间的反应或在碱溶液中发生（湿法烟气脱硫技术），或在固体碱性物质的湿润表面发生（干法或半干法烟气脱硫技术）。

在湿法烟气脱硫系统中，碱性物质（通常是碱溶液，更多情况是碱的浆液）与烟道气在喷雾塔中相遇。烟道气中 SO_2 溶解在水中，形成一种稀酸溶液，然后与溶解在水中的碱性物质发生中和反应。反应生成的亚硫酸盐和硫酸盐从水溶液中析出，析出情况取决于溶液中存在的不同盐的相对溶解性。例如，硫酸钙的溶解性相对较差，因而易于析出；硫酸钠和硫酸铵的溶解性则好得多。在干法和半干法烟气脱硫系统中，或使烟道气穿过碱性吸收剂床喷入烟道气流中，或使固体碱性吸收剂与烟道气相接触。无论哪种情况，SO_2 都是与固体碱性物质直接反应，生成相应的亚硫酸盐和硫酸盐。为了使这种反应能够进行，固体碱性物质必须是十分疏松或相当细碎。在半干法烟气脱硫系统中，水被加入烟道气中，以在碱性物质颗粒物表面形成一层液膜，SO_2 溶入液膜，加速了与固体碱性物质的反应。

世界各国的湿法烟气脱硫工艺流程、形式和机理大同小异，主要是使用石灰石（$CaCO_3$）、石灰（CaO）或碳酸钠（Na_2CO_3）等浆液作洗涤剂，在反应塔中对烟气进行洗涤，从而除去烟气中的 SO_2。这种工艺已有数十年的历史，经过不断改进和完善后，技术比较成熟，而且具有脱硫效率高（90%～98%）、机组容量大、煤种适应性强、运行费用较低和副产品易回收等优点。据美国环保署（EPA）的统计资料，全美火电厂采用湿式脱硫装置中，湿式石灰法占 39.6%，石灰石法占 47.4%，两法共占 87%；双碱法占 4.1%，碳酸钠法占 3.1%。在中国的火电厂、钢厂，90% 以上采用湿式石灰/石灰石-石膏法烟气脱硫工艺流程。但是在日本等脱硫处理较早的国家，基本采用镁法脱硫，占到 95% 以上。

三、实验设备

吸收法净化二氧化硫实验设备如图 4-12 所示。

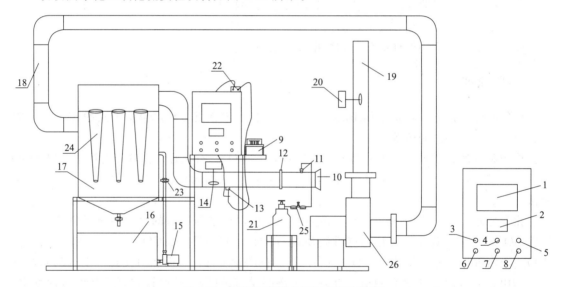

图 4-12　吸收法净化二氧化硫实验设备

1—彩色触摸屏；2—微型打印机；3—电源指示灯；4—运行指示灯；5—停止指示灯；6—电源启动按钮；

7—电源停止按钮；8—急停开关；9—风量变频器；10—进风口；11—SO_2 进气口；12—分布器；

13—温湿度监测点；14—SO_2 进口检测传感器；15—碱液提升泵；16—碱液水箱；

17—烟气脱硫反应箱；18—气管；19—出气口；20—SO_2 出口检测传感器；21—SO_2 气瓶；

22—温湿度传感器；23—碱液调节阀；24—气体喷管；25—减压阀；26—风机

四、实验步骤

首先必须认真阅读产品说明书，认清组成装置的所有构筑物、设备和连接管路的作用，以及相互之间的关系，了解设备的工作原理。经清水试运行，确认设备运转正常，池体和管路无漏水时，方可启动设备并运行。

1.将配制好的碱液注入碱液水箱 16 中，待实验时使用。检查设备系统外况和全部电气连接线有无异常（如管道设备有无破损等），一切正常后开始操作，关闭所有阀门。

2.将设备连接电源，按下电控箱上的电源启动按钮 6，在彩色触摸屏上选择近端控制；然后点击彩屏界面进行实验操作，彩色触摸屏如图 4-13 所示。

3.在彩色触摸屏上点击风机开关，风机 26 运行，调节风量变频器 9，可控制进入管道的风量的大小，打开 SO_2 气瓶的阀门，调节减压阀，控制气体进入管道的量和压力，SO_2 通过 SO_2 进气口进入管道，在空气的带动下进入烟气脱硫反应箱 17。

4.在彩色触摸屏上开启碱液提升泵 15 的运行，碱液通过提升泵进入反应箱，与从气体喷管 24 排出的 SO_2 气体进行充分接触反应，提高了脱硫的效率。

5.读取触摸屏上实验系统自动采集到的 SO_2 初始浓度、SO_2 最终浓度、环境空气湿度和温度等数据；也可启动打印开关，将数据输出。

6.实验过程中，可以设置风机的风量、SO_2 进气量作为实验参数进行调节，研究烟气脱硫的最适条件。

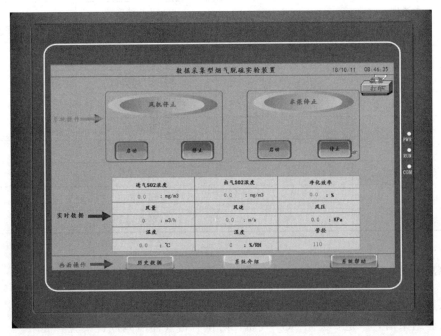

图 4-13　彩色触摸屏界面

五、实验数据记录

实验数据记入表 4-14。

表 4-14　实验结果记录表

环境温度_____　　　环境湿度_____

工况 1-1			
空气进气流量		SO_2 进气流量	
SO_2 初始浓度		SO_2 出口浓度	
大气压		效率	

工况 1-2			
空气进气流量		SO$_2$ 进气流量	
SO$_2$ 初始浓度		SO$_2$ 出口浓度	
大气压		效率	
工况 1-3			
空气进气流量		SO$_2$ 进气流量	
SO$_2$ 初始浓度		SO$_2$ 出口浓度	
大气压		效率	
工况 2-1			
空气进气流量		SO$_2$ 进气流量	
SO$_2$ 初始浓度		SO$_2$ 出口浓度	
大气压		效率	
工况 2-2			
空气进气流量		SO$_2$ 进气流量	
SO$_2$ 初始浓度		SO$_2$ 出口浓度	
大气压		效率	
工况 2-3			
空气进气流量		SO$_2$ 进气流量	
SO$_2$ 初始浓度		SO$_2$ 出口浓度	
大气压		效率	

六、注意事项

1. 实验开始前必须熟悉仪器的使用方法。

2. 实验结束后，一定要关闭 SO$_2$ 气瓶，防止有害气体泄漏危害实验者健康。

3. 长期不使用时，应将装置内的灰尘清干净，放在干燥、通风的地方。

实验二　填料吸收法处理废气实验

一、实验目的

1. 了解填料吸收法处理废气的工作原理。

2. 了解填料吸收塔处理废气实验设备的工艺流程、单元组成。

二、实验原理

填料吸收塔实验装置，主要用于吸收法净化气态污染物，用于一些浓度低且气体流量较大的废气处理。它是利用废气中各混合组分在选定的吸收剂中溶解度不同，或者其中一种或多种组分与吸收剂中活性组分发生化学反应，达到将有害物从废气中分离出来从而净化气体目的的一种方法。从吸收过程的本质来看，吸收净化法即将气态污染物转移到液相，以水合物或某种新化合物形式存在于液相中。吸收过程可分为物理吸收和化学吸收两种。物理吸收的主要分离原理是气态污染物在吸收剂中具备不同的溶解能力，化学吸收的主要分离原理是气态污染物与吸收剂中的活性组分具备选择性反应能力。废气吸收净化的特点是气态污染物含量低、废气量大、净化要求高。反应机理包括：气体在液相中的溶解及平衡（亨利定律）、气液传质（双膜理论、菲克定律、气膜与液膜控制）等。

本实验装置的填料吸收塔结构，采用四层填料结构，其目的是方便塔体中间的取样。具有一定风压、风速的待处理气流从塔的底部进、上部出，吸收液从塔的上部进、下部出，气流与吸收液在塔内做相对运动。吸收液在填料表面形成很大表面积的水膜，从而大大提高了吸收作用。每一层的吸收液经过隔板的均流作用掉入下一层填料中，一层一层往下进行吸收作用。

三、实验仪器与装置

本实验所用的填料吸收塔实验设备由以下几部分组成（图 4-14）。

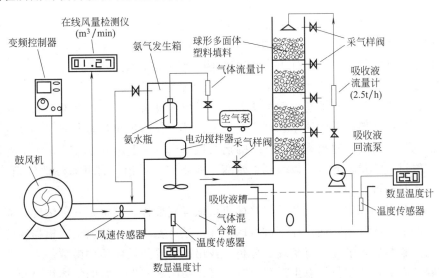

图 4-14　填料吸收塔实验设备

1. 鼓风机

鼓风机的作用是向填料吸收塔送入一定风压、一定流量的实验气流。通过变频控制器控制鼓风机的转速，来控制鼓风机的送风量，并由在线风量检测仪指示风流量。

2. 空气泵和氨气发生箱

由空气泵压出的空气经流量计控制后通入氨气发生箱中的氨水瓶，由空气鼓泡产生的氨气经管道通入配气箱。通过调节流量计来控制氨气的发生浓度。

3. 配气箱

配气箱位于鼓风机和填料吸收塔之间，由鼓风机送入的空气和实验模拟废气在此箱中混合成实验浓度的气体进入填料吸收塔。通过调节送入的实验模拟废气气体流量，来配制不同浓度的实验气体。

4. 电气控制箱

电气控制箱中安装有多个电气单元，包括变频控制器和三相输出电源插座（用来调节控制鼓风机的转速，从而达到控制进入填料吸收塔的风量）、在线风量检测仪和风量信号输入插座、循环泵电源插座（用来控制循环泵）、混合搅拌器电源插座（混合搅拌气体）、数显温度计（用于测定进入吸收塔的气体温度和吸收液的温度）。

5. 采气、检测系统

该系统由三部分组成。第一部分为一个 $500\sim1000\text{mL}$ 的抽滤瓶，一根直径为 8mm 的玻璃管从抽滤瓶上的橡胶塞中间插入抽滤瓶的底部位置（不要插到底），玻璃管的上端与一根橡胶管连接，该橡胶管的另一端可以移动，从不同的取样阀取气样。第二部分为采气泵，它的进气端用橡胶管与抽滤瓶的抽气端连接，出气端与氨气体测定仪连接。第三部分为便携式氨气体测定仪，美国产 AIM-450 型，$0\sim250\times10^{-6}$ 量程，使用时用塑料管或橡胶管与采气泵连接。

四、实验步骤

1. 仔细了解整个实验设备的工艺流程、各个单元的连接情况与操作方法。
2. 按照氨水：水 $=1:1$ 的比例稀释 400mL 氨水溶液，倒入氨气发生箱的玻璃瓶中。
3. 将自来水或配制 0.01mol/L 的盐酸溶液倒入吸收液槽至 4/5 体积。
4. 按照设备使用说明书的要求启动与操作实验设备。

首先，插上电气控制箱的总电源插头，开启总电源开关。开启循环泵，打开循环泵的流量调节阀，调节到实验所需的流量。开启变频控制器，让鼓风机运转起来，调节变频控制器到实验所需的进风流量（建议采用 50Hz 的运行频率）。开启空气泵，调节气体流量计至实验所需的空气进气流量，此时可以看到氨水瓶中有空气泡鼓出。打开氨气挥发箱的出气阀，让氨气体进入气体混合箱。

经过一定时间的稳定运转，从配气箱的出口取样阀取样，测定氨气体浓度。同样，再从填料吸收塔的最上层开始，逐一往下进行取气样，进行氨气浓度的测定。根据实验方案可以获取大量的实验数据，最终进行整理、分析，找出该实验的最佳条件参数。

5. 实验结束后，关闭氨气发生系统的空气泵，关闭氨气发生箱的气体输出阀门。关闭循环泵的电源，将循环泵的电源控制开关打到"关"位置。关闭变频控制器。鼓风机停止工作。如果不再进行实验，则将实验吸收液排空，以免长期浸泡潜水泵而损坏水泵。将自来水注入水箱，开启循环泵，用清水清洗管路和填料吸收塔以及水箱。清洗完毕，放空所有积水，待下次实验使用。

五、实验结果整理

1. 记录实验数据：包括实验气体温度、吸收液温度、实验气体流量和在塔内的流速、吸收液的流量等参数。
2. 求出填料高度与吸收率的关系曲线。
3. 计算出该实验条件下的填料塔吸收负荷 $[\text{kg}/(\text{m}^3\cdot\text{d})]$。
4. 分析实验数据（表 4-15），解释实验结果。

表 4-15　实验结果记录表

取样口	塔体积/L	填料体积/L	氨气浓度/(μL/L)	氨气去除率（单层）/%
吸收塔进口	—	—	—	—
第一层塔（由下到上）				
第二层塔（由下到上）				
第三层塔（由下到上）				
第四层塔（由下到上）				
总去除率/%	—	—	—	—

六、注意事项

1.当设备长期不使用后重新开始使用，由于水泵的泵体中留有空气，可能会引起水泵运转不正常，此时要立即关闭水泵，采用挤、捏皮管和反复开启、关闭水泵的方法来排除空气，直至水泵正常工作为止。

2.在实验过程中，一定要将吸收塔的尾气通过管道排放至室外。

3.在实验过程中，一定要将实验室的门窗打开，以保持实验室内良好的通风状态。

4.实验结束后，一定要关闭氨气发生器的输出阀门。

5.由于氨气浓度测定仪的量程是有范围的，因此，氨气发生时的浓度不要超过仪器的量程范围，否则会引起仪器的灵敏度钝化或者死机等现象的出现。

实验三　烟气脱硝 SCR 实验

一、实验目的

1.掌握 SCR 催化转化氮氧化物废气处理的特性与规律。

2.了解与熟悉烟气脱硝的工艺流程及操作方法。

3.对一定浓度的 NO_x 废气进行催化反应实验、确定其不同条件下的催化效率及不同催化剂活性评价。

二、实验原理

SCR 脱硝技术采用 NH_3 作为还原剂将烟气中的氮氧化物还原为无害的 N_2 和 H_2O，达到污染物减排的目的，主要化学反应式为：

$$4NH_3 + 4NO + O_2 \longrightarrow 4N_2 + 6H_2O \tag{4-37}$$

$$4NH_3 + 2NO_2 + O_2 \longrightarrow 3N_2 + 6H_2O \tag{4-38}$$

图 4-15　质量流量控制器

质量流量控制器用于对气体的质量流量进行精密测量和控制（图 4-15）。由流量传感器、流量调节阀、放大控制电路和分流器控制通道等部件组成。

质量流量控制器的工作原理：它是利用流动流体传递热量改变测量毛细管壁温度分布的热传导分布效应而制成的。采用毛细管传热温差量热法原理测量气体的质量流量，可以不受温度和压力的影响。将传感器测得的流量信号进行放大，然后与设定的电压进行比较，用所得的差值信号去驱动控制调节阀门，闭环控制流过通道的流量，使之与设定的流量相等。

三、实验装置

实验装置如图 4-16 所示。

四、实验步骤

1.电源控制：将设备接通电源，电源指示灯 3 点亮，开始进行实验。首先按下启动按钮 8，启动指示灯 4 亮，设备运行，彩色触摸屏 1 进入操作界面。

2.加催化剂：打开设备箱后门，在加热炉旁边的加药口加入 8～12 粒催化剂。此过程可以根据实际的实验要求进行添加或者省略。

3.加热设定：催化剂加完，将设备进行升温，先设定预热温度按下预热按钮 16，在温控仪上将温度调到最高为 200℃，如果想要使温度更高，可以做一段加热，按下一段加热的按钮，调节一段加热温控仪，使温度达到最高（最高 400℃），如果还想调节到更高的温度，则其温度操作同上。

4.加热炉阀门操作：当加温一段时间后（这边可以设计在预热下需要 10min，一段加热下需要 8min，二段加热时需要 5min，三段加热需要 3min），慢慢打开加热炉阀门，让 NO_x 气体进入加热炉，脱硝反应进行。

5.反应气体操作：该实验的具体操作可以根据自身的实验设定进行操作，本实验指导书以混合所有气体进行实验为例。

首先打开所有气体压力表下的气体开关，接着缓慢打开气瓶上阀门，调节减压阀至合适的压力，使气体稳定地经过对应气体的质量流量计进入混合气体管道中，然后进入预加热罐中开始进行净化，此时可以调节混合气体流量计 47 进行气体处理量的调节。

6.实验过程中，由于气体经过加热炉的加热，在排放时需要进行冷却处理，在冷却处理过程中，可在彩色触摸屏上启动冷却循环操作，彩色触摸屏的样式如图 4-17 所示，水箱 43 内的水经过循环水泵 42 进入冷却罐 44，从而冷却需要排放的气体。运行稳定后，观察记录、打印数据。

7.实验结束后，关闭气瓶上的阀门，关闭冷却循环泵，打开彩屏上的气泵启动按钮，使管道中残留气体排出。

8.实验结束后，关紧气瓶旋钮，防止有害气体泄漏，关闭电源，实验结束。

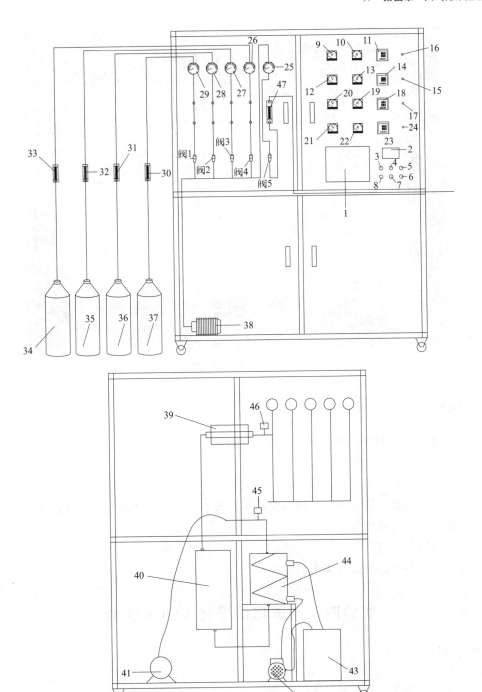

图 4-16 实验装置

1—彩色触摸屏；2—微型打印机；3—电源指示灯；4—启动指示灯；5—停止指示灯；6—急停开关；
7—停止按钮；8—启动按钮；9，12，20，21—电压表；10，13，19，22—电流表；
11，14，18，23—温控仪；15——段加热按钮；16—预热按钮；17—二段加热按钮；
24—三段加热按钮；25—混合气体压力表；26—NH₃压力表；27—O₂压力表；28—N₂压力表；
29—NO压力表；30—NO质量流量计；31—N₂质量流量计；32—O₂质量流量计；
33—NH₃质量流量计；34—NH₃气瓶；35—O₂气瓶；36—N₂气瓶；
37—NO气瓶；38—气泵；39—预加热；40—加热炉；41—湿式气体流量计；
42—循环水泵；43—水箱；44—冷却罐；45—出口气体浓度传感器；
46—进口气体浓度传感器；47—混合气体流量计

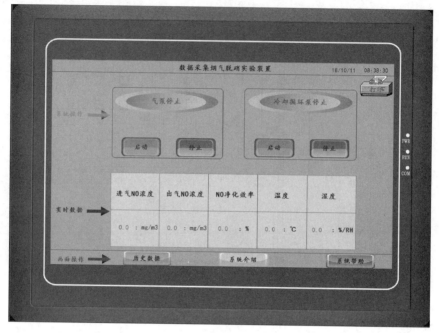

图 4-17　彩色触摸屏界面

五、实验数据的记录和处理

将实验测得数据和计算的结果等填入实验数据记录表中。

大气压力_____ kPa

室温_____ ℃

自行设计实验数据记录表格。根据实验测得数据，按下列要求写出实验报告：

1.实验目的与实验流程步骤。

2.实验数据与数据处理，包括实验过程中各物料转化率等的定义。

3.实验结果与讨论及改进实验的建议。

实验四　光催化法净化 VOCs 实验

一、实验目的

1.了解在紫外光下的光催化反应原理。

2.掌握光催化实验的基本方法。

二、实验原理

VOCs 具有的特殊气味能导致人体出现种种不适感，并具有毒性和刺激性。已知许多 VOCs 具有神经毒性、肾脏和肝脏毒性，甚至具有致癌作用，能损害血液成分和心血管系统，引起胃肠道紊乱，诱发免疫系统、内分泌系统及造血系统疾病。在各种室内 VOCs 中，以苯、甲苯、二甲苯及甲醛最为常见。

光催化是藤岛昭教授在 1967 年的一次试验中，对放入水中的氧化钛单晶进行紫外灯照射，结果发现水被分解成了氧和氢而发现的。催化剂是加速化学反应的化学物质，其本身并不参与反应。光催化剂就是在光子的激发下能够起到催化作用的化学物质的统称。

光催化剂的种类其实很多，包括二氧化钛（TiO_2）、氧化锌（ZnO）、氧化锡（SnO_2）、二氧化锆（ZrO_2）、硫化镉（CdS）等多种氧化物硫化物半导体，另外还有部分银盐、卟啉等也有催化效应，但它们基本都有一个缺点——存在损耗，即反应前和反应后其本身会出现消耗，而且它们大部分对人体都有一定的毒性。所以，目前所知的最有应用价值的光催化材料，就是 TiO_2。

如何解释光催化这个反应呢？其实，从宏观看，可以把它理解成光合作用的逆反应（图 4-18）。

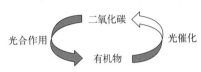

图 4-18　光催化的原理

众所周知，最初的地球环境不适合生物生存，后来光合细菌和植物开始光合作用，用叶绿素作为催化剂，将无机物转化为有机物，它们花了近 30 亿年才结束了地球的恶劣环境，创造了地球生物发展的温床。而光催化反应则将这个反应反过来了，即催化剂在光的作用下，将有机物转化成了无机物，这对自然界的物质循环过程具有巨大的意义。

本实验设备中的光催化反应原理采用的是在紫外光作用下，TiO_2 半导体纳米材料可以激发出"电子-空穴"对（一种高能粒子）。空穴能够同吸附在催化剂粒子表面的 HO 或 H_2O 发生作用生成羟基自由基 HO·。HO· 是一种活性很高的粒子，能够无选择地氧化多种有机物，通常被认为是光催化反应体系中主要的氧化剂，可将 VOCs 有害污染物氧化、分解成 CO_2、H_2O 等无毒无味的物质。

三、实验装置

数据采集光催化法去除 VOCs 净化装置的实验设备如图 4-19 所示。

四、实验步骤

1. 首先检查设备系统外况和全部电气连接线有无异常（如管道设备有无破损等），一切正常后开始操作。本实验操作中，为了实验安全，实验用乙醇代替 VOCs 作为实验气体。

2. 关闭阀门 2，打开阀门 1、3 和 4，将一定量的乙醇溶液注入 VOCs 发生器 16 中，操作完成后启动电控箱上的电源启动按钮，点击彩色触摸屏（图 4-20）上的空压机开关以及紫外灯开关。

3. 设备开始运行后，缓慢调节流量阀至一定开度（可由小到大），通过调节流量阀的不同开度，进行实验，并记录显示屏的实时数据。

4. 实验结束后，关闭阀门 3 和 4，全开阀门 2，让设备运行一段时间后（净化管道内空气），关闭触摸屏上紫外灯和空压机开关，按下电控箱上的停止按钮，检查设备无其他问题后，即可离开。

五、实验数据记录

处理气量对光催化效率的影响结果记入表 4-16。

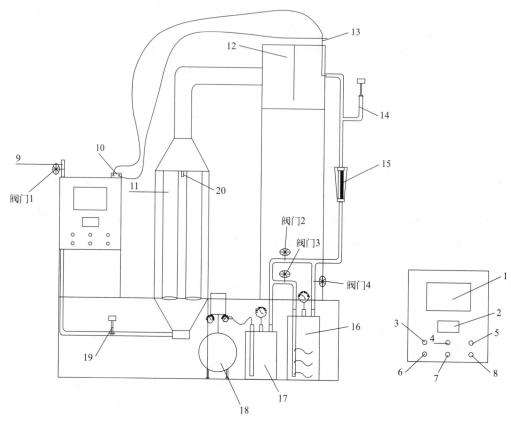

图 4-19　光催化净化 VOCs 实验设备

1—彩色触摸屏；2—微型打印机；3—电源指示；4—运行指示；5—停止指示；6—电源启动；

7—电源停止；8—急停开关；9—排气口；10—温湿度传感器；11—光催化反应柱；

12—混合气体缓冲罐；13—毕托管；14—进气浓度检测传感器；15—进气流量计；

16—VOCs 发生器；17—进气缓冲罐；18—空气压缩机；

19—出气浓度检测传感器；20—光催化灯

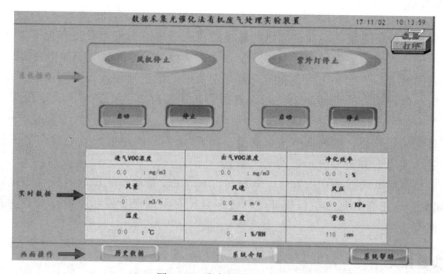

图 4-20　彩色触摸屏界面

表 4-16　实验结果记录表

环境温度_____　　环境湿度_____

工况 1-1			
风量/(m³/h)		进气 VOCs 浓度/(mg/m³)	
出气 VOCs 浓度/(mg/m³)		风速/(m/s)	
风压/kPa		净化效率/%	

实验五　生物洗涤塔净化挥发性有机物

一、实验目的

本实验设计了生物洗涤塔净化挥发性有机物，可进行配气、净化和检测操作，通过实验现象观察和实验数据分析，熟悉生物法降解挥发性有机物的系统设备和工艺流程，进一步提高对生物法控制挥发性有机物原理的理解，掌握实验的基本操作技能和挥发性有机物的检测方法。

二、实验原理

生物净化技术利用附着在滤料介质中的微生物，在适宜的环境条件下，以废气中的有机成分作为碳源和能源，维持其生命活动，并将有机物分解为二氧化碳、水、无机盐和生物质等无害的物质。

生物法是一种经济有效、环境友好的 VOCs 治理方法，主要适用于低浓度有机废气的治理。按照传统生物膜理论，生物法处理有机废气一般要进行以下步骤：废气中的有机污染物首先与水接触，并溶解于靠近气-水界面的液膜中；溶解于液膜中的有机污染物在浓度差的推动下进一步扩散到生物膜，继而被微生物捕获并吸收；微生物以有机物为能源或碳源进行生长代谢，从而将其分解为简单无毒的无机物（如 CO_2 和 H_2O）和低毒的有机物；生物代谢产物一部分重新回到液相，一部分气态物质（如 CO_2）脱离生物膜，通过扩散进入大气圈。依据该理论，生物净化有机气体的速率主要取决于气相和液相中有机物的扩散速率及生化反应速率。废气的生物净化过程和废水的生物净化过程的最大的区别在于：气态污染物首先要经历由气相转移到液相或固体表面的液膜中的传质过程，然后污染物才在液相或固相表面被微生物降解。

目前，主要的生物净化工艺有生物过滤、生物洗涤和生物滴滤。

一般认为，处理亨利系数较低（$H_c < 0.01$）、易溶于水的污染物，倾向于采用生物洗涤法；亨利系数较高（$H_c > 1$）、难溶于水的污染物适宜用生物过滤法；溶解度介于两者之间的污染物质（$0.01 < H_c < 1$），则可选用生物滴滤塔进行处理；而当污染物的亨利系数大于 10、极难溶于水时，则不宜用生物法处理。

生物过滤法是指将湿化的有机废气通入填充有填料如土壤、堆肥、泥煤、树皮、珍珠岩、活性炭等的生物过滤器中，与在填料上附着生长的生物膜（微生物）接触，被微生物所吸附降解，最终转化为简单的无机物（如 CO_2、H_2O、SO_4^{2-}、NO_3^- 和 Cl^- 等）或合成新细胞物质，处理后的气体再从生物过滤器的另一端排出。生物洗涤法利用由微生物、营养物和水组成的微生物吸收液处理有机废气，适合于去除可溶性有机废气。吸收了废气的微生物混合液再进行好氧处理，去除液体中吸收的污染物，经处理后的吸收液再重复使用。在生物洗涤法中，微生物及其营养物配料存在于液体中，气体污染物通过与悬浮液的接触转移到液体中，从而被微生物降解。

生物滴滤法处理 VOCs 的原理与生物过滤法基本相同，它是介于生物过滤法与生物洗涤法之间的一种生物处理技术。生物滴滤反应器中一般填充惰性填料，如陶瓷、碎石、珍珠岩、塑料材质填料等，在此系统中填料仅为微生物提供一定的附着表面。废气同生长在惰性填料上的生物膜（微生物）接触，从而被生物降解。

虽然生物法在处理挥发性有机废气方面有很多优点和好处，但生物法所能承载的污染物负荷不能太高，因而一般占地较大。另外，对于气态污染物生物净化的机制了解还不充分，设计和运行基本还停留在经验和现场实验获取数据水平，造成一些设备的运行效果不稳定。

三、实验装置及仪器、试剂

1. 实验装置

实验装置如图 4-21 所示，生物洗涤塔由内径 120mm、高度 800mm 的有机玻璃组成，塔底有气体分布器，液体有效高度为 650mm，有效体积约为 6L，塔内布置有微生物附着毛刷，在实验正式开始前，需要先进行微生物培养、驯化。

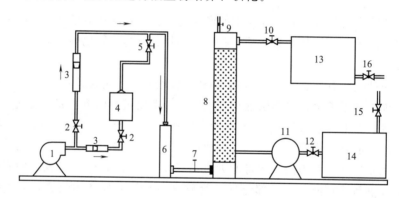

图 4-21　实验装置流程图

1—鼓风机；2—进气流量控制阀门；3—气体流量计；4—甲苯发生器；5—甲苯发生器出口阀；

6—缓冲罐；7—进口取样阀；8—接触氧化生物洗涤塔；9—净化气体出口取样点；10—生物洗涤塔出水阀；

11—营养液进液泵；12—营养液进液阀；13—洗涤塔出水收集槽；14—营养液储备槽；

15—营养液储液槽进液阀；16—出水收集槽排水排泥阀

2. 实验仪器和试剂

手动气体采样器；甲苯快速检测管；酸度计，1 台；COD 快速测定仪，1 台；200mL 烧杯，5 个；100mL 量筒，3 个；COD 测定所需试剂；甲苯，尿素，葡萄糖，磷酸二氢钾。

四、实验步骤

1. 实验前预备（由实验准备人员负责完成）。实验前需进行生物洗涤塔内生物膜挂膜；配制一定量营养液，取一定体积的培养好的微生物混合液；开启鼓风机，把微生物混合液倒入生物洗涤塔内，调节鼓风机出口气体流量，进行适量曝气；间隔一定时间添加一定的营养液[营养液添加操作：将配制好的营养液倒入营养液循环槽，开启营养液进液阀门和生物洗涤塔出水阀（定期操作）]，一般挂膜需要1周时间；约10天后开始驯化，驯化时利用甲苯作为碳源，逐步替代葡萄糖，驯化20天左右；挂膜驯化过程中应该注意生物膜的厚度和生物洗涤塔内悬浮物的浓度，挂膜驯化完成后在无实验开展时，仍需进行维护（补充水，排泥，增加营养物），鼓风机一直处于开启状态，使系统一直处于备用状态，备用时鼓风机进气流量可适当调小。

2.甲苯气体配气操作与本章二维码电子教材实验三相关操作相同。

3.调节鼓风机主进气流量（50~200L/min）。

4.开启甲苯发生器前进气阀，将甲苯（分析纯）试剂置入鼓泡瓶，鼓泡口低于液面高度；小股流量进入鼓泡瓶带出甲苯蒸气，进入缓冲罐稀释，获得低浓度甲苯废气。鼓泡瓶置于超级恒温水浴槽内，根据不同废气浓度选择不同的水浴温度。

5.每间隔10min取样监测生物洗涤塔进、出口气体甲苯浓度并记录。

6.每间隔10min取生物洗涤塔内液体样品，测pH和COD。

7.实验结束，先关闭甲苯发生器出、入口阀门。

8.按需要进行营养液添加操作。

9.按需要调节主气管气体流量。

10.排空出水收集槽。

五、实验数据记录及处理

1.整理实验数据。

2.计算甲苯的去除率。

$$\eta = \frac{(C_t - C_0)}{C_0} \times 100\% \qquad (4\text{-}39)$$

式中　η——甲苯去除率；

C_0——甲苯入口浓度；

C_t——t 时刻所测洗涤塔出气口气体甲苯浓度。

3.绘制甲苯去除率随时间变化的曲线。

4.绘制洗涤塔内液相pH和COD变化的曲线。

5.表征生物洗涤塔降解性能的关键参数是比降解速率，它直接反映了装置内微生物对有机物的降解能力和有机物的活性，比降解速率越大，表明微生物对有机物的降解能力越强。比降解速率（γ）的计算公式如下：

$$\gamma = \frac{Q(\rho_{in} - \rho_{out})}{XV} \qquad (4\text{-}40)$$

式中　γ——比降解速率，h^{-1}；

Q——有机物的流量，L/h；

ρ_{in}——有机物进口质量浓度，mg/L；

ρ_{out}——有机物出口质量浓度，mg/L；

X——洗涤塔内挥发性悬浮固体浓度（MLVSS），mg/L；

V——洗涤塔内有效体积，L。

六、分析和讨论

1.生物洗涤塔内液相 pH 和 COD 随实验时间有无变化？分析其变化原因和规律。

2.生物洗涤法净化甲苯废气的制约因素有哪些？如何克服？

3.鼓风机在系统待用情况下需要小气流流量，为什么？

七、注意事项

1.实验中应该严格防止甲苯泄漏，如若发生泄漏，应先关闭甲苯发生器入口进气阀。

2.甲苯配气浓度控制应同时考虑主、支气管气流流量和水浴温度。

3.应定期对生物洗涤塔内生物膜进行维护，控制微生物总量。

二维码4-1　大气
污染控制工程拓展
实验

第五章
固体废物处理与处置

第一节　基础性实验

实验一　固体废物热值的测定

一、实验目的

固体废物热值是固体废物的一个重要物理化学指标。固体废物热值的大小直接影响着固体废物处理处置方法的选择。通过本实验，希望达到以下目的：

1.掌握固体废物热值的测定方法。

2.培养学生动手能力，使其熟悉相关仪器设备的使用方法。

二、实验原理

热化学定义，1mol物质完全氧化时的反应热称为燃烧热。对生活垃圾和无法确定分子量的混合物，其单位质量完全氧化时的反应热称为热值。

测量热效应的仪器称为量热计（卡计），量热计的种类很多，本实验采用氧弹量热计，图5-1为氧弹量热计外形图。测量基本原理是：根据能量守恒定律，样品完全燃烧时放出的能量促使氧弹量热计本身及周围的介质（本实验用水）温度升高，通过测量介质燃烧前后温度的变化，就可以求出该样品的热值。

氧弹量热计的水当量 $C_卡$ 一般用纯净苯甲酸的燃烧热来标定，苯甲酸的恒容燃烧热 $Q_V = 26460 \mathrm{J/g}$。

为确保实验的准确性，完全燃烧是实验的第一步。要保证样品完全燃烧，氧弹中必须有充足的高压氧气（或者其他催化剂），因此要求氧弹密封、耐高压、耐腐蚀，同时粉末样品必须压成片状，以免充气时冲散样品，使燃烧不完全而引进实验误差；第二步还必须使燃烧后放出的热量不散失，不与周围环境发生热交换而全部传递给弹体本身和其中盛放的水，促使弹体和水的温度升高。为了减少弹体与环境的热交换，弹体放在一恒温的套壳中。弹体壁须高度抛光，也是为了减少热辐射。弹体和套壳中间有一层挡屏，以减少空气的对流量。虽

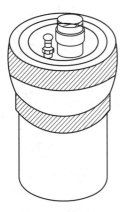

图 5-1 氧弹量热计
外形图

然如此，热漏还是无法避免，因此燃烧前后温度变化的测量值必须经过雷诺图法以校正，其校正方法如下。

称适量待测物质，使燃烧后水温升高 1.5～2.0℃。预先调节水温低于室温 0.5～1.0℃，然后将燃烧前后历次观察的水温对时间作图，连成 $FHIDG$ 折线（图 5-2），图中 H 相当于开始燃烧之点，D 为观察到最高的温度读数点，作相当于室温之平行线 JI 交折线于 I，过 I 点作 ab 垂线，然后将 FH 线和 GD 线外延交 ab 线于 A、C 两点，A 点与 C 点所表示的温度差即是欲求温度的升高 ΔT。图中 AA' 为开始燃烧到温度上升至室温这一段时间的 Δt_1 内，由环境辐射进来和搅拌引进的能量而造成弹体温度的升高，必须扣除。CC' 为温度由室温升高至最高点 D 这一段时间 Δt_2 内，弹体向环境辐射出能量而造成弹体温度的降低，因此需要加上。由此可见，A、C 两点的温度差客观地表示了由于样品燃烧使卡计温度升高的数值。

当量热计的绝热情况良好时，热漏小，而搅拌器功率大，不断引进微量能量使得燃烧后的最高点不出现（图 5-3），这种情况下 ΔT 仍然可以按照同法校正。

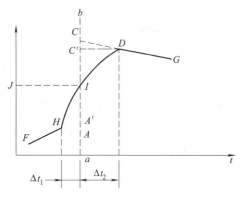

图 5-2 绝热较差时的雷诺校正图

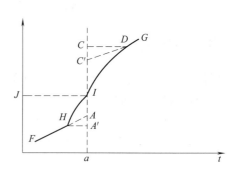

图 5-3 绝热良好时的雷诺校正图

三、实验仪器和试剂

实验装置为 XRY-1A 数显氧弹量热计，如图 5-4 所示。

所需配件及样品：氧弹筒，1 个；弹体定位架，1 个；氧气钢瓶（氧气纯度 99.5％以上的工业氧气），1 个；温度传感器，1 个；氧气压力表，1 块；坩埚，2 个；放气阀，1 个；0～100℃温度计，1 支；苯甲酸（分析纯或燃烧热专用），若干；点火丝，若干。

四、实验步骤

实验前准备：首先调试设备是否正常，其次将约 16kg 的蒸馏水注入仪器外筒，注水完成后，装上温度计，提拉外筒搅拌数次，将仪器在恒温室中放置 24h 后正常使用。

开始实验：

1.设备标定。在分析天平上称取片剂苯甲酸 1g（约 2 片），准确称量 0.0001g 放入坩埚中。

2. 把盛有苯甲酸的坩埚固定在坩埚架上，将一根15cm长点火丝的两端固定在两个电极柱上，让其与苯甲酸有良好的接触，并用剪刀剪去多余部分，然后，在氧弹中加入10mL蒸馏水（测定液体样品装水1mL，固体样品10mL），拧紧氧弹盖，并用进气管缓慢地充入氧气直至弹内压力为2.8～3.0MPa为止，充氧时间30s。

3. 将上述氧弹放入内筒中的氧弹座架上，再向内筒中加入约3.0kg（准确称量至0.5g）蒸馏水（温度已调至比外筒低0.2～0.5℃），水面应至氧弹进气阀螺帽高度的约2/3处，每次用水量应相同。

4. 在弹体上装上点火电极线，盖上仓盖，调整点火电极线位置，将测温传感器插入内筒，打开电源和搅拌开关，仪器开始搅拌，仪器记录6～10次初期温度。在6～10次范围内，当仪器温度趋于平稳时，按点火键，计数窗归零，仪器记录主期温度。

图 5-4 实验装置

1—玻璃管温度计；2—搅拌电机；
3—温度传感器；4—翻盖手柄；
5—手动搅拌柄；6—氧弹体；
7—控制面板

5. 点火成功，仪器逐次记录实验温升情况，仪器记录25～31次范围内，应出现温度降点，当温度出现降点，按结束键，主期温度记录完成，实验结束，仪器计数窗归零，按搅拌键，停止搅拌。系统自动记下所有温度数据，抄录相关数据，以便用于实验报告。如果点火1min后，温度显示窗温度没有明显变化，说明点火未成功。此时，请取出弹体放气，检查点火丝状态并测试弹盖的绝缘状态，排除故障后恢复实验。

6. 取出传感器，打开实验仓盖，取下点火电极线，从实验仓中取出弹体，使用放气阀将弹体中气体放出。放气完成，打开弹盖，倒出存水，清洁保存。

7. 当内筒水温均匀上升后，每次报时时，记下显示的温度。当记下第10次时，同时按下点火键，测量次数自动复零。

实验样品：

（1）固体状样品的测定。将混匀具有代表性的生活垃圾或固体废物粉碎成粒径为2mm的粉粒，且应于105℃烘干，并记录水分含量。

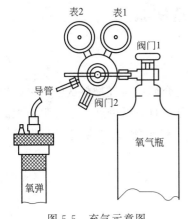

图 5-5 充气示意图

（2）流动性样品的测定。流动性污泥或不能压成片状物的样品，则称取1g左右样品置于坩埚中，点火丝中间部分浸在样品中，两端与电极相连。

将需要测定的样品备好后，按照以上步骤进行测定。

充氧气步骤：充气示意图如图5-5所示。充氧气程序如下：将氧气表头的导管和氧弹进气管接通，此时减压阀门2应逆时针旋松（即关紧）。打开阀门1，直至表头指针指在表压大于3.0MPa，然后渐渐旋紧减压阀门2（即渐渐打开），使表2指针指在表压3.0MPa，此时氧气已充入氧弹中。30s后旋松（即关闭）减压阀门2，关闭阀门1。但阀门1和阀门2之间尚有余气，再旋松阀门1，使钢瓶和氧气表头恢复原状。

五、实验数据处理

热容量计算公式：

$$E = \frac{Q_1 M_1 + 40}{\Delta T} \tag{5-1}$$

式中　E——量热计热容量，J/℃；

　　　Q_1——苯甲酸标准热值，J/℃；

　　　M_1——苯甲酸质量，g；

　　　40——附加热（点火丝、硝酸生成热），J；

　　　ΔT——量热体系温升，℃。

样品热值计算公式：

$$Q = \frac{E \Delta T - 40}{G} \tag{5-2}$$

式中　Q——试样热值，J/g；

　　　E——量热计热容量，J/℃；

　　　G——试样质量，g。

计算待测样品的热值，通过热值判断此样品是否可用于燃烧发电或用于其他用途。

六、注意事项

1. 样品放入氧弹后，移动氧弹要保持垂直并轻拿轻放。
2. 放气阀气嘴避免对人。

七、问题与讨论

1. 本实验中测出的热值与高热值及低热值的关系是什么？
2. 固体状样品与流动状样品的热值测量方法有何不同？
3. 在利用氧弹测量废物的热值中，有哪些因素可能影响测量分析的精度？

实验二　固体废物的风力分选实验

一、实验目的

风力分选是垃圾分选中常用的方法之一，是以空气为分选介质，将轻物料从较重物料中分离出来的一种方法。风选实质上包含两个分离过程：一是分离具有低密度、空气阻力大的轻质部分（提取物）和具有高密度、空气阻力小的重质部分（排出物）；二是进一步将轻颗粒从气流中分离出来。后一分离步骤由旋流器完成。

本实验测定在不同风速条件下，不同粒径颗粒的分选效果与风速的关系。通过本实验，希望达到以下目的：

1. 初步了解风力分选的基本原理和基本方法。

2.了解水平风力分选的构造与原理。

二、实验原理

空气与水相比较，其密度和黏度都较小，并具有可压缩性。当压力为 1MPa、温度为 20℃时，空气密度为 $0.00118g/cm^3$，黏度为 $0.018mPa \cdot s$。因为在风选过程中采用风压不超过 1MPa，所以，实际上可以忽略空气的压缩性，而将其视为具有液体性质的介质。颗粒在水中的沉淀规律同样适用于空气中的沉降。但由于空气密度较小，其密度与颗粒相比可忽略不计，所以颗粒在空气中的沉降末速（v_0）可用下式计算：

$$v_0 = \sqrt{\frac{\pi d \rho_s g}{6 \psi \rho}} \tag{5-3}$$

式中 d——颗粒直径；

ρ_s——颗粒的密度；

ρ——空气的密度；

ψ——阻力系数；

g——重力加速度。

从上式可以明显看出，颗粒粒度一定时，密度大的颗粒沉降末速大；颗粒密度相同时，直径大的颗粒沉降末速大。颗粒的沉降末速与颗粒的密度、粒度及形状有关，因而在同一介质中，密度、粒度和形状不同的颗粒在特定条件下可以具有相同的沉降速率，这样的颗粒称为等降颗粒。其中，密度小的颗粒粒度（d_{r1}）与密度大的颗粒粒度（d_{r2}）之比，称为等降比，以 e_0 表示，即：

$$e_0 = \frac{d_{r1}}{d_{r2}} > 1 \tag{5-4}$$

等降比的大小可由沉降末速的个别公式或通式写出，如两颗粒等降，则 $v_{01} = v_{02}$，那么：

$$\sqrt{\frac{\pi d_1 \rho_{s1} g}{6 \psi_1 \rho}} = \sqrt{\frac{\pi d_2 \rho_{s2} g}{6 \psi_2 \rho}} \tag{5-5}$$

$$\frac{d_1 \rho_{s1}}{\psi_1} = \frac{d_2 \rho_{s2}}{\psi_2} \tag{5-6}$$

所以

$$e_0 = \frac{d_1}{d_2} = \frac{\psi_1 \rho_{s2}}{\psi_2 \rho_{s1}} \tag{5-7}$$

式（5-7）即为自由等降比（e_0）的通式。从该式可见，等降比（e_0）随两种颗粒密度差（$\rho_{s1} - \rho_{s2}$）的增大而增大；e_0 同时还是阻力系数（φ）的函数。理论与实践都表明，e_0 随颗粒粒度变细而减小。颗粒在空气中的等降比远远小于在水中的等降比，大约为其 $1/5 \sim 1/2$。所以，为了提高分选效率，在风选之前需要将废物进行窄分级，或通过破碎使粒度均匀，再按照密度差异进行分选。

颗粒在空气中沉降时所受到的阻力远小于在水中沉降时所受到的阻力。所以，颗粒在静止空气中沉降到达末速所需要的时间和沉降距离都较长。颗粒在上升气流中达到沉降末速时，其沉降速率（v_0'）等于颗粒对介质的相对速率（v_0）与上升气流速率（u_a）之差，即：

$$v_0' = v_0 - u_a \tag{5-8}$$

所以，上升气流可以缩短颗粒达到沉降末速的时间和距离。因此，在风选过程中常采用上升气流。

颗粒在实际的风选过程中的运动是干涉沉降。在干涉条件下，当上升气流速率远小于颗粒的自由沉降末速时，颗粒群就呈悬浮状态。颗粒群的干涉末速（v_{hs}）为：

$$v_{hs} = v_0(1-\lambda)^n \tag{5-9}$$

式中　λ——物料的溶剂浓度；

　　　n——与物料的粒度与状态有关的系数，多介于 $2.33 \sim 4.65$。

在颗粒达到末速并保持悬浮状态时，上升气流速率（u_a）和颗粒的干涉末速（v_{hs}）相等，使颗粒群开始松散和悬浮的最小上升气流速率（u_{min}）为：

$$u_{min} = 0.125 v_0 \tag{5-10}$$

在干涉沉降条件下，使颗粒群按密度分选时，上升气流速度的大小应根据固体废物中各种成分的性质通过实验确定。

在分选中还常采用水平气流。在水平气流分选器中，物料是在空气动压力和本身重力的作用下按粒度或密度进行分选的。由图 5-6 可以看出，若在缝隙处有一直径为 d 的球形颗粒，并且通过缝隙的水平气流速度大小为 u，那么，颗粒将受到以下两个力的作用。

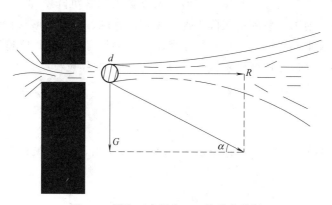

图 5-6　颗粒（直径为 d）的受力分析

空气的动压力（R）：

$$R = \psi d^2 u^2 \rho \tag{5-11}$$

式中　ψ——阻力系数；

　　　ρ——空气的密度；

　　　u——水平气流的速率。

颗粒本身的重力（G）：

$$G = mg = \frac{\pi d^3 \rho_s}{6} g \tag{5-12}$$

颗粒的运动方向与两力的合力方向一致，并且由合力与水平方向夹角（α）的正切角来确定：

$$\tan\alpha = \frac{G}{R} = \frac{\pi d^3 \rho_s g}{6\psi d^2 u^2 \rho} = \frac{\pi d \rho_s g}{6\psi u^2 \rho} \tag{5-13}$$

式中　m——颗粒的质量；

ρ_s——颗粒的密度。

由上式可知，当水平气流速度一定、颗粒粒度相同时，密度大的颗粒沿水平方向夹角较大的方向运动；密度较小的颗粒沿夹角较小的方向运动，从而达到按密度差异分选的目的。

分选方法工艺简单。作为一种传统的分选方式，分选在国外主要用于城市垃圾的分选，将城市垃圾中以可燃性物料为主的轻组分和以无机物为主的重组分分离，以便分别回收利用或处置。

三、实验装置与设备

图 5-7 是水平气流分选机工作原理示意图，图 5-8 为生活垃圾卧式分选机设备示意图。水平气流分选机从侧面送风，固体废物经粉碎机破碎和圆筒筛筛分至粒度均匀后，定量给入机中，当废物在机内下落时，被鼓风机鼓入的水平气流吹散，固体废物中的各种成分使其沿不同的运动轨迹分别落入重物质、中重物质和轻物质槽中。要使物料在分选机内达到较好的分选效果，就要使气流在分选桶内产生湍流和剪切力，从而把物料团块分散。水平气流分散机的最佳风速为 20m/s。

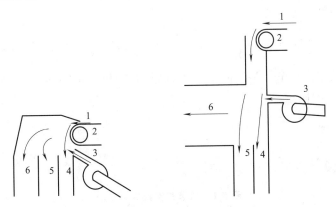

图 5-7 水平气流分选机工作原理示意图

1—给料；2—给料机；3—空气；4—重颗粒；5—中等颗粒；6—轻颗粒

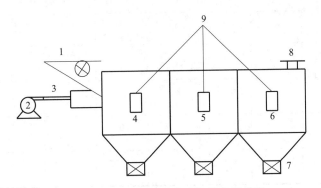

图 5-8 生活垃圾卧式分选机设备示意图

1—进料口；2—风机；3—进风口；4—轻物料槽（长×宽＝0.6m×0.8m）；5—中重物料槽
（长×宽＝0.6m×0.8m）；6—重物料槽（长×宽＝0.4m×0.8m）；7—出料口；8—出风口；9—观察窗

四、实验步骤

本实验要测定不同密度的混合垃圾在不同风速条件下的分选效果。不同密度的垃圾混合物在不同风速下的分离比例就是分离效率。实验步骤如下。

1.进行单一组分的风选。选取纸类、金属（尺寸小于 15cm）等密度不同的物质，每种物质先单独进行风选实验。

2.开启风机后，首先利用风速测定仪测定风机出口的风速，然后将单一物质均匀地投入进料口，通过观察窗观察物料在分选机内的运行状态。收集各槽中的物料并称重。

3.风速在 7.5～17.4m/s 每隔 1m/s 选取，测定不同风速下轻物质、中重物质、重物质槽中该物质颗粒的分布比例，从而了解单一组分的风选情况。收集各槽中的物料并称重。

4.将选取的单一组分混合均匀。开启风机后，利用风速测定仪测定风机出口的风速，然后将混合物质（X 和 Y）（无比例要求）均匀地投入进料口，通过观察窗观察物料在分选机内的运行状态。收集各槽中的物料并称取混合物中的各单一物质的质量。

5.重复步骤 4，风速在 7.5～17.4m/s 每隔 1m/s 选取，测定不同风速下轻物质、中重物质、重物质槽中物质颗粒的分布比例，从而了解混合物料风选情况。收集各槽中的物料并称取混合物中的各单一物质的质量。

6.利用公式 $P(X_i) = \dfrac{X_i}{X_i + Y_i} \times 100\%$ 及 $E = \left| \dfrac{X_i}{X_0} - \dfrac{Y_i}{Y_0} \right| \times 100\%$ 计算分选物料的纯度（purity）和分选效率。式中，X_0 和 Y_0 表示进料物 X 和 Y 的质量，g；X_i 和 Y_i 表示同一槽中出料物 X 和 Y 的质量，g。

五、实验数据整理

按表 5-1 记录实验数据。

表 5-1 风选实验数据记录表

实验日期_____年_____月_____日

序号	风速/(m/s)	进料量/g		重颗粒/g		中重颗粒/g		轻颗粒/g	
		X_0	Y_0	X_i	Y_i	X_i	Y_i	X_i	Y_i
1									
2									
3									
⋮									

六、注意事项

1.风机速率应逐渐增大，开始时速率不宜过大。

2.根据分选精度，及时调整风机速率。

七、问题与讨论

1.与立式相比，水平分选有什么优缺点？如何加以改进？水平分选机的分选效率与什么因素有关？怎样提高分选效率？

2.根据实验及计算结果，确定水平分选的最佳风速。

实验三 固体废物的重介质分选实验

一、实验目的

在重介质中使固体废物中颗粒按密度分开的方法称为重介质分选。通过本实验，希望达到以下目的：

1.了解重介质分选方法的原理。

2.了解重介质分选中重介质的正确制备方法。

3.了解重介质密度的准确测定方法。

4.了解重介质分选实验的操作过程和实验数据的整理。

二、实验原理

为使分选过程有效地进行，需选择重介质密度（ρ_C）介于固体废物中轻物料密度（ρ_L）和重物料密度（ρ_W）之间，即：

$$\rho_L < \rho_C < \rho_W \tag{5-14}$$

在重介质中，颗粒密度大于重介质密度的重物料将下沉，并集中于分选设备底部成为重产物；颗粒密度小于重介质密度的轻物料将上浮，并集中于分选设备的上部成为轻产物，从而重产物和轻产物可以分别排出，实现分选的目的。

三、实验设备及原料

1.实验设备

浓度壶，1个；玻璃杯，250mL 以上，10个；量筒，高和直径大于 200mm，10个；玻璃棒，10根；漏勺，4把；重介质加重剂（硅铁或磁铁矿），1kg；托盘天平，2kg，1台；烘箱，1台；筛子，标准筛，8mm、5mm、3mm、1mm、0.074mm，各1个；铁铲，2把。

2.实验物料

根据各地的实际情况确定实验的物料，物料中的成分有一定的密度差异，能满足按密度分离即可，如可以选用煤矸石、含磷灰石的矿山尾矿、含铜铁锌的矿山尾矿等作为实验的物料。

四、实验步骤

1. 实验物料的制备

将物料进行破碎，并按筛孔尺寸 8mm、5mm、3mm、1mm、0.074mm 进行分级，然后按其不同的级别分别称重。

2. 重介质的制备

按照分选要求制备不同密度（重度计）的重介质，所需加重剂的质量为：

$$m = \frac{\rho_P - \rho_1}{\rho_S - \rho_1} V \tag{5-15}$$

式中 m——加重剂的质量；

$\quad\quad V$——重介质的体积；

$\quad\quad \rho_P$——重介质的密度；

$\quad\quad \rho_S$——加重剂的密度；

$\quad\quad \rho_1$——水的密度。

3. 重介质悬浮液密度的测定

采用浓度壶测定，测定的原理和方法为：设空比重瓶的质量为 m_1，注满水后比重瓶与水的总质量为 m_2，注满待测液后比重瓶与待测重介质悬浮液的总质量为 m_3，则待测重介质悬浮液的密度为 ρ，水的密度（密度）为 ρ_1。

$$\rho = \frac{m_3 - m_1}{m_2 - m_1} \rho_1 \tag{5-16}$$

同时，也可采用浓度壶测定待测重介质的密度。

4. 实验过程

（1）按照实验的要求破碎物料、进行分级并称重。

（2）按照分选要求配制重介质悬浮液。

（3）用配制好的悬浮液润湿物料。

（4）将配制好的悬浮液注入分离容器，不断搅拌，保证悬浮液的浓度不变。在缓慢搅拌的同时，加入同样悬浮液润湿过的试样。

（5）停止搅拌，5～10s 用漏勺从悬浮液表面（插入深度约相当于最大物料的尺寸）捞出浮物，然后取出沉物。如果有大量密度与悬浮物相近的物料，则单独取出收集。

（6）取出的产品分别置于筛子上用水冲洗，必要时再利用带筛网的盛器置清水桶中淘洗。待完全洗净黏附于物料上的重介质后，分别烘干、称重、磨细、取样、化验。

（7）记录整理实验数据，并进行计算。

五、实验数据的记录和处理

1. 实验数据的处理。

（1）计算固体废物分选后各产品的质量分数。

$$产品的质量分数 = \frac{某产品的质量}{给入作业的总质量} \times 100\% \tag{5-17}$$

（2）计算分选效率（回收率）。

$$回收率 = \frac{某密度组分中某种成分的质量}{某种成分的质量} \times 100\% \qquad (5\text{-}18)$$

2.将实验数据和计算结果记录在表 5-2 中。

表 5-2　实验记录表

实验时间 _____ 年 _____ 月 _____ 日　　实验试样名称：_____

密度组分	各单位组分				沉物累计			浮物累计		
	质量/g	产率/%	品位/%	分布率/%	产率/%	品位/%	分布率/%	产率/%	品位/%	分布率/%
共计										

3.以实验结果为依据分别绘制沉物和浮物的"产率-品位""产率-回收率"曲线。

六、问题与讨论

1.探讨物料按密度分离的可能性和难易程度并分析重介质分选方法的原理。

2.掌握重介质分选实验中重介质的正确制备方法。

3.根据实验结果分析利用重介质分选法进行分级的重要性。

实验四　好氧堆肥模拟实验

一、实验目的

有机固化废物的堆肥化技术是一种最常用的固体废物生物转换技术，是对固体废物进行稳定化、无害化处理的重要方式之一。

通过本实验，达到以下目的：

1.加深对好氧堆肥化的了解。

2.了解好氧堆肥化过程的各种影响因素和控制措施。

二、实验原理

好氧堆肥化是在有氧条件下，依靠好氧微生物的作用来转化有机废物。有机废物中的可溶性有机物质可透过微生物的细胞壁和细胞膜被微生物直接吸收，不溶性的胶体有机物质则先吸附在微生物体外，依靠微生物分泌的胞外酶分解为可溶性物质，再渗入细胞。微生物通过自身的生命活动进行分解代谢和合成代谢，把一部分被吸收的有机物氧化成简单的无机物，并释放生物生长、活动所需要的能量；把另一部分有机物转化合成新的细胞物质，使微生物繁殖，产生更多的生物体。

三、实验装置与设备

实验装置由反应器主体、供气系统和渗滤液分离收集系统三部分组成，如图5-9所示。

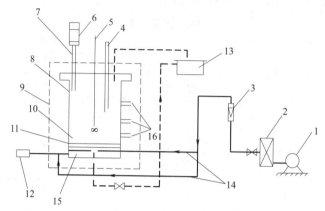

图5-9 好氧堆肥实验装置示意图

1—空气压缩机；2—缓冲器；3—转子流量计；4—测温装置；5—恒温搅拌装置；6—取样器；7—气体收集管；

8—反应器主体；9—保温材料；10—堆料；11—渗滤层；12—温控仪；13—渗滤液收集槽；14—进气管；

15—集水区；16—取样口

1. 反应器主体

实验的核心装置是一次性发酵反应器，如图5-9中的8所示。设计采用有机玻璃制成罐：内径390mm，高480mm，总容积57.32L。反应器侧面设有采样口，可定期采样。反应器设有气体收集管（图5-9中的7），用医用注射器作取样器（图5-9中的6），定期收集反应器内的气体样本。此外，反应器上还配有测温装置（图5-9中的4）、恒温搅拌装置（图5-9中的5）等。

2. 供气系统

气体由空气压缩机（图5-9中的1）产生后可暂时储存在缓冲器（图5-9中的2）中，定量后从反应器底部供气。供气管为直径5mm的蛇皮管，并采用双路供气的方式。

3. 渗滤液分离收集系统

反应器底部设有多孔板（图5-10中的2）以分离渗滤液。多孔板用有机玻璃制成，板上

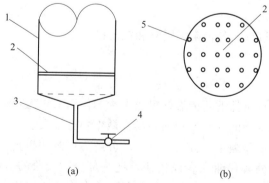

(a)   (b)

图5-10 渗滤液分离收集系统示意图

1—反应器；2—多孔板；3—出水收集管；4—球阀；5—导排管

布满直径为 5mm 的小孔。多孔板下部的集水区底部为倾斜的锥面，可随时排出渗滤液。渗滤液储存在渗滤液收集槽（图 5-9 中的 13）中，需要时可进行回灌，以调节堆肥含水率。

实验设备规格如表 5-3 所示。

表 5-3　实验设备规格表

序号	名称	型号规格	备注
1	空气压缩机	Z-0.29/7	
2	缓冲器	$H/\phi=380mm/260mm$	最高压力：0.5MPa
3	转子流量计	LZB-6，量程 $0\sim0.6m^3/h$	20℃，101.3MPa
4	温度计	量程 0~100℃	
6	注射器	5.5mL	
8	反应器主体	$H/\phi=480mm/390mm$	材料：有机玻璃
12	温控仪	0~50℃	

四、实验步骤

1. 将约 40kg 有机垃圾进行人工剪切破碎，并过筛，使垃圾粒度小于 10mm。

2. 测定有机垃圾的含水率。

3. 将破碎后的有机垃圾投加到反应器中，控制供气流量为 $1m^3/(h \cdot t)$。

4. 在堆肥开始第 1、3、5、8、10、15 天分别取样测定堆体的含水率，记录堆体中央温度，从气体取样口取样测定 O_2、CO_2 的浓度。

5. 再调节供气流量分别为 $5m^3/(h \cdot t)$ 和 $8m^3/(h \cdot t)$，重复上述实验步骤。

五、实验结果整理

1. 记录实验主体设备的尺寸、实验温度、气体流量等基本参数。

2. 实验数据可参考表 5-4 记录。

表 5-4　好氧堆肥实验数据记录表

项目	供气流量 $1m^3/(h \cdot t)$				供气流量 $1.5m^3/(h \cdot t)$			
	含水率/%	温度/℃	CO_2/%	O_2/%	含水率/%	温度/℃	CO_2/%	O_2/%
原始垃圾								
第 1 天								
第 3 天								
第 5 天								
第 8 天								
第 10 天								
第 15 天								

六、实验结果讨论

1. 分析影响堆肥过程中堆体含水率的主要因素。
2. 分析堆肥中通气量对堆肥过程的影响。
3. 绘制堆体温度随时间变化的曲线。

实验五　工业废渣渗滤模型实验

一、实验目的

工业固体废物在堆放过程中由于雨水的冲淋和自身的关系，可能通过渗滤而污染周围的土地和地下水，因此需要对渗滤液进行测定。通过本实验，达到以下目的：
1. 掌握工业渗滤液的渗滤特性。
2. 掌握工业渗滤液的研究方法。

二、实验原理

实验采用模拟的手段，在玻璃管内填装经粉碎的固体废渣，以一定的流速滴加蒸馏水，从测定渗滤液中有害物质的流出时间和浓度变化规律，推断固体废物在堆放时的渗滤情况和危害程度。

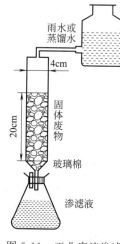

图 5-11　工业废渣渗滤模型实验装置

三、实验装置与设备

实验装置如图 5-11 所示。

色层柱，ϕ25mm，1300mm，1 个；带活塞试剂瓶，1000mL，1 个；锥形瓶，500mL，1 个。

四、实验步骤

将去除草木、砖石等异物的含镉工业废渣置于阴凉通风处，使之风干。压碎后，用四分法缩分，然后通过 0.5mm 孔径的筛，制备样品约 1000g，装入色层柱，约高 200mm。试剂瓶中装蒸馏水，以 4.5mL/min 的速度通过色层柱流入锥形瓶，待滤液收集至 400mL 时，关闭活塞，摇匀滤液，取适量样品按水中镉的分析方法，测定镉的浓度。同时测定废渣中镉含量。

本实验也可根据实际情况测定铬、锌等。

五、问题与讨论

1. 根据测定结果推算，如果这种废渣堆放在河边土地上，可能产生什么后果？
2. 如何处置这类废渣？

实验六 浸出毒性鉴别实验

一、实验目的

危险废物是指具有腐蚀性、急性毒性、浸出毒性、反应性、传染性、放射性等一种或一种以上危害特性的废物。浸出毒性是指固态的危险废物遇水浸滤,其中有害的物质迁移转化而污染环境的特性。生产及生活过程中产生的固态的危险废物浸出毒性的鉴别方法如下:在实验室中,用蒸馏水在特定条件下对危险废物进行浸取,并分析浸出液的毒性,从而测定危险废物的浸出毒性。

通过本实验,希望达到以下目的:

1.加深对危险废物和浸出毒性基本概念的理解。

2.了解测定危险废物浸出毒性的方法。

二、实验原理

汞、砷等及其化合物以及铅、镉、铬、铜等重金属及其化合物等有害物质遇水后,可通过浸滤作用从危险废物中迁移转化到水溶液中。

延长接触时间、采用水平振荡器等强化可溶性物质的浸出,测定强化条件下浸出的有害物质浓度,可以表征危险废物的浸出毒性。

三、实验装置与设备

广口聚乙烯瓶,2L,2个;烘箱,1台;电子天平,精度0.01g,1台;双层回旋振荡器,1台;原子吸收分光光度计,1台;漏斗、漏斗架,若干;量筒,1000mL,1个;微孔滤膜,45μm,若干;定时钟,1只。

四、实验步骤

1.取固体废物试样100g(干基)(无法采用干基的样本则先测定水分加以换算),放入2L具盖广口瓶中。

2.另取一个2L的广口聚乙烯瓶,作为空白对照。

3.将蒸馏水用氢氧化钠或盐酸调pH值至5.8~6.3,分别取1L加入上述两个聚乙烯瓶中。

4.盖紧瓶盖,固定于水平振荡机上,于室温下振荡8h[(110±10) r/min,单向振幅20mm]。

5.取下广口瓶静置16h。

6.用0.45μm微孔滤膜抽滤(0.035MPa真空度),收集全部滤液即浸出液,供分析用。

7.用火焰原子吸收分光光度计分别测定两个瓶的浸出液中的Cr、Cd、Cu、Ni、Pb和Zn的浓度。

8.记录并分析整理实验结果。

五、实验结果整理

按表 5-5 记录实验数据。

表 5-5　浸出毒性测定结果记录表

项目	金属					
	Cr	Cd	Cu	Ni	Pb	Zn
空白浓度/(mg/L)						
样本浓度/(mg/L)						

六、问题与讨论

1. 论述本实验方法和实验结果。

2. 以双因素实验设计拟定一个测定不同浸出时间的实验方案。

3. 分析哪些因素会影响危险废物在自然界中的浸出浓度。

实验七　热解焚烧条件实验

一、实验目的

废物热解焚烧过程中，有机成分在高温条件下被分解破坏，可实现快速、显著减容。与生化法相比，热解焚烧方法处理周期短、占地面积小、可实现最大限度的减容并可延长填埋场使用寿命。与普通焚烧法相比，热解过程产生的二次污染少。热解生成的气体或液体燃料在空气中燃烧与固体废物直接燃烧相比，不仅燃烧效率高，而且产生的气态污染物相对较少。

通过本实验，希望达到以下目的：

1. 了解热解焚烧的概念。

2. 熟悉热解过程的控制参数。

二、实验原理

热解是有机物在无氧或缺氧状态下受热而分解为气、液、固三种状态的混合物的化学分解过程。其中，气体是以氢气、一氧化碳、甲烷等低分子碳氢化合物为主的可燃性气体；液体为在常温下为液态的包括乙酸、丙酮、甲醇等化合物在内的燃料油；固体为纯炭与玻璃、金属、土砂等混合形成的炭黑。

热解反应可表示为如下过程：

$$\text{有机物} + \text{热} \xrightarrow{\text{无氧或缺氧}} g\,G(\text{气体}) + l\,L(\text{液体}) + s\,S(\text{固体}) \tag{5-19}$$

式中　　g——气态产物的化学计量数；

G——气态产物的化学式；

l——液态产物的化学计量数；

　　L——液态产物的化学式；

　　s——固态产物的化学计量数；

　　S——固态产物的化学式。

三、实验装置与设备

1. 实验装置

实验装置主要由控制柜、热解炉和气体净化收集系统三部分组成。如图 5-12 所示。

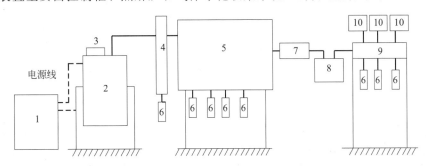

图 5-12　热解实验装置图

1—控制柜；2—固定热解炉；3—投料口；4—旋风分离器；5—冷凝管；
6—焦油收集瓶；7—过滤器；8—煤气表；9—取样装置；10—气体收集瓶

　　热解炉可选取卧式或立式电炉，要求炉管能耐受 800℃ 的高温，炉膛密闭。

　　气体净化收集系统要求密闭性好，有一定的耐气体腐蚀能力。气体净化收集系统主要由旋风分离器、冷凝器、过滤器、煤气表组成。

2. 实验材料与仪器仪表

　　实验材料：可以选取普通混合收集的城市有机生活垃圾，也可以选取纸张、秸秆等单类别的有机垃圾。

　　烘箱，1 台；漏斗、漏斗架，若干；量筒，1000mL，1 个；定时钟，1 只；破碎机，1 台；电子天平，1 台。

四、实验步骤

　　1. 称取 1000g 物料，采用破碎机或其他破碎方法将物料破碎至粒度小于 10mm。

　　2. 从顶部投料口将炉料装入热解炉。

　　3. 接通电源，升高炉温，升温速度为 25℃/min，将炉温升到 400℃。

　　4. 恒温，并每隔 15min 记录产气流量，共记录 8h。

　　5. 在可能的条件下收集气体进行气相色谱分析。

　　6. 测定收集焦油的量。

　　7. 测定热解后固体残渣的质量。

　　8. 温度分别升高到 500℃、600℃、700℃、800℃，重复步骤 1～7。

五、实验结果整理

　　1. 记录实验设备基本参数，包括热解炉功率，旋风分离器的型号、风量、总高、直径等，以及气体流量计的量程和最小刻度。

2. 记录反应床初始温度和升温时间。

3. 参考表 5-6 记录实验数据。

表 5-6　不同终温下产气记录表

热解炉功率＿＿＿＿＿＿＿＿＿＿

气体流量计量程＿＿＿＿＿＿＿＿＿＿　最小刻度＿＿＿＿＿＿＿＿＿＿

旋风分离器型号＿＿＿＿＿＿风量＿＿＿＿＿＿总高＿＿＿＿＿＿直径＿＿＿＿＿＿

项目	实验序号				
	1	2	3	4	5
初始温度/℃					
升温时间/min					
恒温温度/℃					
恒温后 15min 气体流量/(m³/h)					
恒温后 30min 气体流量/(m³/h)					
⋮					
恒温后 8h 气体流量/(m³/h)					

4. 根据实验数据，以产气流量为纵坐标、热解时间为横坐标作图，分析产气量与时间的关系。

六、问题与讨论

1. 分析不同终温对产气率的影响。

2. 若能测定气体成分，分析不同终温对气体成分的影响。

七、注意事项

1. 原料不同，产气率会有很大差别，因此，应根据实际情况，适当调整记录气体流量的时间间隔。

2. 气体必须安全收集，避免煤气中毒。

实验八　固体废物的破碎与筛分实验

一、实验目的

1. 了解破碎筛分技术的原理和特点。

2. 掌握固体废物的破碎筛分过程。

3. 熟悉破碎筛分设备的使用方法。

4.掌握筛分实验数据的处理及分析方法。

5.熟悉筛分实验结果的数学分析及粒度特性曲线分析。

二、实验原理

固体废物破碎是利用外力克服固体废物质点间的内聚力而使大块固体废物分裂成小块的过程。磨碎是使小块固体废物颗粒分裂成细粉的过程。固体废物经破碎和磨碎后，粒度变得小而均匀，从而有以下好处。

（1）固体废物堆积密度减小，体积减小，便于压缩、运输、贮存和高密度填埋。

（2）原来不均匀的固体废物经破碎后趋于均匀一致，可提高焚烧、热解、熔烧、压缩等作业的稳定性和处理效率，防止粗大、边缘锋利的废物损坏分选、焚烧、热解等设备。

（3）原来连在一起的伴生矿物或相互联结的异种材料等单体分离，便于从中分选、回收有价值的物质和材料。

筛分是利用一个或一个以上的筛面，将不同粒径颗粒的混合废物分成两组或两组以上颗粒组的过程。筛分过程可看作由物料分层和细粒透筛两个阶段组成。物料分层是完成筛选的条件，细粒透筛是筛选的目的。根据固体废物破碎后所得产物粒度的不同，利用不同筛孔尺寸的筛子将物料中小于筛孔尺寸的细物粒穿过筛面，大于筛孔尺寸的粗物粒截留在筛面上，从而完成粗/细颗粒的分离。

三、实验材料

取典型建材废物（尾矿矿石等）1.0kg，最大尺寸小于100mm为宜。

四、实验设备

破碎机；球磨机（盘磨机）；标准筛；电子天平；秒表。

五、实验步骤

1.取固体废物于破碎机中进行破碎，破碎机入料口处有通风设施。

2.称取500g破碎后样品投入球磨机（盘磨机）中粉碎5min，清出收集后称重。

3.将所需筛孔的套筛按筛目由大至小的顺序组合好，将破碎后样品倒入套筛。

4.把套筛置于振筛机上，固定好。开动机器，每隔5min停下机器，用手筛检查一次，检查时，依次由上至下取下筛子放在搪瓷盘上用手筛，手筛1min，筛下物的质量不超过筛上物质量的1%，即为筛净。筛下物倒入下一粒级中，各粒级都依次进行检查。通常用筛孔为0.5mm以下的筛子进行筛分时，称样不许超过100g，废物如果太多，可分几次筛。

5.筛分完毕，逐级称重，并且记录在表5-7中。用电子天平称重，要求测量精度达到0.01g。

6.将各筛分级别的质量相加得的总和，与试样质量相比较，计算不同粒度物料所占百分比。要求误差不应超过1%～2%。如果没有其他原因造成显著的损失，可以认为损失是由于操作时微粒飞扬引起的。允许把损失加到最细级别中，以便和试样原质量相平衡。

六、实验数据处理

1.将实验数据和计算结果按规定填入散体物料筛分实验结果表（表5-7）中。

2.计算各粒级产物的产率（%）。

3.绘制粒度特性曲线，直角坐标（累积产率或各粒级产率为纵坐标，粒度为横坐标）、半对数坐标（累积产率为纵坐标，粒度的对数为横坐标）、全对数坐标（累积产率的对数为纵坐标，粒度的对数为横坐标）。

4.分析试样的粒度分布特性。

表 5-7　物料筛分实验结果记录表

试样名称_____　　　试样粒度_____ mm　　　试样质量_____ g

试样来源_____　　　试样其他指标_____　　　实验日期_____

粒度		质量/g	产率/%	正累积/%	负累积/%
/mm	/目数				
合计					
误差分析					

七、注意事项

1.筛分过程中，筛子要有一定的倾斜度。

2.启动粉碎设备前要仔细检查粉碎机是否处于安全工作状态，并开启通风设备。

3.粉碎设备开启后，勿将手伸入投料口。

4.在样品转移及手筛时请注意安全防护，防止吸入粉尘。

第二节　综合性设计性实验

实验一　生活垃圾的渗滤实验及渗滤液的处理方案设计

一、实验目的

生活垃圾在堆放、填埋过程中，由于废弃物本身含水以及环境中的降雨、降水等作用，其中的液体部分可通过固体废物层并携带废物中的溶解性和悬浮物质形成一种成分复杂的高浓度有机废水，即渗滤液。通过本实验，达到以下目的：

1.进一步了解有机废水的全分析过程及各水质指标的分析方法。

2.了解固体废物堆放过程中渗滤液的形成过程。

3.掌握渗滤液处理方案的设计思路。

二、实验原理

渗滤液的主要成分典型值见表 5-8。

表 5-8　新、老填埋场垃圾渗滤液主要成分典型值

主要成分或指标	新填埋场(<2年)		老填埋场(>10年)
	范围	典型值	
BOD_5/(mg/L)	2000~30000	10000	10~200
TOC/(mg/L)	1500~20000	6000	80~160
COD/(mg/L)	3000~60000	18000	100~500
TSS/(mg/L)	200~2000	500	100~400
有机氮/(mg/L)	10~800	200	80~120
氨氮/(mg/L)	10~800	200	20~40
硝酸盐/(mg/L)	5~40	25	5~10
总磷/(mg/L)	5~100	30	5~10
碱度(以 $CaCO_3$ 计)/(mg/L)	1000~10000	3000	200~1000
pH 值	4.5~7.5	6	6.6~7.5
总硬度(以 $CaCO_3$ 计)/(mg/L)	300~10000	3500	200~500
Ca^{2+}/(mg/L)	200~3000	1000	100~400
Mg^{2+}/(mg/L)	50~1500	250	50~200
K^+/(mg/L)	200~1000	300	50~400
Na^+/(mg/L)	200~2500	500	100~200
Cl^-/(mg/L)	200~3000	500	100~400
SO_4^{2-}/(mg/L)	50~1000	300	20~50
总铁/(mg/L)	50~1200	60	20~200

从表 5-8 中渗滤液的水质变化可知，填埋场初期渗滤液中虽然含有高浓度有机物，但其生化性较好，可以采用厌氧生物处理以降低有机污染负荷，再进行常规的生物、物理化学处理；而填埋场稳定后的渗滤液宜于采用物化处理、自然生物处理或采用一定的管道系统输送到附近的二级污水处理厂。正在研究的渗滤液回灌技术，是依靠土壤的吸附、过滤以及土壤中微生物的分解作用，使其水质能够达到稳定。所有这些都是为了完成渗滤液的妥善收集与处理，大大减少其对土壤、水体的潜在危害。

三、实验装置与设备

渗滤模型装置：见图 5-13，铁皮制，高约 1.5m，直径约 1m，1 套。

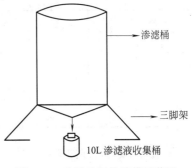

图 5-13　生活垃圾渗滤模型装置

BOD、COD、SS 配套分析装置，1 台；光电式浊度仪或分光光度计，1 台；pH 计，1 台；锥形瓶，500mL，若干；量筒，1000mL，2 个；渗滤液收集桶，10L，2 个；计时器，1 只；其他。

四、实验步骤

1. 运取生活垃圾，记录垃圾的来源和大致的物理组成。

2. 将生活垃圾去除砖石等异物后，利用手工分选的方法进行垃圾分类，取样并记录其物化性质，主要为含水率、挥发性物质与不可燃物质含量等。

3. 将去除异物的垃圾加工至一定粒度范围后，混合均匀，分批填入渗滤装置，并添加适量表土压实；至一定高度（堆积高度约 1m）后，盖上顶盖。记下开始时间。

4. 用塑料桶收集渗滤液，定时记录环境温度、堆温、渗滤液产生量；定时取样、分析其水质（第一、二天每天分析两次，以后每天一次）。

5. 根据收集的渗滤液水质及其处理要求确定 2～3 种渗滤液处理方案（自行设计），并将各方案进行实验模拟运行，以确定方案之间的优越性和可行性。

6. 渗滤实验结束后，再次对垃圾进行主要物化性质分析，并妥善处理这些废弃物。

五、实验数据整理

1. 垃圾的来源与物理组成数据整理。

2. 渗滤液处理前后垃圾的物化性质变化可记录如表 5-9 所示。

表 5-9　垃圾的主要物化性质

物化性质	渗滤液处理前	渗滤液处理后
含水率/%		
挥发性物质含量/%		
不可燃物质含量/%		
⋮		

3. 渗滤过程中渗滤液的水量、水质变化情况可记录如表 5-10 所示，作出各分析指标随时间变化的曲线。

表 5-10　渗滤液的水量、水质变化情况

日期	环境温度/℃	堆温/℃	渗滤液产生量/L	渗滤液水质状况					
				pH 值	SS	TDS	COD	BOD	⋯

4. 绘制渗滤处理的流程框图，并说明各个工序的处理目标及采用此工序的主要原因。

5. 渗滤液处理模拟实验中水质及运行效果记录如表 5-11 所示。

表 5-11　渗滤液处理模拟实验中水质及运行效果记录

方案	水质指标	进水 /(mg/L)	工序 1		工序 2		…	总出水 /(mg/L)	总去除效率 /%
			出水 1 /(mg/L)	去除效率 /%	出水 2 /(mg/L)	去除效率 /%	…		
I	BOD								
	COD								
	SS								
	⋮								
II	BOD								
	COD								
	SS								
	⋮								

六、问题与讨论

1. 分析垃圾在渗滤处理前后物化性质变化的原因。

2. 渗滤液的水质与垃圾的哪些性质有关？该实验所得渗滤液是否可以采用生物处理？为什么？

3. 试对采用的几种渗滤液处理方案进行比较分析，并确定该渗滤液的有效处理途径。

实验二　污泥浓缩实验

一、实验目的

从一级处理或二级处理产生的污泥在进行脱水前常需加以浓缩，而最常用的方式为重力浓缩，在污泥浓缩池里，悬浮颗粒的浓度比较高，颗粒的沉淀作用主要为成层沉淀和压缩沉淀。该浓缩过程受悬浮固体浓度、性质和浓缩池的水利条件等因素影响。因此，在有利的情况下，一般需要通过相应的实验来确定工艺中的主要设计参数。

通过本实验，希望达到以下目的：

1. 加深对成层沉淀和压缩沉淀的理解。

2. 了解运用固体通量设计、计算浓缩池面积的方法。

二、实验原理

浓缩池固体通量（G）的定义为单位时间内通过浓缩池任一横截面上单位面积的固体质量 [$kg/(m^2 \cdot d)$ 或 $kg/(m^2 \cdot h)$]。在二次沉淀池和连续流污泥重力浓缩池里，污泥颗粒的沉降主要由两个因素决定：①污泥自身的重力；②由于污泥回流和排泥产生的底泥引起。因此，浓缩池的固体通量 G 应由污泥自重压密固体通量 G_i 和底泥引起的向下流固体通量 G_u 组成。即：

$$G = G_i + G_u \tag{5-20}$$

而

$$G_i = v_i \rho_i \tag{5-21}$$

$$G_u = u \rho_i \tag{5-22}$$

式中　v_i——污泥固体浓度为 ρ_i 时的界面沉速，m/h；

　　　u——向下流速度，即由底部排泥导致产生的界面下降速度，m/h；

　　　ρ_i——断面 i—i 处的污泥浓度，kg/m³。

若底部排泥量为 Q_u（m³/h），浓缩池断面面积为 A（m²），则 $u = Q_u/A$。设计时，u 一般采用经验值，如活性污泥浓缩池的 u 取 $0.25 \sim 0.51$m/h。v_i 为污泥固体浓度为 ρ_i 时的界面沉速，单位 m/h，其值可通过同一种污泥的不同固体浓度的静态实验，从沉降时间与界面高度的曲线关系求得［图 5-14(a)］。例如，对于污泥浓度 ρ_i（设起始界面高度为 H_0），通过该条浓缩曲线的切点作切线与横坐标相交，可得沉降时间 t_i，则该污泥浓度的界面沉速 $v_i = H_0/t_i$（即为此污泥浓度下成层沉淀时泥水界面的等速沉降速度）。

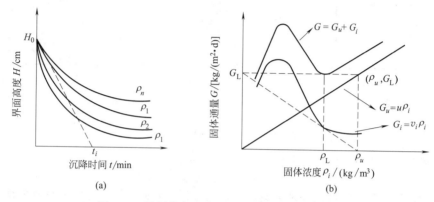

图 5-14　污泥静态浓缩实验中各物理量间的关系

G、G_u、G_i 随断面固体浓度 ρ_i 的变化情况如图 5-14（b）所示。由于浓缩池各断面处固体浓度 ρ_i 是变化的，而 G 随 ρ_i 而变，且有一极小值即极限固体通量 G_L。由固体通量的定义可得浓缩池的设计面积 A 为：

$$A \geqslant \frac{Q_0 \rho_0}{G_L} \tag{5-23}$$

式中　Q_0——入流污泥流量，m³/h；

　　　ρ_0——入流污泥固体浓度，kg/m³。

可以看出，G_L 对于浓缩池面积的设计计算是至关重要的。在实际工作中，一般先根据污泥的静态实验数据作出 G_i-ρ_i 的关系曲线，根据设计的底流排泥浓度 ρ_0，自横坐标上的点 ρ_u 作该曲线的切线并与纵轴相交，其截距即为 G_L。

三、实验装置与设备

1. 实验装置

实验装置的主要组成部分为沉淀柱和高位水箱，如图 5-15 所示。

2. 实验仪器与设备

沉淀柱，有机玻璃制（柱身自上而下标有刻度），高 $H = 1500 \sim 2000$mm，直径 $D = 100$mm，1 根；柱内搅拌器，不锈钢或铜制，长 $L = 1200$mm，直径 $D = 3$mm，4 根；电动机，TYC 型同步电动机，220V/24mA，1 台；高位水箱，硬塑料制，高 $H = 300 \sim 400$mm，直径 $D = 300$mm，1 只；连接管，水煤气管，直径 $D = 20$mm，若干；分析 MLSS 用烘箱；分析天平；称量瓶；量筒；烧杯；漏斗等。

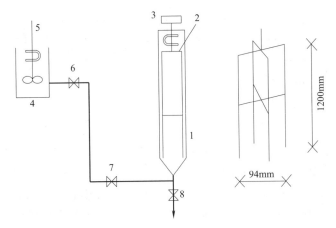

图 5-15 污泥的静态沉降实验装置示意图

1—沉淀柱；2，5—搅拌器；3—电动机；4—高位水箱；6，7—进泥阀；8—排泥阀

四、实验步骤

本实验采用多次静态沉淀实验的方法。具体操作如下。

1. 从城市污水处理厂取回剩余污泥和二次沉淀池出水，测取污泥的 SVI 与 MLSS。

2. 将剩余污泥用二次沉淀池出水配制成不同 MLSS 的悬浮液，可以分别为 $4kg/m^3$、$5kg/m^3$、$6kg/m^3$、$8kg/m^3$、$10kg/m^3$、$15kg/m^3$、$20kg/m^3$、$25kg/m^3$、$30kg/m^3$，然后进行不同 MLSS 浓度下的静态沉降实验。

3. 将一配好的悬浮液倒入高位水箱，并加以搅拌使其混合、保持均匀。

4. 把悬浮液注入沉淀柱至一定高度，启动沉淀柱的搅拌器（转速约 1r/min）搅拌 10min。

5. 观察污泥沉降现象。当出现泥水分界面时读出界面高度。开始时 0.5～1min 读取一次，以后 1～2min 读取一次；当界面高度随时间变化缓慢时，停止读数。

五、实验数据整理

1. 记录起始固体浓度、起始界面高度以及不同沉降时间对应的界面高度，可整理如表 5-12 所示。

表 5-12 污泥的静态沉降实验记录表

沉淀柱高 $H=$ _____ cm　直径 $D=$ _____ cm　搅拌器转速 _____ r/min

污泥来源 _____　污泥的 SVI＝ _____

沉降时间 /min	起始污泥浓度 _____ kg/m³		起始污泥浓度 _____ kg/m³		起始污泥浓度 _____ kg/m³		⋯
	界面高度/cm	界面高度/cm	界面高度/cm	界面高度/cm	界面高度/cm	界面高度/cm	⋯
0							
0.5							
1.0							
1.5							

续表

沉降时间 /min	起始污泥浓度＿＿＿＿kg/m³		起始污泥浓度＿＿＿＿kg/m³		起始污泥浓度＿＿＿＿kg/m³		…
	界面高度/cm	界面高度/cm	界面高度/cm	界面高度/cm	界面高度/cm	界面高度/cm	…
2.0							
2.5							
⋮							
80							

2.根据上述实验数据，可得到不同浓度的污泥沉降时的平均界面高度与沉降时间的关系曲线（即 H-t），通过起始界面高度作各曲线的切线，求得相应的沉降时间，从而求出不同污泥浓度下沉降曲线初始直线段时的界面沉降速度 v_i（即污泥发生成层沉淀时的等速沉降速度）。

3.求自重压密固体浓度 G，并整理如表 5-13 所示，画出 G_i-ρ_i 关系图。

表 5-13　污泥沉降过程中界面沉速 v_i 与自重压密固体浓度 G_i

起始固体浓度 ρ_i/(kg/m)	起始界面沉速 v_i/(m/h)	自重压密固体浓度 G_i/[kg/(m²·h)]
4.0		
5.0		
6.0		
8.0		
⋮		

4.根据设计污泥浓缩后需达到的固体浓度即 ρ_u，求出 G_L，即可计算出浓缩池的设计断面面积 A。

六、问题与讨论

1.本实验中污泥浓度的最低值应取多少？

2.污泥浓缩池中污泥发生的是成层沉淀和压缩沉淀，试阐述将泥水界面视为等速沉降来估算自重压密固体通量的优缺点。

七、注意事项

1.污泥注入速度不宜过快或过慢。过快会引起严重紊乱，过慢则会使沉降过早发生，两者均会影响实验结果。另外，污泥注入时应尽量避免空气泡进入沉降柱。

2.重新进行下一次污泥沉降实验时，应将原有污泥排去，并将沉淀柱清洗干净后再开始。

3.整个实验可分成 6～8 个组进行。每组完成 1～2 个污泥浓度的沉降实验，然后综合整理所有实验数据，完成实验报告。

第六章

环境化学

第一节　基础性实验

实验一　土壤阳离子交换量的测定

一、目的要求

通过测定表层和深层土的阳离子交换量，了解不同土壤阳离子交换量的差别。

二、仪器与试剂

1. 离心机、离心管。
2. 100mL 锥形瓶。
3. 量筒。
4. 10mL、25mL 移液管。
5. 滴定管。
6. 试管。
7. 0.1mol/L 氢氧化钠标准溶液。
8. 0.5mol/L 氯化钡溶液。
9. 酚酞指示剂 1%。
10. 0.1mol/L 硫酸溶液。
11. 土壤样品：风干后磨碎过 200 目筛。

三、实验步骤

1. 取 4 个洗净烘干且质量相近的 50mL 离心管，在天平上称出质量（W, g。称准至 0.005g，下同）。往其中 2 个各加入 1g 左右表层土样品。另外 2 个加入 1g 左右深层土样品，做好相应记号。

2. 向各管中加入 20mL 0.1mol/L 氯化钡溶液，用玻璃棒搅拌 4min，然后用离心机以

3000r/min 转速离心 10min，至上层溶液澄清，下层土紧密结实为止。倒尽上层溶液，然后再加入 20mL 0.1mol/L 氯化钡溶液。重复上述步骤一次。离心完后保留管内土层。

3. 向离心管内加 20mL 蒸馏水，用玻璃棒搅拌 1min，再离心一次，倒尽上层清液。用天平称出各离心管质量（G，g）。

4. 向离心管中加入 25.00mL 0.1mol/L 硫酸溶液（此时不可再向离心管中加任何物质），搅拌 10min 后放置 20min，到时离心沉降。离心完后，把上清液分别倒入干燥的大试管中，再从中移取 10.00mL 溶液到锥形瓶内。

5. 向各锥形瓶中加入 10mL 蒸馏水和 1～2 滴酚酞指示剂，用标准 NaOH 溶液标定至终点，记下各样品消耗的标准溶液的体积数 B（mL）。

空白试验：移取 10.00mL 0.1mol/L H_2SO_4 溶液两份，同步骤 5 操作，记下终点时消耗的标准 NaOH 溶液的体积数 A（mL）。

实验结果列于表 6-1。

表 6-1　实验结果记录表

项目	表层土		深层土			1	
	1	2	1	2	A/mL		
干土质量/g						2	
W/g							
G/g						平均	
m/g							
B/mL							
交换量/(mmol/100g)						氢氧化钠浓度	
平均交换量/(mmol/100g)							

注：W 为离心管的质量；G 为交换后离心管＋土样的质量（含水）；m 为加 H_2SO_4 前土壤的含水量（$m＝G－W－$干土壤）；B 为消耗的标准溶液的体积；A 为 0.1mol/L H_2SO_4 消耗量，即 NaOH 的体积（空白）。

四、结果计算

按下式计算土壤阳离子交换量（mmol/100g）：

$$交换量＝\frac{\left(A\times2.5-B\times\dfrac{25+m}{10}\right)\times N}{干土质量}\times100 \tag{6-1}$$

式中　N——标准 NaOH 溶液的浓度。

讨论两种土壤阳离子交换量差别的原因。

实验二　土壤有机质的测定

土壤有机质是土壤的重要组成部分，是植物养分的重要来源，如碳、氮、磷、硫等。它能促进土壤形成结构，改善土壤的物理、化学性质及生物学过程的条件，提高土壤的吸附性能和缓冲性能，土壤有机质含量是判断土壤肥力高低的重要指标。测定土壤有机质含量是土壤分析的主要项目之一。

一、目的要求

1. 掌握化学氧化法测定土壤中的有机质。
2. 了解土壤有机质作为环境监测项目的意义。

二、实验原理

用定量的重铬酸钾-硫酸溶液，在电砂浴加热条件下，使土壤中的有机碳氧化，剩余的重铬酸钾用硫酸亚铁标准溶液滴定，并以二氧化硅为添加剂做试剂空白标定，根据氧化前后氧化剂质量差值，计算出有机碳量，再乘系数 1.724，即为土壤有机质含量。

三、仪器与试剂

1. 仪器

分析天平，感量 0.0001g；电砂浴；磨口锥形瓶；磨口简易空气冷凝管；滴定管；滴定台；温度计；铜丝筛；瓷研钵。

2. 试剂

除特殊注明者外，所用试剂皆为分析纯。

(1) 重铬酸钾（优级纯）、硫酸、硫酸亚铁、硫酸银（研成粉末）、二氧化硅（粉末状）。

(2) 邻菲罗啉指示剂：称取邻菲罗啉 1.490g 溶于含有 0.700g 硫酸亚铁的 100mL 水溶液中。此试剂易变质，应密闭保存于棕色瓶中备用。

(3) 0.4mol/L 重铬酸钾-硫酸溶液：称取重铬酸钾 39.23g，溶于 600～800mL 蒸馏水中，待完全溶解后加水稀释至 1L，将溶液移入 3L 大烧杯中，另取 1L 相对密度为 1.84 的浓硫酸，慢慢地倒入重铬酸钾水溶液内，不断搅动，为避免溶液急剧升温，每加约 100mL 硫酸后稍停片刻，并把大烧杯放在盛有冷水的盆内冷却，待溶液的温度降到不烫手时再加另一份硫酸，直到全部加完为止。

(4) 重铬酸钾标准溶液：称取经 130℃烘 1.5h 的优级纯重铬酸钾 9.807g，先用少量水溶解，然后移入 1L 容量瓶内，加水定容。此溶液浓度 $c(1/6K_2Cr_2O_7) = 0.2000mol/L$。

(5) 硫酸亚铁标准溶液：称取硫酸亚铁 56g，溶于 600～800mL 水中，加浓硫酸 20mL，搅拌均匀，加水定容至 1L（必要时过滤），贮于棕色瓶中保存。此溶液易被空气中的氧氧化，使用时必须每天标定一次准确浓度。

硫酸亚铁标准溶液的标定方法如下：准确吸取 $K_2Cr_2O_7$ 标准溶液 20.0mL 于 150mL 锥形瓶中，加 3mL 浓 H_2SO_4，再加入邻菲罗啉指示剂 3～5 滴，摇匀，然后用 $FeSO_4$ 溶液滴定至棕红色为止。根据硫酸亚铁溶液的消耗量，计算硫酸亚铁标准溶液浓度为：

$$C_2 = \frac{C_1 V_1}{V_2} \tag{6-2}$$

式中　C_2——硫酸亚铁溶液的浓度，mol/L；

　　　C_1——重铬酸钾标准溶液的浓度，mol/L；

V_1——吸取的重铬酸钾标准溶液的体积，mL；

V_2——滴定用去硫酸亚铁溶液的体积，mL。

四、实验步骤

1.样品的选择和制备。选取有代表性的风干土壤样品，用镊子挑出植物根叶等有机残体，然后用木棒把土块压细，使之通过 1mm 筛。充分混匀后，用四分法取 10～20g，磨细，并全部通过 0.25mm 筛，装入磨口瓶中备用。

2.对新采回的水稻土或长期处于渍水条件下的土壤，必须在土壤晾干压碎后，平摊成薄层，每天翻动一次，在空气暴露一周左右后才能磨样。

3.按表 6-2 有机质含量的规定称取制备好的风干试样 0.05～0.5g，精确到 0.0001g。置于 150mL 锥形瓶中，加粉末状硫酸银 0.1g，然后准确加入 0.4mol/L 重铬酸钾-硫酸溶液 10mL 摇匀。

表 6-2　不同土壤有机质含量的称样量

有机质含量/%	试样质量/g	有机质含量/%	试样质量/g
2 以下	0.4～0.5	7～10	0.1
2～7	0.2～0.3	10～15	0.05

4.将盛有试样的锥形瓶装一简易空气冷凝管，移至已预热到 200～230℃ 的电砂浴上加热，当简易空气冷凝管下端滴下第一滴冷凝液，开始计时，消煮（5±0.5）min。

5.消煮完毕后，将锥形瓶从电砂浴上取下，冷却片刻，用水冲洗冷凝管内壁及其底端外壁，使洗涤液流入原锥形瓶，瓶内溶液的总体积应控制在 60～80mL 为宜，加 3～5 滴邻菲罗啉指示剂，用硫酸亚铁铵标准溶液滴定剩余的重铬酸钾。溶液的变色过程是先由橙黄变为蓝绿，再变为棕红，即达终点。如果试样滴定所用硫酸亚铁铵标准溶液的体积不到空白标定所耗硫酸亚铁铵标准溶液体积的 1/3 时，则应减少土壤称样量，重新测定。

6.每批试样必须同时做 2～3 个空白，进行标定。取 0.005g 粉末状二氧化硅代替土样，其他步骤与试样测定相同，取其平均值。

五、数据处理与分析

土壤有机质含量 X（按烘干土计算）：

$$X = \frac{(V_0 - V)C_2 \times 0.003 \times 1.724 \times 100}{m} \tag{6-3}$$

式中　X——土壤有机质含量，%；

　　　V_0——空白滴定消耗硫酸亚铁铵量，mL；

　　　V——测定试样消耗硫酸亚铁铵量，mL；

　　　C_2——硫酸亚铁铵标准溶液浓度，mol/L；

　0.003——1/4 碳原子的摩尔质量，g/mol；

　1.724——由有机碳换算为有机质的系数；

　　　m——烘干土样质量，g。

平行测定的结果用算术平均值表示，保留三位有效数字。

六、注意事项

1.如果试样滴定所用硫酸亚铁铵标准溶液的体积（mL）的 1/3 时，则应减少土样称样量，重新测定。

2.在滴定空白样时，应适当加入 2～3mL 浓硫酸。

3.注意硫酸浓度、硫酸亚铁铵氧化和消煮时间的控制。

4.允许差：当土壤有机质含量少于 1% 时，平行测定结果相差不得超过 0.05%；含量为 1%～4% 时，不得超过 0.10%；含量为 4%～7% 时，不得超过 0.3%；含量在 10% 以上时，不得超过 0.5%。

七、问题与讨论

1.消解温度与消解时间对实验结果有何影响？

2.重铬酸钾容量法测定土壤有机质的原理是什么？

实验三　有机物的正辛醇-水分配系数的测定
（紫外分光光度法）

一、目的要求

1.了解测定有机化合物的正辛醇-水分配系数的意义和方法。

2.掌握用紫外分光光度法测定分配系数的操作技术。

二、原理

正辛醇是一种长链烷烃醇，在结构上与生物体内的碳水化合物和脂肪类似。因此，可用正辛醇-水分配系数来模拟研究正辛醇-水体系，有机物的正辛醇-水分配系数是衡量其脂溶性大小的重要理化性质。研究表明，有机物的分配系数与水溶解度、生物富集系数及土壤、沉积物质吸附系数均有很好的相关性。因此，有机物在环境中的迁移在很大程度上与它的分配系数有关。此外，有机药物和毒物的生物活性亦与其分配系数密切相关。所以，在有机物的危险性评价方面，分配系数的研究是不可缺少的。

化合物在辛醇相中的平衡浓度与水相中该化合物非离解形式的平衡浓度的比值，即为该化合物的正辛醇-水分配系数。

$$K_{ow} = \frac{C_o}{C_w} \tag{6-4}$$

式中　C_o——该化合物在辛醇相中的平衡浓度；

　　　C_w——水相中的平衡浓度；

　　　K_{ow}——分配系数。

本实验通过测定水相中有机物平衡浓度，然后再根据分配前化合物在辛醇相中的浓度计算出分配后化合物在辛醇相中的平衡浓度，进而算出分配系数。

三、仪器与试剂

1. 离心机。
2. 恒温振荡器。
3. 紫外-可见分光光度计。
4. 正辛醇。
5. 乙醇（95%）。
6. 对二甲苯（A.R）。
7. 萘（A.R）。

四、实验步骤

1. 标准曲线的绘制

（1）对二甲苯

移取 1.00mL 对二甲苯于 10mL 容量瓶中，用乙醇稀释至刻度，摇匀。取该溶液 0.1mL 于 25mL 容量瓶中，再以乙醇稀释至刻度，摇匀，此时浓度为 $400\mu L/L$。用移液管分别吸取该溶液 0.10mL、0.20mL、0.30mL、0.40mL、0.50mL 于 10mL 比色管中，加水稀释至刻度，摇匀。在分光光度计上，选择波长为 227nm，以水为参比，测定标准系列的吸光度 A。以 A 对浓度 C 作图，即得标准曲线。

（2）萘

称取 0.2000g 萘，用乙醇溶解后转入 100mL 容量瓶并稀释至刻度，浓度为 $200\mu g/mL$，此溶液为储备液。使用液：将储备液稀释 20 倍得到 100mg/L 的溶液。用移液管分别吸取该溶液 0.10mL、0.20mL、0.30mL、0.40mL、0.50mL 于 10mL 比色管中，加水稀释至刻度，摇匀。在分光光度计上，选择波长为 278nm，以水为参比，测定标准系列的吸光度 A。以 A 对浓度 C 作图，即得标准曲线。

2. 分配系数的测定

（1）对二甲苯

移取 0.40mL 对二甲苯于 10mL 容量瓶中，用正辛醇稀释至刻度，配成浓度为 $4\times10^4\mu g/L$ 的溶液。取此溶液 1.00mL 于具塞 10mL 离心管中，加水稀释至刻度，塞紧塞子，平放并固定在恒温振荡器上（25±5）℃振荡 2h。然后离心分离，用滴管小心吸去上层辛醇相，在 227nm 下测定水相吸光度，由标准曲线查出其浓度。平行做三份，每次做试剂空白试验。

（2）萘

称取 0.0700g 萘，用正辛醇溶解后转入 10mL 容量瓶并稀释至刻度，配成 700mg/mL 的溶液。取此溶液 1.00mL 于具塞 10mL 离心管中，加水稀释至刻度，塞紧塞子，平放并固定在恒温振荡器上（25±5）℃振荡 2h。然后离心分离，用滴管小心吸去上层辛醇相，在 278nm 下测定水相吸光度，由标准曲线查出其浓度。平行做三份，每次做试剂空白试验。

五、数据处理与讨论

分配系数按下式计算：

$$K_{ow} = \frac{C_o V_o - C_a V_a}{C_a V_a} \qquad (6-5)$$

式中　　C_o——辛醇相初始浓度；

　　　　C_a——平衡后水相中的浓度；

　　V_o，V_a——辛醇相和水相的体积。

将所得 K_{ow} 取以 10 为底物对数即 $\lg K_{ow}$。

正辛醇黏度较大，在移取时应让粘在管壁上的辛醇基本流下为止。

比色皿在使用前后，应用乙醇洗干净，以免残存化合物吸附在比色皿上。

实验四　Fenton 试剂催化氧化水中有机污染物

一、目的要求

1. 了解 Fenton 试剂的性质。

2. 了解 Fenton 试剂降解有机污染物的机理。

3. 掌握 Fenton 反应中各因素对废水脱色率的影响规律。

二、实验原理

Fenton 试剂的氧化机理可以用下面的化学反应方程式表示：

$$Fe^{2+} + H_2O_2 \longrightarrow Fe^{3+} + OH^- + \cdot OH \qquad (6-6)$$

· OH 的生成使 Fenton 试剂具有很强的氧化能力，研究表明，在 pH＝4 的溶液中，其氧化能力在溶液中仅次于氟气。因此，持久性有机污染物，特别是芳香族化合物及一些杂环类化合物，均可以被 Fenton 试剂氧化分解。

本实验采用 Fenton 试剂法处理甲基橙模拟染料废水。

配制一定浓度的甲基橙模拟废水，实验时取该废水于烧杯（或锥形瓶）中，加入一定量的硫酸亚铁，开启恒温磁力搅拌器，使其充分混合溶解，待溶解后，迅速加入设定量的 H_2O_2，混匀，反应至所设定时间，用 NaOH 溶液终止反应，调节 pH 为 8～9，静置适当时间，取上层清液在最大吸收波长 A＝465nm 处测吸光度，色度去除率＝（反应前后最大吸收波长处的吸光度差/反应前的吸光度）×100％。

三、实验仪器及试剂

1. 仪器

（1）pH-S 酸度计或 pH 试纸。

（2）722 可见光分光光度计。

（3）托盘天平；分析天平。

（4）250mL 锥形瓶，15 个；2mL 吸量管，5 个；5mL 吸量管，4 个；100mL 的量筒，

4 个。

2. 试剂

（1）甲基橙。

（2）$FeSO_4 \cdot 7H_2O$；H_2O_2（30％）；H_2SO_4；$NaOH$。均为分析纯。

四、实验步骤

1. 配制 200mg/L 的甲基橙模拟废水

实验时，取 200mg/L 的甲基橙模拟废水 200mL 于烧杯（或锥形瓶）中。

2. 确定适宜的硫酸亚铁投加量

甲基橙模拟废水的浓度为 200mg/L，H_2O_2（30％）投加量为 1mL/L，水样的 pH 为 4.0～5.0，水样温度为室温时，投加不同量的 $FeSO_4 \cdot 7H_2O$（投加量分别为 20mg/L、60mg/L、100mg/L、200mg/L、300mg/L）进行脱色实验，反应时间为 90min。通过此实验，确定出 $FeSO_4 \cdot 7H_2O$ 的最佳投加量。

3. 确定适宜的 H_2O_2（30％）投加量

甲基橙模拟废水的浓度为 200mg/L，$FeSO_4 \cdot 7H_2O$ 的投加量为步骤 2 中确定的最佳投加量，水样的 pH 为 4.0～5.0，水样温度为室温时，投加不同量的 H_2O_2（30％）（投加量分别为 0.1mL/L、0.2mL/L、0.4mL/L、0.6mL/L、0.8mL/L）进行脱色实验，反应时间为 90min。通过此实验，确定出 H_2O_2（30％）的最佳投加量。

4. 确定 pH 对降解效果的影响

甲基橙模拟废水的浓度为 200mg/L，$FeSO_4 \cdot 7H_2O$ 的投加量为步骤 2 中确定的最佳投加量，H_2O_2（30％）投加量为步骤 3 中确定的最佳投加量，考察 pH（pH 分别为 1、2、3、4、5、6）对甲基橙模拟废水降解效果的影响，确定最佳 pH。

5. 确定反应时间对降解效果的影响

甲基橙模拟废水的浓度为 200mg/L，水样的 pH 为 4.0，$FeSO_4 \cdot 7H_2O$ 的投加量为步骤 2 中确定的最佳投加量，H_2O_2（30％）投加量为步骤 3 中确定的最佳投加量，在最佳 pH 条件下考察反应时间（取样时间分别为 10min、20min、40min、60min、120min）对甲基橙模拟废水降解效果的影响。

五、数据处理

色度去除率＝（反应前后最大吸收波长处的吸光度差/反应前的吸光度)×100％　　(6-7)

六、问题讨论

Fenton 反应中各因素对废水脱色率的影响规律是什么？

七、补充内容

偶氮染料是构成工业用染料最大的一部分，甲基橙作为一种代表性的酸性偶氮染料，目前使用较为广泛，化学上用作试剂和指示剂，工业上用于对棉、麻、纸张及皮革等的染色。甲基橙具有结构稳定、难挥发、难生物降解等特性。甲基橙分子式为 $C_{14}H_{14}N_3SO_3Na$，分子量为 327.33，其化学结构见图 6-1。

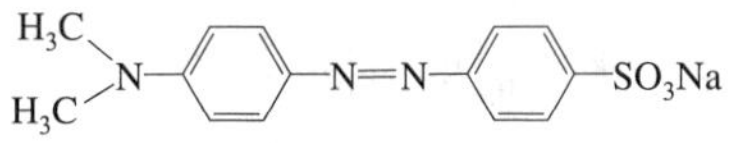

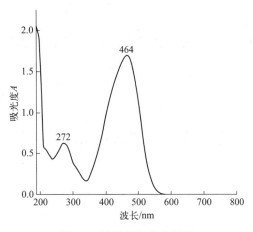

图 6-1 甲基橙化学结构式

甲基橙染料呈弱酸性，最大吸收波长为 464nm，如图 6-2 所示。

图 6-2 甲基橙的吸收波长

实验五 水中有机物挥发速率的测定

水环境中有机污染物随自身的物理化学性质和环境条件的不同而进行不同的迁移转化过程，诸如挥发、微生物降解、光解以及吸附等。近年来研究表明，自水体挥发进入空气是疏水性有机污染物特别是高挥发性有机污染物的主要迁移途径。

水中有机污染物的挥发符合一级动力学方程，其挥发速率常数可通过实验求得，其数值的大小受温度、水体流速、风速和水体组成等因素的影响。测定水中有机物的挥发速率，对研究其在环境中的归宿具有重要的意义。

一、目的要求

掌握测定水中溶解的有机物质挥发速率的实验方法。

二、实验原理

水中溶解的有机物的挥发符合一级动力学方程，即：

$$\frac{\mathrm{d}c}{\mathrm{d}t} = K_v c \qquad (6-8)$$

式中　K_v——挥发速率常数，h^{-1}；

　　　c——水中有机物的浓度，g/L；

t——挥发时间，s。

由式（6-8）可得：

$$\ln \frac{c_0}{c} = K_v t \qquad (6-9)$$

由此可求得有机物质挥发掉一半所需的时间（$t_{1/2}$）为：

$$t_{1/2} = \frac{0.693}{K_v} \qquad (6-10)$$

如 L 为溶液在一定截面积的容器中的高度，则传质系数与挥发速率常数 K_v 的关系为：

$$K_v = \frac{K}{L} \qquad (6-11)$$

因此，只要求得某种化合物的挥发速率常数 K_v，就能求得传质系数 K。

三、仪器和试剂

1. 仪器

紫外分光光度计；电子天平；称量瓶；烧杯；容量瓶；尺子。

2. 试剂

甲苯；甲醇（均为分析纯）。

四、实验步骤

溶液中有机污染物挥发速率的测定：

（1）储备液的配制：准确称取甲苯 2.5000g，置于 250mL 的容量瓶中，用甲醇稀释到刻度。溶液浓度约为 10mg/mL。

（2）中间液的配制：取上述储备液 5mL 置于 250mL 的容量瓶中，用水稀释至刻度。溶液浓度为 200mg/L。

（3）标准曲线的绘制：取甲苯中间液 0.25mL、0.5mL、1.0mL、1.5mL 和 2.0mL 于 10mL 的容量瓶内，用水稀释至刻度。其浓度分别为 5mg/L、10mg/L、20mg/L、30mg/L 和 40mg/L。将该组溶液用紫外分光光度计于波长 205nm 处测定吸光度，以吸光度对质量浓度作图，可得到甲苯的标准曲线。

（4）将剩余的甲苯的中间液分别倒入 2 个烧杯内，量出溶液高度 L，并记录时间。让其自然挥发，每隔 10min 取样一次，每次取 1.0mL，用水定容至 10mL，测定吸光度，测定波长为 205nm，共测 10 个点。

五、数据处理与分析

1. 求半衰期（$t_{1/2}$）和甲苯的速率常数

从标准曲线上查得甲苯在不同反应时间在溶液中的浓度，绘制 $\ln(c_0/c)$-t 关系曲线，从其斜率（K_v）即可求得 $t_{1/2}$，$t_{1/2} = 0.693/K_v$。

2. 求传质系数 K

由 $K_v = \dfrac{K}{L}$，即可求出化合物的 K。

六、问题与讨论

影响环境中有机污染物挥发的因素有哪些?

第二节　综合性设计性实验

实验一　水中溶解氧含量日变化的测定

一、目的要求

溶解氧的测定对于了解水体污染物状况和自净作用有着重要意义。

本实验通过测定湖水中溶解氧在一天中不同时间的含量和不同水质(污水、自来水、湖水)中溶解氧的含量,了解影响水中溶解氧含量的因素,掌握用碘量法测定溶解氧的基本原理与测定方法。

二、原理与方法

参考第二章第一节的"实验八　溶解氧的测定"。

三、仪器与试剂

1.水质采样器。
2.溶解氧测定所需仪器和试剂参考第二章第一节的"实验八　溶解氧的测定"。

四、实验步骤

1.分别在 9 时、11 时、13 时、15 时,用水质采样器在同一地点和同一深度采集地表水四次,同时测定水的温度。
2.每次采集水样时,把水放入溶解氧瓶内(橡胶管要插入瓶底)。并使水从瓶口溢出。
3.溶解氧的现场固定、测定及结果计算参考第二章第一节的"实验八　溶解氧的测定"。
4.在下午时间点(13 时或 15 时)采集地表水的同时,采集污水和自来水,按上述步骤测定这三种不同水质水中的溶解氧。

五、数据处理与讨论

将所有实验数据分别记录于表 6-3 和表 6-4 中。

表 6-3　湖水在一天中不同时间的溶解氧含量

项目	9 时	11 时	13 时	15 时
水温/℃				
V/mL				
溶解氧/(mg/L)				

表 6-4　不同水质中溶解氧含量

项目	湖水	污水	自来水
V/mL			
溶解氧/(mg/L)			

六、问题与讨论

根据实验结果讨论水中溶解氧含量的日变化规律及其影响因素。

实验二　活性染料在水溶液中的光化学降解

一、目的要求

在大气和水环境中，光化学降解是污染物迁移、转化的一个重要途径。

本实验通过测定活性艳蓝 X-BR 在 H_2O_2-水溶液中光降解反应的表现速率常数与光降解半衰期，了解、掌握在溶液相中光化学反应动力学测定的一般方法。

二、原理

本实验以阳光为光源经阳光照射，活性艳蓝在 H_2O_2-H_2O 溶液中发生褪色反应，原理可能如下。在太阳光的紫外光作用下，H_2O_2 发生光解，生成·OH。

$$H_2O_2 + h\nu(\lambda < 360nm) \longrightarrow 2 \cdot OH \qquad (6-12)$$

·OH 自由基具较强的氧化性，可与活性艳蓝反应，破坏了染料中的可见光区生色团，使之褪色。实验表明，活性染料的光褪色反应为假一级反应，在不同时间取光照的活性染料溶液，测定其浓度，用一级反应动力学方法处理则可得活性艳蓝在水溶液中的光褪色反应速率常数和半衰期。

三、仪器与试剂

1. 活性艳蓝 X-BR 配成 1.00mL/mL 储备液备用。

2. H_2O_2（A.R，30%），经测定，其浓度为 9.43mol/L。

3. 分光光度计。

4. 10mL 比色管：15 支。

5. 移液管：5.00mL 与 10.00mL。

6. 比色管架。

7. 辐射计。

四、实验步骤

1. 标准曲线的绘制

用移液管分别取 0.20mL、0.40mL、0.60mL、0.80mL、1.00mL 活性艳蓝 X-BR 的储备液于 10mL 容量瓶内，用水稀释至刻度。用分光光度计，于 596nm 波长下，以水为参比，分别测定上述溶液的吸光度 A，以 A 对浓度 C（mg/L）作图，即得标准曲线。

2. 活性艳蓝 X-BR 在含有 H₂O₂ 的水溶液中的光降解

（1）把比色管架在实验楼顶部平台的凳子上放好，调整架子，使阳光与架平面垂直。

（2）用移液管取活性艳蓝 X-BR 储备液 14.50mL 于 250mL 棕色容量瓶内，并移取 6.00mL H₂O₂（30%）于同一瓶内，立即用水稀释至刻度，同时测定溶液的吸光度，让阳光垂直照射。

（3）把 10mL 上述活性艳蓝溶液加入 3 组（每组 5 支）比色管内，其中一组用铝箔包好避光，做暗反应对比，另外两组做光降解平行试验。光降解组的比色管放在比色管架上，让阳光垂直照射。

（4）在不同时间间隔取 3 支比色管（1 支避光、2 支光照），测其吸光度，并由标准曲线求出其浓度。取样时间为 1h、2h、3h、4h、5h，同时记下光强，在光照期间，应不时调整比色管架，以保证阳光垂直照射比色管。

五、数据处理

在此实验条件下，活性艳蓝 X-BR 的光降解反应为一级反应，则有：

$$\ln \frac{C_t}{C_0} = -K_P t \tag{6-13}$$

式中　C_0——活性艳蓝 X-BR 的初始浓度，mg/L；

　　　C_t——活性艳蓝 X-BR 光照 t 小时的浓度，mg/L；

　　　t——光照时间，h；

　　　K_P——光褪色反应速率常数，h^{-1}。

因此，以 $\ln \dfrac{C_t}{C_0}$ 对 t 作图应为一直线，用最小二乘法可求出 $\ln \dfrac{C_t}{C_0}$ 与 t 的直线回归方程。

$$y = a + bx$$

a、b 和相关系数 R 可按下式计算：

$$b = \frac{\sum(xy) - \dfrac{\sum x \sum y}{n}}{\sum x^2 - \dfrac{(\sum x)^2}{n}} \tag{6-14}$$

$$a = \frac{\sum y - b \sum x}{n} \tag{6-15}$$

$$R = b \sqrt{\frac{\dfrac{\sum x^2 - \dfrac{(\sum x)^2}{n}}{n-1}}{\dfrac{\sum y^2 - \dfrac{(\sum y)^2}{n}}{n-1}}} \tag{6-16}$$

b 为直线斜率，即为反应速率常数 K_P。由此可由下式计算活性艳蓝 X-BR 在水溶液中的光解半衰期 $t_{1/2}$：

$$t_{1/2} = \frac{\ln 2}{K_P} \tag{6-17}$$

根据实验结果，作出暗反应与光照的 $\ln\dfrac{C_t}{C_0}\text{-}t$ 相关图，并计算 a、b、R 和 $t_{1/2}$。

六、思考题

光强是影响光化学反应速率的主要因素。试与其他同学的实验结果 K_P、$t_{1/2}$ 比较，并解释有差别的原因。

实验三　河流水质调查与评价

一、目的要求

1. 从能维持水生生物生存的角度，评价城镇小河流的水质情况。
2. 通过对某河流的实测数据，用水质指数法进行现状评价。

二、概述

多数大城市水系往往有限，像海湾、港口和河流及一些城市小河网等水系并不多。随着城市的不断发展和扩大，许多小河被封闭，有的甚至逐渐变成了排污沟，不仅如此，由于城市废水、工业废水以及其他活动所产生的废水源源不断地流入这些河流，使这些河流的负荷更加沉重。这不仅对人们的健康有威胁，而且降低了人们在这些地方养鱼、游泳和进行其他水上运动的价值。

河流污染的研究应包括调研由测量所得到的河流的各种物理和化学特性。这些测量可以用来评价这些河流的水质是否达到人类可以使用的标准；是否达到能维持水生生物正常生存的标准。同样，这种调研也可以用于寻找随着时间和地点的不同而使这些特性发生变化的规律。从而可能与水的流速、气候、河道周围陆地的利用以及各种废水和废物的排入等因素的影响联系起来。

通过调查和查看原始的监测数据，运用数学方法进行归纳整理。一般采用指数方法表示污染程度。这种方法表示静态水质污染情况，给人以直观简明的数量概念。水质指数的形式多种多样，但它们的主要特点是用各种污染物的相对污染值，进行数学上的归纳与统计，从而得出一个较简单的数值，用它代表水的污染程度，并以此作水污染分级和分类的依据。

三、调查计划

1. 绘图

首先要得到一张河流及流域的区域和地形图，从中能够知道土地的利用情况、工厂的排污点和废水处理厂的位置等信息。据此选择一系列试验项目和采样点，尤其是那些已知的或可疑的排污点处。为了解这些排污点对水质的影响，常常选择其上游和下游的位置。当然，这些位置应是比较合适的，并且容易进出的。

2. 时间的选择

由于水的流速和水的应用随时间而变，要计划一个快速的调查方案，适合于学生能在有限的时间内沿河流进行水质评价。当河流受到潮汐影响时，需要考虑时差的"滞后"因素。这种情况下在河口进行快速调查更为实用。

3. 调查项目

调查项目在水质评价中具有重要意义，并且这些项目的测定比较简单，能够由学生在合适时间内完成。

现场调查中必测项目为：温度、溶解氧、电导率与 pH 值。采样带回实验室的测定项目为：总磷、BOD、叶绿素 a、固体悬浮物、氨态氮、氰、酚及重金属砷、镉、汞、铬等。

四、样品的采集、保存与测定

在河流中心离河面约 15cm 处直接测量或采集水样，水样中不应含有悬浮物质，水样可以装在玻璃瓶和塑料容器中，按表 6-5 保存。

测定方法按《环境监测分析方法》一书中的统一分析方法进行测定。

表 6-5 采样体积和样品保存的建议

测量项目	采样体积[①]/mL	保存方法	最长保存时间
温度	1000	现场测定[②]	0
		冷藏,4℃	24h
盐度	100	现场测定[②]	0
		冷藏,4℃	6h
pH	25	现场测定[②]	0
溶解氧		现场测定[②]	0
BOD	1000	冷藏,4℃	6h
		冷藏,4℃	7h
浊度	100	现场测定[②]	0
残渣	250	冷藏,4℃	7d
磷	50	冷藏,4℃	7d
氨	400	冷藏,4℃,用 H_2SO_4 调节 pH<2	24h
总重金属	500	冷藏,4℃,用 HNO_3 调至 pH<2	6个月
酚类	500	冷藏,4℃,用 H_2SO_4 调至 pH<4,加 1g $CuSO_4$	24h
有效氮	1000	冷藏,4℃	<6h
叶绿素	350	冷藏 4℃	6h
油和脂	1000	冷藏,4℃,用 H_2SO_4 调至 pH<2	24h

① 一次测定最小的推荐体积。

② 样品不能保存,如不能现场测定,则必须在采样点附近立即测定。

五、评价方法

1. 选择评价标准

根据评价目的、要求选择合适的评价标准。

2. 选择评价参数

根据评价要求与学生时间做出选择。

3. 水质指数计算

（1）计算污染物分指数。

$$I_i = \frac{C_i}{C_{0i}} \tag{6-18}$$

式中　I_i——某种污染物分指数；

　　　C_i——第 i 种污染物的实测浓度，mg/L；

　　　C_{0i}——第 i 种污染物的评价标准，mg/L。

（2）求综合污染指数：选择下列计算方法之一进行计算，也可用模糊集理论计算。

① 叠加法

$$P_i = \sum_{i=1}^{k} I_i = \sum_{i=1}^{k} \frac{C_i}{C_{0i}} \quad (i=1,2,3,4,\cdots,k) \tag{6-19}$$

② 加权平均法

$$P_i = \frac{1}{k} \sum_{i=1}^{k} (W_i I_i) \quad (i=1,2,3,4,\cdots,k) \tag{6-20}$$

③ 平均法

$$P_i = \frac{1}{k} \sum_{i=1}^{k} I_i = \frac{1}{k} \sum_{i=1}^{k} \frac{C_0}{C_{0i}} \quad (i=1,2,3,4,\cdots,k) \tag{6-21}$$

④ 兼顾极值法

$$P = \sqrt{\frac{(I_{i最大})^2 + (I_{i平均})^2}{2}} \qquad （均值方根） \tag{6-22}$$

$$P = \sqrt{\frac{I_{i最大} + I_{i平均}}{2}} \qquad （算数平均） \tag{6-23}$$

$$P = \sqrt{I_{i最大} \, I_{i平均}} \qquad （几何平均） \tag{6-24}$$

4. 污染程序分级

按水质质量分级标准进行划分。

六、调查报告与评价结果

调查报告应包括下列几项。

1. 概况

（1）以前类似的研究。

（2）所研究地域的实况。

（3）所研究水质参数的性质。

（4）研究目的。

2. 实验部分

（1）采样点、采样时间及采样方法。

（2）分析方法：简要说明方法的名称与参考文献。

3. 结果

这部分应概括数据及观察到的现象，结果以图和表表示。为了检验结果，需做足够多的文字叙述，对结果的精密度以及所用方法的重大偏差应有所说明。

4. 讨论

这部分应叙述所得结果对水质及河流利用的意义。包括：

（1）表示采样点和邻近主要发展状况的粗略地图。

（2）表示整个河流河道水质参数变化的图解。

（3）与水质标准进行比较。

（4）河流污染现状评价。

（5）讨论参数之间的相关性。

（6）影响水质的一些因素的确证。

（7）河流稀释容量的估计。

5. 结论

这部分包括对水质标准的一般评价与现状评价，为进一步研究和水质管理提出建议。

实验四　河流底泥对亚甲基蓝的吸附

一、目的要求

1. 绘制底泥对亚甲基蓝的吸附等温线，求出吸附常数。

2. 了解水体中底泥的环境化学意义及其在水体自净中的作用。

二、基本概念

底泥/悬浮颗粒物是水中污染物的源和汇。水体中有机污染物的迁移转化途径很多，如挥发、扩散、化学或生物降解等，其中底泥/悬浮颗粒物的吸附作用对有机污染物的迁移、转化、归趋及生物效应有重要影响，在某种程度上起着决定作用。底泥对有机物的吸附主要包括分配作用和表面吸附。

亚甲基蓝是一种重要的有机化学合成阳离子染料，广泛应用于印染行业，也可用于生物、细菌组织的染色以及用于制造墨水和色淀等。亚甲基蓝在工业上的广泛应用导致含亚甲基蓝的工业废水对自然水体造成污染。底泥对亚甲基蓝的吸附作用与其组成、结构等有关。吸附作用的强弱可用吸附系数表示。探讨底泥对亚甲基蓝的吸附作用对了解亚甲基蓝在水/沉积物多介质的环境化学行为，乃至水污染防治都具有重要的意义。

本实验以底泥为吸附剂，吸附水中的亚甲基蓝，研究底泥对一系列浓度亚甲基蓝的吸附情况，计算平衡浓度和相应的吸附量，通过绘制吸附等温曲线，分析底泥的吸附性能和机理。绘制吸附等温线后，用回归法求出底泥对亚甲基蓝的吸附常数。

三、仪器与试剂

1. 恒温调速振荡器。

2. 低速离心机。

3. 可见光分光光度计。

4. 碘量瓶：100mL。

5. 离心管：50mL。

6. 比色管：50mL。

7. 移液管：0.5mL、1.0mL、2.0mL、5.0mL、10.0mL、20.0mL。

8. 亚甲基蓝吸附使用液，1000mg/L。

9. 亚甲基蓝标准溶液，10mg/L。

10. 底泥样品制备：采集河道的表层底泥，去除砂砾和植物残体等大块物，于室温下风干；用瓷研钵捣碎，过100目筛（<0.15mm），充分摇匀，装瓶备用。

四、实验步骤

1. 标准曲线的绘制

在 6 支 50mL 比色管中分别加入 0.00mL、1.00mL、3.00mL、5.00mL、7.00mL、10.00mL 浓度为 10mg/L 的亚甲基蓝标准溶液，用水稀释至刻度，充分混匀后，在 664nm 波长处，以蒸馏水作为参比，用 1cm 比色皿，测量吸光度，记录数据，经空白校正后，绘制吸光度对亚甲基蓝含量（mg/L）的标准曲线。

2. 吸附实验

取 6 只干净的 100mL 碘量瓶，分别在每个瓶内放入 1.0g 左右的沉积物样品（准确称量至 0.001g，下同）。然后按表 6-6 所给参数加入浓度为 1000mg/L 的亚甲基蓝溶液和水，加塞密封并摇匀后，将瓶子放入振荡器中，在（25±1.0）℃下，以 150～175r/min 的转速振荡 8h，静置 30min 后，在低速离心机上以 3000r/min 速度离心 5min，移出上清液 10mL 至 50mL 容量瓶中，用蒸馏水定容至刻度，摇匀，然后移出数毫升（视平衡浓度而定）至 50mL 比色管中，用水稀释至刻度。按绘制标准曲线相同步骤测定吸光度，从标准曲线上查出亚甲基蓝的浓度，并计算出亚甲基蓝的平衡浓度。

表 6-6　亚甲基蓝加入浓度系列

项目	1	2	3	4	5	6
亚甲基蓝吸附使用液/mL	1.0	3.0	6.0	12.5	20.0	25.0
水/mL	24.0	22.0	19.0	12.5	5.0	0.0
起始浓度 ρ_0/(mg/L)	40	120	240	500	800	1000
取上清液/mL	2.00	1.00	1.00	1.00	0.50	0.50
稀释倍数	125	250	250	250	500	500
吸光度						
平衡浓度 ρ_e/(mg/L)						
吸附量 Q/(mg/kg)						

五、数据处理

1. 计算平衡浓度（ρ_e）及吸附量（Q）。

$$\rho_e = \rho_1 \times n \tag{6-25}$$

$$Q = \frac{(\rho_0 - \rho_e) \times V}{m} \tag{6-26}$$

式中　ρ_0——起始浓度，mg/L；

　　　ρ_e——平衡浓度，mg/L；

　　　ρ_1——在标准曲线上查得的测量浓度，mg/L；

　　　n——溶液的稀释倍数；

　　　V——吸附实验中所加亚甲基蓝溶液的体积，mL；

　　　m——吸附实验所加底泥样品的量，g；

　　　Q——亚甲基蓝在底泥样品上的吸附量，mg/kg。

2. 利用平衡浓度和吸附量数据绘制亚甲基蓝在底泥上的吸附等温曲线。

3. 利用 Freundlich 吸附方程 $Q = K\rho^{1/n}$，通过回归分析求出方程中的常数 K 及 n。

六、问题与讨论

1. 影响底泥对亚甲基蓝吸附系数大小的因素有哪些？

2. 哪种吸附方程更能准确描述底泥对亚甲基蓝的吸附等温曲线？

实验五　沉积物与悬浮物中痕量金属形态的逐级提取方法

一、目的要求

1. 通过沉积物中铬的形态分析，掌握颗粒物中微量重金属形态逐级提取方法。

2. 加深对颗粒态重金属的形态分析与水体中重金属的迁移转化、归宿相关性的认识，以及了解它在环境容量研究与污水处理中的应用意义。

二、基本概念

在天然水中，重金属污染物大多以沉积物为其最终归宿。相对水而言，底质沉积物固相浓缩重金属的倍数可高达数千至数万倍。有毒金属的生物有效性及金属在溶液和沉积物中的循环均依赖于它们在沉积物中的存在形式。

水环境中颗粒态金属，是指与悬浮物和沉积物结合的金属。这些颗粒态金属，除一部分来自岩石及矿物风化的碎屑产物外（未受污染的水体中这往往是主要的），相当一部分是在水体中（特别是在污染严重的水体中）由溶解态金属通过吸附、沉淀、共沉淀及生物作用转变而来的。这些是目前对水环境中颗粒态金属形态划分的主要依据。

水体悬浮物与沉积物中金属的存在形态可区分为：①因沉积物或其主要成分（如黏土矿物、铁锰水合氧化物、腐殖酸及二氧化硅胶体等）对微量金属的吸附作用而形成的"可交换态"（或称"吸附态"）；②与沉积物中的碳酸盐联系在一起的部分微量金属称为"与碳酸盐结合态"；③与铁锰水合氧化物共沉淀，或被铁锰水合氧化物吸附，或其本身即为氢氧化物沉淀的这部分微量金属称为"与铁锰氧化物结合态"；④与硫化物及有机质结合的金属称为"与有机质结合态"；⑤包含于矿物晶格中而不可能释放到溶液中去的那部分金属称为"残渣态"。

至今，对于颗粒态金属形态的分析，化学提取法是主要的和最基本的，其次是使用某些结构分析仪器。化学提取法有两种类型：一种是只利用一种选择性试剂的一步提取法；另一种是用几种不同作用的提取剂连续对样品进行提取的逐步提取法。在众多的逐步提取法中，1979 年 Tessier 提出的分析程序受到重视和广泛应用。他对所提出的方法进行过论证，在测定各级提取液中痕量金属的含量时，也同时测定其中的硅、铝、钙、硫、有机碳及无机碳含量，并对提取后的残渣进行 X 射线衍射分析，证明每一步浸取都有较好的选择性。

三、仪器与试剂

1. 分光光度计。

2. 电动离心机。

3. 离心管：50mL。

4. 水浴锅。

5. 控温电炉。

6. 锥形瓶：100mL。

7. 容量瓶：50mL、100mL。

8. 烧杯：50mL。

9. 移液管：1mL、2mL、5mL、10mL。

10. 1mol/L $MgCl_2$ 溶液：pH＝7。

11. 1mol/L NaAc 溶液：用 HAc 调节至 pH＝5。

12. 0.04mol/L $NH_2OH\text{-}HCl$ 溶液：称取 27.8g $NH_2OH\text{-}HCl$ 溶解于 100mL 25％的 HAc 水溶液中。

13. 30％H_2O_2：分析纯。

14. 3.2mol/L NH_4Ac：称取 20.16g NH_4Ac 溶解于 100mL 的 20％（体积分数）HNO_3 中。

15. 浓硝酸、浓硫酸、浓磷酸：优级纯。

16. 1＋1 磷酸溶液：加热至沸腾，并滴加高锰酸钾至微红。

17. 5％$H_2SO_4\text{-}H_3PO_4$ 混合液：取硫酸、磷酸各 5mL，慢慢倒入水中，稀释至 100L，加热至沸腾，并加高锰酸钾溶液至微红色。

18. 0.1％甲基橙指示剂。

19. 0.1mol/L NaOH 及 0.1mol/L HNO_3 溶液。

20. 0.5％（质量密度）$KMnO_4$ 溶液。

21. 20％（质量密度）尿素溶液。

22. 2％（质量密度）亚硝酸钠溶液。

23. 1mg/L Cr^{6+} 标准溶液：用 50mL Cr^{6+} 储备液稀释。

24. 0.5％二苯碳酸二肼丙酮显色剂：称取 0.5g 二苯碳酰二肼，溶于丙酮中，并稀释至 100mL，临时配制。

25. 底泥：风干后过 100 目筛。

四、实验步骤

1. 可交换态铬

称 1.00g 左右底泥（精确至 0.001g）两份，分别放入两个质量接近的离心管中。往管内各加入 8mL 1mol/L $MgCl_2$ 溶液，在室温下振摇 1h。把离心管置于离心机对称位置上 3000r/min 离心 10min，上清液合并入 100mL 锥形瓶中。离心管内残留物供下述实验用。

2. 碳酸盐结合态铬

往离心管中加入 8mL 1mol/L NaAc（pH＝5），在室温下连续振摇 1h，3000r/min 离心 10min。上清液移入 100mL 锥形瓶中，再用 10mL 蒸馏水洗残留物一次，离心分离出的上清液合并到提取液中，离心管内残留物供下述实验用。

3. 铁锰氧化物结合态铬

往离心管中加入 20mL 0.04mol/L $NH_2OH-HCl$ 溶液，在（96±3）℃下间歇振摇 6h，3000r/min 离心 10min，上清液移入 100mL 锥形瓶中，再用 20mL 蒸馏水洗一次，离心分离出的上清液合并到提取液中，残留物供下述实验用。

4. 硫化物与有机质结合态铬

往离心管中加入 3mL 0.02mol/L HNO_3 与 5mL 30％的 H_2O_2，并用 HNO_3 调节 pH＝2，在（85±2）℃下加热 2h 并间歇摇动；继之再加 3mL 30％的 H_2O_2（用 HNO_3 调节至 pH＝2），同上于（85±2）℃下处理 3h；冷却后，加入 5mL 3.2mol/L NH_4Ac，稀释至 20mL，并连续振摇 30min，3000r/min 离心 10min，上清液移入 100mL 锥形瓶中，用 20mL 蒸馏水洗一次，离心分离出的上清液并到提取液中，残留物供下述实验使用。

5. 残渣态铬

（1）用 10mL 水把离心管内残留物定量地洗入 100mL 锥形瓶中，加浓磷酸与浓硫酸各 1.52mL，盖上表面皿或小漏斗，置于电炉上加热至冒白烟，取下稍冷却。重复滴加 2～3 滴浓硫酸，再置于电炉上加热至冒大量白烟，至试样变白、消解液呈黄绿色为止。

（2）取下锥形瓶，用水冲洗表面皿或漏斗和瓶壁，将消解液连同残渣移入 50mL 离心管内，离心分离。上清液移入 100mL 容量瓶中，用水冲洗离心管，并用玻璃棒搅动残渣，再离心分离，上清液合并入 100mL 容量瓶中，稀释至刻度。

6. 标准曲线的绘制

分别吸取 0.00mL、2.00mL、4.00mL、6.00mL、8.00mL、10.00mL 1mg/L 标准铬溶液于 50mL 容量瓶中，各加入 5.0mL 5％ $H_2SO_4-H_3PO_4$ 混合液，用水稀释至刻度。加 1mL 1＋1 磷酸，摇匀；加 1mL 二苯碳酸二肼丙酮显色剂，迅速摇匀，10min 后用 3cm 比色皿于波长 540nm 处，以试剂空白为参比测定吸光度。以吸光度为纵坐标、铬含量为横坐标绘制标准曲线。

7. 测定

（1）消化处理：向上述步骤 1～4 操作的提取液中，分别加入浓磷酸、浓硫酸各 1.5mL，盖上表面皿或小漏斗，置于电炉上加热至冒白烟、溶液清亮。移入 100mL 容量瓶中，加水到刻度线处。

（2）氧化处理：从上述各消化处理后的提取液中吸取适量试样（含铬应落在标准曲线范围内）于 50mL 烧杯内，加 20mL 蒸馏水，以甲基橙为指示剂，用氢氧化钠和硫酸调节至刚呈红色，再多加一滴 1＋1 硫酸，并用水调整至 30mL 左右，滴加 1～2 滴 0.5％的高锰酸钾至溶液呈紫红色，置于水浴上加热 15min 左右，若紫红色褪去可再加 1 滴。冷却后，加 20％尿素 10mL，边摇动边逐滴加入 2％$NaNO_2$ 以分解过量的高锰酸钾与氧化过程中可能产生的二氧化锰。

（3）显色：把上述氧化处理后的试液移入 50mL 容量瓶中，加入 5mL 5‰ H_2SO_4-H_3PO_4 混合液并用水稀释至刻度线处。继之加入 1mL 1+1 磷酸，摇匀，再加 1mL 显色剂，迅速摇匀。以下按标准曲线相同的条件测定吸光度并同时进行空白试验。

五、数据处理

1. 绘制标准曲线

实验数据记入表 6-7。

表 6-7　绘制标准曲线实验结果记录表

Cr^{6+} 加入量/μg						
吸光度						

2. 计算

根据各形态的吸光度由标准曲线查出铬含量，并计算出每千克底泥含铬的毫克数（mg/kg）。见表 6-8。

表 6-8　铬含量计算实验结果记录表

形态	可交换态		碳酸盐态		铁锰氧化物态		硫化物有机质态		残渣态	
	1	2	1	2	1	2	1	2	1	2
吸光度										
$Cr^{6+}/\mu g$										
含铬量/(mg/kg)										
平均含铬量/(mg/kg)										

六、问题讨论

1. 由实验结果说明该实验底泥中铬的主要存在形态。
2. 结合本实验底泥中铬的形态分析，讨论铬的吸附释放行为与影响因素。

实验六　环境空气中 SO_2 液相氧化模拟

一、目的要求

1. 了解 SO_2 液相氧化的过程。
2. 掌握 pH 法间接考察 SO_2 液相氧化过程的方法。

二、实验原理

SO_2 液相氧化的过程是大气降水酸化的主要途径。首先 SO_2 溶解于水中并发生一级和二级电离，生成 $SO_2 \cdot H_2O$、HSO_3^-、SO_3^{2-} 及 H^+。溶解总硫的存在形式不仅与 SO_2 浓度有关，也与液相 pH 有关。一般条件下，典型大气液滴的 pH 为 2～6，此时 HSO_3^- 为溶解 S(Ⅳ) 的主要存在形式，然后，溶解态的 S(Ⅳ) 被氧化为 S(Ⅵ)，常见的液相氧化剂包括 O_2、O_3、H_2O_2 和自由基等，其中溶解在水中的 O_2 是最常见也是最主要的氧化剂。在 SO_2 被 O_2 氧化的过程中，Fe(Ⅲ) 和 Mn(Ⅱ) 都可以起到催化剂的作用。

$$Mn^{2+} + SO_2 \rightleftharpoons MnSO_2^{2+} \tag{6-27}$$

$$2MnSO_2^{2+} + O_2 \rightleftharpoons 2MnSO_3^{2+} \tag{6-28}$$

$$MnSO_3^{2+} + H_2O \rightleftharpoons Mn^{2+} + 2H^+ + SO_4^{2-} \tag{6-29}$$

总反应为：

$$2SO_2 + 2H_2O + O_2 \rightleftharpoons 2SO_4^{2-} + 4H^+ \tag{6-30}$$

水中的 Fe(Ⅲ) 和 Mn(Ⅱ) 主要来源于大气中的尘埃等杂质。

如图 6-3 所示，由于大气液滴中的 S(Ⅳ) 主要以 HSO_3^- 的形式存在，因此在本实验中以 Na_2SO_3 溶液代替吸收了 SO_2 的液滴，模拟研究不同条件下 S(Ⅳ) 的液相氧化过程。由于在 SO_3^{2-} 被氧化为 SO_4^{2-} 的过程中溶液的 H^+ 浓度增加，pH 下降，因此本实验通过测定溶液的 pH 变化，估算 SO_2 的液相氧化速率。同时添加不同的催化剂，比较不同催化剂的催化效果。在本实验中，分别用 $MnSO_4$ 模拟 Mn(Ⅱ)，用 $NH_4Fe(SO_4)_2$ 模拟 Fe(Ⅲ)，用降尘和煤灰模拟实际大气液滴中的尘埃等各种杂质。

三、仪器与试剂

1. 仪器

（1）精密 pH 计，2 台。

（2）磁力搅拌器，6 台。

（3）小型气泵。

（4）2L 烧杯，1 个。

（5）250mL 烧杯，6 个。

（6）容量瓶，1L，3 个。

2. 试剂

（1）亚硫酸钠溶液，0.01mol/L：溶解 1.26g 无水 Na_2SO_3 于水，定容到 1L。

（2）硫酸锰溶液，0.0005mol/L：溶解 0.141g 无水 $MnSO_4$ 于烧杯中，用稀硫酸调节 pH 为 5，转移到 1L 容量瓶中，定容。

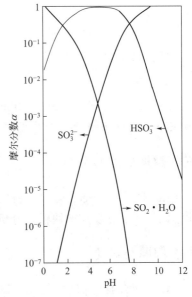

图 6-3　溶解态硫（Ⅳ）形态

（3）硫酸铁铵溶液，0.0005mol/L：取 0.241g $NH_4Fe(SO_4)_2 \cdot 12H_2O$ 于烧杯中，加少量 1:4 的稀硫酸和适量水溶液，转移到 1L 容量瓶中，定容。使用时取适量溶液，用 NaOH 溶液小心调节 pH 为 5（注意避免沉淀）。

（4）降尘-水悬浊液：收集并称取 0.2g 大气降尘（可取自室外窗台等处），放入 50mL 烧杯中，加 30mL 二次水，搅拌，并用稀硫酸调节 pH 为 5。

（5）煤灰-水悬浊液：称取 0.1g 煤灰，放入 50mL 烧杯中，加 30mL 二次水，搅拌，并用稀硫酸调节 pH 为 5。

（6）稀释水：取二次水 1.5L 于 2L 烧杯中，通空气 30min，同时用磁力搅拌器搅拌，最后用稀硫酸调节 pH 为 5。

（7）稀硫酸溶液：0.01mol/L。

（8）稀氢氧化钠溶液：0.01mol/L。

（9）标准缓冲溶液：0.05mol/L 邻苯二甲酸氢钾（pH 4.01）及 0.025mol/L KH_2PO_4-0.025mol/L Na_2HPO_4（pH 6.86）。

四、实验步骤

1. 模拟实验准备

（1）取 250mL 烧杯 6 个，编号 1～6，分别用于模拟不加催化剂、加锰催化剂、加铁催化剂、加铁锰催化剂、加降尘催化剂和加煤灰催化剂 6 种情况。

（2）向 1～4 号烧杯各加稀释水 190mL，0.01mol/L Na_2SO_3 溶液 10mL；向 5、6 号烧杯各加稀释水 160mL，0.01mol/L Na_2SO_3 溶液 10mL。

（3）迅速向 2～6 号烧杯中依次加入以下试剂：2 号，0.0005mol/L $MnSO_4$ 溶液 2mL；3 号，0.0005mol/L $NH_4Fe(SO_4)_2$ 溶液 2mL；4 号，0.0005mol/L $MnSO_4$ 溶液和 0.0005mol/L $NH_4Fe(SO_4)_2$ 溶液各 1mL；5 号，降尘-水悬浊液 30mL；6 号，煤灰-水悬浊液 30mL。

（4）加完各种试剂后，将 6 个烧杯置于磁力搅拌器上持续搅拌，用稀 H_2SO_4 和稀 NaOH 溶液迅速调节各烧杯 pH 至 5.0，并开始计时。

2. 液相氧化过程

每隔一定时间（5min、10min、15min、20min、25min、30min、40min、50min、60min、70min）测定并记录各烧杯中溶液 pH 的变化。

五、数据处理与分析

以 pH 为纵坐标、时间为横坐标，绘制各体系中溶液 pH 随时间的变化曲线。评价并对比不同体系氧化反应的快慢，分析和对比各催化剂的催化作用。

六、问题与讨论

1. 为什么通过 pH 的变化可以估算液相氧化速率？本实验的数据足够估算 SO_2 的氧化速率吗？如果不够，还应该控制和测定哪些参数或指标？

2. 哪些因素会影响 SO_2 的氧化速率？

实验七　实验数据的微计算机处理（A）

一、目的要求

1. 通过对本节实验三的数据进行微计算机处理，加深对底泥的吸附作用及机理的理解。

2. 进一步熟悉和掌握个人计算机的使用。

3.掌握 Freundlich 等温式的计算。

二、实验

1.打开计算机电源后进入 DOS 系统。

2.根据所用的编辑语言进入相应的编程环境，编程。

根据 Freundlich 等温式 $X/M = Kc^{\frac{1}{n}}$ 进行编程。通常把此方程转化为常用对数形式：

$$\lg(X/M) = \lg K + \frac{1}{n}\lg c \tag{6-31}$$

上述方程为一元线性方程，如果令 $y = \lg(X/M)$，$a = \lg K$，$b = \frac{1}{n}$，$x = \lg c$，可表示为：

$$y = a + bx \tag{6-32}$$

用最小二乘法求出上述线性回归方程的 a 与 b，即可求出 K、n，实验的好与坏可用相关系数 R 是否接近 1 来判断，a、b、R 的计算式参看本节实验二。

3.要求如下。

输出的结果应含本节实验三的表格。

给出 Freundlich 吸附等温式，完成本节实验三的实验报告。

实验八　实验数据的微计算机处理（B）

一、目的要求

1.通过对本节实验二的数据进行微计算机处理，进一步熟悉和掌握个人计算机的使用。

2.掌握光降解一级动力学的计算。

二、实验

1.打开计算机电源后进入 DOS 系统。

2.根据所用的编程语言进入相应的编程环境，编程。

在此实验条件下，活性艳蓝的光降解反应为假一级反应，动力学方程可表示为：

$$\ln\frac{C_t}{C_0} = -K_\text{p}t \tag{6-33}$$

可表示为：

$$y = a + bx \tag{6-34}$$

用最小二乘法求出上述线性回归方程的 a 与 b，即可求出 K_p（计算式参看本节实验二），实验的好与坏可用相关系数 R 是否接近 1 来判断。

3.要求如下。

（1）用最小二乘法求出工作曲线的线性回归方程。

（2）用最小二乘法求出光降解一级动力学方程的线性回归方程。

（3）输出的结果应含有 C_0、t、C_t、K_p 和 R。

（4）完成本节实验一的实验报告。

二维码6-1　环境
化学拓展实验

第七章
环境工程微生物

第一节　基础性实验

实验一　培养基的配制和灭菌

一、实验目的

1.掌握配制培养基的一般方法和步骤。
2.学习高压灭菌锅的操作方法。

二、实验原理

培养基是微生物生长的基质，是按照微生物营养、生长繁殖的需要，由碳、氢、氧、氮、磷、硫、钾、钠、钙、镁、铁及微量元素和水，按一定的体积分数配制而成。调整合适的 pH，经高温灭菌后以备培养微生物之用。由于微生物种类及代谢类型的多样性，因而培养基种类也较多，它们的配方及配制方法也各有差异，但一般的配制过程大致相同。

灭菌是指采用强烈的理化因素使任何物体内外部的一切微生物永远丧失其生长繁殖能力的措施。常用的方法有高压蒸汽灭菌、紫外线灭菌等。

高压蒸汽灭菌是将待灭菌的物品放在一个密闭的加压灭菌锅内，通过加热，使灭菌锅隔套间的水沸腾而产生蒸汽。待水蒸气急剧地将锅内的冷空气从排气阀中驱尽，然后关闭排气阀，继续加热，此时由于蒸汽不能逸出，而增加了灭菌器内的压力，从而使沸点增高，得到高于 100℃ 的温度，导致菌体蛋白质凝固变性而达到灭菌的目的。在同一温度下，湿热的杀菌效力比干热大，其原因有三：一是湿热中细菌菌体吸收水分，蛋白质较易凝固；二是湿热的穿透力比干热大；三是湿热的蒸汽有潜热存在，这种潜热，能迅速提高被灭菌物体的温度，从而增加灭菌效力。灭菌的温度及维持的时间随灭菌物品的性质和容量等具体情况而有所改变。通常在 121.3℃（6894.76Pa）灭菌 15～20min，不耐高压的培养基则可采用流通蒸汽灭菌或间歇灭菌。含糖培养基用 112.6℃（3677.2Pa）灭菌 15min。

紫外线灭菌是用紫外线灯进行的，紫外线杀菌机制主要是因为它诱导了胸腺嘧啶二聚体的形成，从而抑制了 DNA 的复制，由于辐射能使空气中的氧电离成原子氧，再使 O_2 氧化生成臭氧 O_3 分子，或使水氧化生成过氧化氢，O_3 和 H_2O_2 均有杀菌作用。紫外线穿透力不大，所以，只适用于无菌室、接种箱的空气及物体表面的灭菌。

三、试剂与材料

1. 药品及试剂：可溶性淀粉、KNO_3、$K_2HPO_4 \cdot 3H_2O$、$MgSO_4 \cdot 7H_2O$、$FeSO_4 \cdot 7H_2O$、1mol/L NaOH、琼脂、牛肉膏、蛋白胨、NaCl。

2. 仪器及其他：高压蒸汽灭菌锅、干燥箱、培养皿、试管、三角烧瓶、烧杯、量筒、玻璃棒、天平、药匙、pH 试纸（5.5～9.0）、棉花、牛皮纸、记号笔、麻绳、纱布、涂布棒、吸管（1mL）、玻璃珠、pH 试纸。

四、实验步骤

1. 称量

培养基的配方如下。

（1）牛肉膏蛋白胨培养基（培养细菌用）

牛肉膏 3g（或 5g），蛋白胨 10g，NaCl 5g，琼脂 15～20g，水 1000mL，pH 7.2～7.4。

牛肉膏常用玻璃棒挑取，放在小烧杯或表面皿中称量，用热水溶解后倒入烧杯。也可放在称量纸上，称量后直接放入水中，这时如稍微加热，牛肉膏便会与称量纸分离，然后立即取出纸片。蛋白胨很易吸潮，在称取时动作要迅速。

（2）高氏 I 号培养基（培养放线菌用）

可溶性淀粉 20g，NaCl 0.5g，KNO_3 1g，$K_2HPO_4 \cdot 3H_2O$ 0.5g，$MgSO_4 \cdot 7H_2O$ 0.5g，$FeSO_4 \cdot 7H_2O$ 0.01g，琼脂 15～20g，水 1000mL，pH 7.4～7.6。

淀粉单独在 50mL 小烧杯称量。

（3）马铃薯培养基（培养真菌用）

马铃薯 200g，蔗糖 20g，琼脂 15～20g，水 1000mL，pH 自然。

马铃薯去皮，切成小块，称量。

2. 溶解

（1）在上述烧杯中可先加入少于所需要的水量，用玻璃棒搅匀，然后，在石棉网上加热使其溶解。待药品完全溶解后，补充水分到所需的总体积。如果培养基配制中需要加入琼脂，可将称好质量的琼脂放入已溶解的药品中，再加热溶解，在琼脂溶解的过程中，需不断搅拌，以防琼脂糊底使烧杯破裂。最后补足所失的水分。

（2）配制高氏 I 号培养基时，用少量冷水将淀粉调成糊状，再加入少于所需水量的沸水中，继续加热，使可溶性淀粉完全溶解，再称取其他各成分依次逐一溶解，对微量成分 $FeSO_4 \cdot 7H_2O$，可先配成高浓度的储备液后再加入，方法是先在 100mL 水中加入 1g 的 $FeSO_4 \cdot 7H_2O$ 配成 0.01g/mL，再在 1000mL 培养基中加入 1mL 的 0.01g/mL 的储备液即可。

（3）将马铃薯块放入少于所需水量的水中，在石棉网上加热，搅拌以免马铃薯块糊在烧杯底，煮沸 20min，经常补充水分，将马铃薯及煮沸液经 4 层纱布过滤，补充水分到所需体积，加入称量的糖。

3. 调 pH

在未调 pH 前，先用精密 pH 试纸测量培养基的原始 pH，如果 pH 偏酸，用滴管向培养基中逐滴加入 1mol/L NaOH，边加边搅拌，并随时用 pH 试纸测其 pH，直至 pH 达所需要求。反之，则用 1mol/L HCl 进行调节。注意 pH 不要调过头，以免回调，否则，将会影响培养基内各离子的浓度。

对于有些要求 pH 较精确的微生物，其 pH 的调节可用酸度计进行。

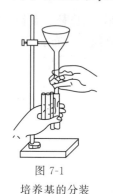

图 7-1
培养基的分装

4. 分装

按实验要求，可将配制的培养基分装入试管内或三角烧瓶内（图 7-1）。分装过程中注意不要使培养基沾在管口或瓶口上，以免沾污棉塞而引起污染。分装试管，其装量不超过管高的 1/5，灭菌后制成斜面。分装三角烧瓶的量以不超过容积的一半为宜。

5. 加塞

培养基分装完毕后，在试管口或三角烧瓶口上塞上棉塞，以阻止外界微生物进入培养基内而造成污染，并保证有良好的通气性能。应使棉塞长度的 1/3 在试管口外，2/3 在试管口内。

6. 生理盐水的配制分装

用吸管量取相应体积的生理盐水。

7. 包扎

加塞后，将全部试管用橡皮筋捆扎好，再在棉塞外包一层牛皮纸或报纸，以防止灭菌时冷凝水润湿棉塞，其外再用橡皮筋扎好。用记号笔注明培养基名称、日期。

8. 灭菌

（1）首先将内层灭菌筒取出，再向外层锅加入适量的水，使水面与三角搁架相平为宜。

（2）放回灭菌桶，并装入待灭菌物品。三角烧瓶与试管口端均不要与桶壁接触，以免冷凝水淋湿包口的纸而透入棉塞。

（3）加盖，将盖上的排气软管插入内层灭菌桶的排气槽内。再以两两对称的方式同时旋紧相对的两个螺栓。

（4）通电加热，并同时打开排气阀，使水沸腾以排除锅内的冷空气。待冷空气完全排尽后，关上排气阀，让锅内的温度随蒸汽压力增加而逐渐上升，当锅内压力升到所需压力时，控制热源，维持压力至所需时间。

（5）灭菌所需时间到后，切断电源，让灭菌锅内温度自然下降，当压力表的压力降至 0 时，打开排气阀，旋松螺栓，打开盖子，取出灭菌物品。如果压力未降到 0 时，打开排气阀，就会因锅内压力突然下降，使容器内的培养基由于内外压力不平衡而冲出烧瓶或试管口，造成棉塞沾染培养基而发生污染。

9. 搁置斜面

将灭菌的试管培养基冷却至 50℃左右，将试管棉塞端搁在木条上（图 7-2）。

10. 倒平板

将培养基融化，待冷却至 55～60℃时，将几种培养基分别倒平板，每种培养基倒三皿。手持法（图 7-3）是用右手持盛培养基的试管或三角烧瓶，置火焰旁，左手拿平皿并松动试管塞或瓶塞，用手掌边缘和小指、无名指夹住拔出。如果试管内或三角瓶内的培养基一次可用完，则管塞

图 7-2　搁置斜面

或瓶塞不必夹在手指中。瓶口在火焰上灭菌，左手将培养皿盖在火焰附近打开一缝，迅速倒入培养基约 15mL，加盖后，轻轻摇动培养皿，使培养基均匀分布，平置于桌面上，待凝后即可成平板。皿架法（图 7-4）是将平皿叠放在火焰附近的桌面上，用左手的食指和中指夹住管塞并打开培养皿，再注入培养基，摇匀后制成平板。

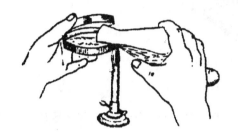

图 7-3　手持法

图 7-4　皿架法

11. 无菌实验

将已灭菌的培养基，置无菌试管内，放在 37℃恒温培养箱中培养 24h，将取出的灭菌培养基放入 37℃恒温培养箱中培养 24h，经检查若无杂菌生长，即可待用。

五、实验报告

1. 如何检验灭菌后培养基是否合格？
2. 高压蒸汽灭菌开始之前，为什么要将锅内冷空气排尽？灭菌完毕后，为什么要待降到 0 时才能打开排气阀，开盖取物？

实验二　显微镜操作及细菌、放线菌和蓝细菌个体形态观察

一、实验目的

1. 了解普通光学显微镜的构造与功能，学习与掌握显微镜观察微生物的方法。
2. 观察细菌、放线菌和蓝细菌的个体形态，学会绘制微生物的形态结构图。

二、显微镜的基本结构和功能

显微镜是观察微观世界的重要工具。随着现代科学技术的发展，显微镜的种类越来越多，用途也越来越广泛。微生物学实验中最常用的是普通光学显微镜，能将物体放大 1500～2000 倍。

1. 显微镜的构造

普通光学显微镜的构造由机械装置和光学系统两部分组成，显微镜的结构如图7-5所示。

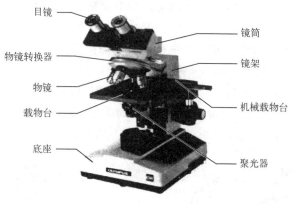

图 7-5　显微镜的结构

（1）显微镜的机械装置

显微镜的机械装置包括镜座、镜筒、物镜转换器、载物台、推动器、粗动螺旋、微动螺旋等部件。

① 镜座。镜座是显微镜的基本支架，它由底座和镜臂两部分组成。在它上面连接有载物台和镜筒，它是用来安装光学放大系统部件的基础。

② 镜筒。镜筒上接目镜，下接转换器，形成接目镜与物镜（装在转换器下）间的暗室。从物镜的后缘到镜筒尾端的距离称为机械筒长。因为物镜的放大率是对一定的镜筒长度而言的。镜筒长度发生变化，不仅放大倍率随之变化，而且成像质量也受到影响。因此，使用显微镜时，不能任意改变镜筒长度。国际上将显微镜的标准筒长定为160mm，此数字标在物镜的外壳上。

③ 物镜转换器。物镜转换器上可安装3～4个物镜，一般是三个物镜（低倍、高倍、油镜）。Nikon显微镜装有四个物镜。转动转换器，可以按需要将其中的任何一个物镜和镜筒接通，与镜筒上面的目镜构成一个放大系统。

④ 载物台。载物台中央有一孔，为光线通路。在台上装有弹簧标本夹和推动器，其作用为固定或移动标本的位置，使得镜检对象恰好位于视野中心。

⑤ 推动器。推动器是移动标本的机械装置，它是由一横一纵两个推进齿轴的金属架构成的，好的显微镜在纵横架杆上刻有刻度标尺，构成很精密的平面坐标系。如果我们需重复观察已检查标本的某一部分，在第一次检查时，可记下纵横标尺的数值，以后按数值移动推动器，就可以找到原来标本的位置。

⑥ 粗动螺旋。粗动螺旋是移动镜筒调节物镜和标本间距离的机件。老式显微镜粗动螺旋向前扭，镜头下降接近标本。后来出产的显微镜（如Nikon显微镜）镜检时，右手向前扭载物台上升，让标本接近物镜，反之则下降，标本脱离物镜。

⑦ 微动螺旋。用粗动螺旋只可以粗放地调节焦距，要得到最清晰的物像，需要用微动螺旋做进一步调节。微动螺旋每转一圈镜筒移动0.1mm（$100\mu m$）。新近出产的较高档次的显微镜的粗动螺旋和微动螺旋是共轴的。

（2）显微镜的光学系统

显微镜的光学系统由反光镜、聚光器、物镜、目镜等组成，光学系统使物体放大，形成物体放大像。

① 反光镜。较早的普通光学显微镜是用自然光检视物体，在镜座上装有反光镜。反光镜是由一平面和另一凹面的镜子组成的，可以将投射在它上面的光线反射到聚光器透镜的中央，照明标本。不用聚光器时用凹面镜，凹面镜能起会聚光线的作用。用聚光器时，一般都用平面镜。较高档次的显微镜镜座上装有光源，并有电流调节螺旋，可通过调节电流大小调节光照强度。

② 聚光器。聚光器在载物台下面，它是由聚光透镜、虹彩光圈和升降螺旋组成的。聚光器可分为明视场聚光器和暗视场聚光器。普通光学显微镜配置的都是明视场聚光器，明视场聚光器有阿贝聚光器、齐明聚光器和摇出聚光器。阿贝聚光器在物镜数值孔径高于 0.6 时会显示出色差和球差。齐明聚光器对色差、球差和彗差的校正程度很高，是明视场镜检中质量最好的聚光器，但它不适于 4 倍以下的物镜。摇出聚光器能将聚光器上透镜从光路中摇出满足低倍物镜（4×）大视场照明的需要。

聚光器安装在载物台下，其作用是将光源经反光镜反射来的光线聚焦于样品上，以得到最强的照明，使物像获得明亮清晰的效果。聚光器的高低可以调节，使焦点落在被检物体上，以得到最大亮度。一般聚光器的焦点在其上方 1.25mm 处，而其上升限度为载物台平面下方 0.1mm。因此，要求使用的载玻片厚度应在 0.8～1.2mm，否则被检样品不在焦点上，影响镜检效果。聚光器前透镜组前面还装有虹彩光圈，它可以开大和缩小，影响着成像的分辨力和反差，若将虹彩光圈开放过大，超过物镜的数值孔径时，便产生光斑；若收缩虹彩光圈过小，分辨力下降，反差增大。因此，在观察时，通过虹彩光圈的调节再把视场光阑（带有视场光阑的显微镜）开启到视场周缘的外切处，使不在视场内的物体得不到任何光线的照明，以避免散射光的干扰。

③ 物镜。安装在镜筒前端转换器上的物透镜利用光线使被检物体第一次造像，物镜成像的质量，对分辨力有着决定性的影响。物镜的性能取决于物镜的数值孔径（numerical aperture，N.A.），每个物镜的数值孔径都标在物镜的外壳上，数值孔径越大，物镜的性能越好。

物镜的种类很多，可从不同角度来分类。

a. 根据物镜前透镜与被检物体之间的介质不同，可分为：

Ⅰ. 干燥系物镜　以空气为介质，如常用的 40× 以下的物镜，数值孔径均小于 1。

Ⅱ. 油浸系物镜　常以香柏油为介质，此物镜又叫油镜头，其放大率为 90×～100×，数值孔径大于 1。

b. 根据物镜放大率的高低，可分为：

Ⅰ. 低倍物镜　指 1×～6×，N.A. 为 0.04～0.15。

Ⅱ. 中倍物镜　指 6×～25×，N.A. 为 0.15～0.40。

Ⅲ. 高倍物镜　指 25×～63×，N.A. 为 0.35～0.95。

Ⅳ. 油浸物镜　指 90×～100×，N.A. 为 1.25～1.40。

c. 根据物镜像差校正的程度来分类，可分为：

Ⅰ. 消色差物镜　是最常用的物镜，外壳上标有"Ach"字样，该物镜可以除红光和青光形成的色差。镜检时通常与惠更斯目镜配合使用。

Ⅱ. 复消色差物镜　物镜外壳上标有"Apo"字样，除能校正红、蓝、绿三色光的色差外，还能校正黄色光造成的像差，通常与补偿目镜配合使用。

Ⅲ. 特种物镜　在上述物镜基础上，为达到某些特定观察效果而制造的物镜。例如，带校正环物镜、带视场光阑物镜、像差物镜、荧光物镜、无应变物镜、无罩物镜、长工作距离物镜等。目前在研究中常用的物镜还有：半复消色差物镜（FL）、平场物镜（Plan）、平场复消色差物镜（Plan Apo）、超平场物镜（Splan）、超平场复消色差物镜（Splan Apo）等。

④ 目镜。目镜的作用是把物镜放大了的实像再放大一次，并把物像映入观察者的眼中。目镜的结构较物镜简单，普通光学显微镜的目镜通常由两块透镜组成，上端的一块透镜称为"目透镜"，下端的透镜称为"场透镜"。上下透镜之间或在两个透镜的下方，装有由金属制的环状光阑或叫"视场光阑"，物镜放大后的中间像就落在视场光阑平面处，所以其上可安置目镜测微尺。

普通光学显微镜常用的目镜为惠更斯目镜（Huygens eyepiece），如要进行研究用时，一般选用性能更好的目镜，如补偿目镜（K）、平场目镜（P）、广视场目镜（WF）。照相时选用照相目镜（NFK）。

2. 光学显微镜的成像原理

显微镜的放大是通过透镜来完成的，单透镜成像具有像差，影响像质。由单透镜组合而成的透镜组相当于一个凸透镜，放大作用更好。

3. 显微镜的性能

显微镜分辨能力的高低取决于光学系统的各种条件。被观察的物体必须放大率高，而且清晰，物体放大后，能否呈现清晰的细微结构，首先取决于物镜的性能，其次为目镜和聚光器的性能。

（1）数值孔径

也叫镜口率（或开口率），简写为 N. A.，在物镜和聚光器上都标有它们的数值孔径，数值孔径是物镜和聚光器的主要参数，也是判断它们性能的最重要指标。数值孔径和显微镜的各种性能有密切的关系，它与显微镜的分辨力成正比、与焦深成反比、与镜像亮度的平方根成正比。

数值孔径可用下式表示：

$$N. A. = n \sin\alpha \tag{7-1}$$

式中　n——物镜与标本之间的介质折射率；

　　　α——物镜的镜口角。

所谓镜口角是指从物镜光轴上的物点发出的光线与物镜前透镜有效直径的边缘所张的角度。镜口角 α 总是小于 $180°$。因为空气的折射率为 1.00，所以干燥物镜的数值孔径总是小于 1，一般为 $0.05\sim0.95$；油浸物镜如用香柏油（折射率为 1.52）浸没，因其折射率与玻璃的大致相同，光线从被检物质直接射入物镜，期间因折射或反射而引起的光线损失很小，所以可以充分利用镜口角，显著提高物镜的分辨率。理论上数值孔径的极限等于所用浸没介质的折射率，但实际上从透镜的制造技术看，是不可能达到这一极限的。通常油浸物镜的数值孔径在 1.25 左右。

几种物质的介质的折射率如下：空气为 1.00，水为 1.33，玻璃为 1.52，石蜡油为

1.47，香柏油为 1.52。

油镜的作用见图 7-6。

（2）分辨力

显微镜的性能主要取决于分辨力（resolving power）的大小，也叫分辨率，是指显微镜能分辨出物体两点间的最小距离 D，可用下式表示：

$$D = \frac{\lambda}{2N.A.} \qquad (7\text{-}2)$$

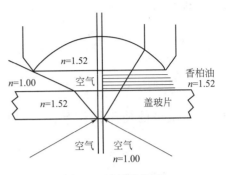

图 7-6　油镜的作用

可见光的波长为 $0.4 \sim 0.7\mu m$，平均波长为 $0.55\mu m$。若用数值孔径为 0.65 的物镜，则 $D = 0.55\mu m / (2 \times 0.65) = 0.42\mu m$。这表示被检物体在 $0.42\mu m$ 以上时可被观察到，若小于 $0.42\mu m$ 就不能视见。如果使用数值孔径为 1.25 的物镜，则 $D = 2.20\mu m$。凡被检物体长度大于这个数值，均能视见。由此可见，D 越小，分辨力越高，物像越清楚。根据式(7-2)，可通过缩短波长、增大折射率、加大镜口角来提高分辨力。紫外线作光源的显微镜和电子显微镜就是利用短光波来提高分辨力以检视较小的物体的。物镜分辨力的高低与造像是否清楚有密切的关系。目镜没有这种性能。目镜只放大物镜所造的像。

（3）放大率

显微镜放大物体，首先经过物镜第一次放大造像，目镜在明视距离造成第二次放大像。放大率就是最后的像和原物体两者体积大小之比例。因此，显微镜的放大率（V）等于物镜放大率（V_1）和目镜放大率（V_2）的乘积，即：

$$V = V_1 \times V_2 \qquad (7\text{-}3)$$

比较精确的计算方法，可从下列公式求得：

$$M = \frac{\Delta}{F_1} \times \frac{D}{F_2} \qquad (7\text{-}4)$$

式中　F_1——物镜焦距；

F_2——目镜焦距；

Δ——光学筒长；

D——明视距离，取 250mm；

$\dfrac{\Delta}{F_1}$——物镜放大倍数；

$\dfrac{D}{F_2}$——目镜放大倍数；

M——显微镜放大倍数。

设 $\Delta = 160mm$，$F_1 = 4mm$，$D = 250mm$，$F_2 = 150mm$，则：

$$M = \frac{\Delta}{F_1} \times \frac{D}{F_2} = \frac{160}{4} \times \frac{250}{15} = 40 \times 16.7 = 668(\text{倍}) \qquad (7\text{-}5)$$

（4）焦深

在显微镜下观察一个标本时，焦点对在某一像面时，物像最清晰，这像面为目的面。在视野内除目的面外，还能在目的面的上面和下面看见模糊的物像，这两个面之间的距离称为焦深。物镜的焦深和数值孔径及放大率成反比，即数值孔径和放大率越大，焦深越小。因此调节油镜比调节低倍镜要更加仔细，否则容易使物像滑过而找不到。

三、实验材料

1.显微镜、擦镜纸等。
2.标本片。
3.香柏油、二甲苯。

四、显微镜的使用操作及注意事项

显微镜结构精密，使用时必须细心，要按下述操作步骤进行。

1. 观察前的准备

（1）显微镜从显微镜柜或镜箱内拿出时，要用右手紧握镜臂，左手托住镜座，平稳地将显微镜搬运到实验桌上。切忌用单手拎提。

（2）将显微镜放在自己身体的左前方，离桌子边缘约10cm，右侧可放记录本或绘图纸。

（3）调节光照。不带光源的显微镜，可利用灯光或自然光通过反光镜来调节光照，但不能用直射阳光，直射阳光会影响物像的清晰度并刺激眼睛。将10×物镜转入光孔，将聚光器上的虹彩光圈打开到最大位置，用左眼观察目镜中视野的亮度，转动反光镜，使视野的光照达到最明亮、最均匀为止。光线较强时，用平面反光镜，光线较弱时，用凹面反光镜。自带光源的显微镜，可通过调节电流旋钮来调节光照强弱。

（4）调节光轴中心。显微镜在观察时，其光学系统中的光源、聚光器、物镜和目镜的光轴及光阑的中心必须跟显微镜的光轴同在一直线上。带视场光阑的显微镜，先将光阑缩小，用10×物镜观察，在视场内可见到视场光阑圆球多边形的轮廓像，如此像不在视场中央，可利用聚光器外侧的两个调整旋钮将其调到中央，然后缓慢地将视场光阑打开，能看到光束向视场周缘均匀展开直至视场光阑的轮廓像完全与视场边缘内接，说明光线已经合轴。不论使用单筒显微镜或双筒显微镜均应双眼同时睁开观察，以减少眼睛疲劳，也便于边观察边绘图或记录。

2. 低倍镜观察

镜检任何标本都要养成必须先用低倍镜观察的习惯。因为低倍镜视野较大，易于发现目标和确定检查的位置。

将标本片放置在载物台上，用标本夹夹住，移动推动器，使被观察的标本处在物镜正下方，转动粗调节旋钮，使物镜调至接近标本处，用目镜观察并同时用粗调节旋钮慢慢升起镜筒（或下降载物台），直至物像出现，再用细调节旋钮使物像清晰为止。用推动器移动标本片，找到合适的目的像并将它移到视野中央进行观察。

在任何时候使用粗调节器聚焦物像时，必须养成先从侧面注视小心调节物镜靠近标本，然后用目镜观察，慢慢调节物镜离开标本进行准焦的习惯，以免因一时的误操作而损坏镜头及玻片。

3. 高倍镜观察

在低倍物镜观察的基础上转换高倍物镜。较好的显微镜，低倍、高倍镜头是同焦的，在正常情况下，高倍物镜的转换不应碰到载玻片或其上的盖玻片。若使用不同型号的物镜，在转换物镜时要从侧面观察，避免镜头与玻片相撞。然后从目镜观察，调节光照，使亮度适中，缓慢调节粗调节旋钮，使载物台上升（或镜筒下降），直至物像出现，再用细调节旋钮调至物像清晰为止，找到需观察的部位，并移至视野中央进行观察。

在一般情况下，当物像在一种物镜中已清晰聚焦后，转动物镜转换器将其他物镜转到工作位置进行观察时，物像将保持基本准焦的状态，这种现象称为物镜的同焦。利用这种同焦现象，可以保证在使用高倍镜或油镜等放大倍数高、工作距离短的物镜时仅用细调节器即可对物像清晰聚焦，从而避免由于使用粗调节器时可能的误操作而损坏镜头或载玻片。

4.油镜观察

油浸物镜的工作距离（指物镜前透镜的表面到被检物体之间的距离）很短，一般在0.2mm以内，再加上一般光学显微镜的油浸物镜没有"弹簧装置"，因此使用油浸物镜时要特别细心，避免由于"调焦"不慎而压碎标本片并使物镜受损。

使用油镜按下列步骤操作：

（1）先用粗调节旋钮将镜筒提升（或将载物台下降）约2cm，并将高倍镜转出。

（2）在玻片标本的镜检部位滴上一滴香柏油。

（3）从侧面注视，用粗调节旋钮将载物台缓缓地上升（或镜筒下降），使油浸物镜浸入香柏油中，使镜头几乎与标本接触。

（4）从目镜内观察，放大视场光阑及聚光镜上的虹彩光圈（带视场光阑油镜开大视场光阑），上调聚光器，使光线充分照明。用粗调节旋钮将载物台徐徐下降（或镜筒上升），当出现物像一闪后改用细调节旋钮调至最清晰为止。如油镜已离开油面而仍未见到物像，必须再从侧面观察，重复上述操作。

有时按上述操作还找不到目的物，则可能是由于油镜头下降还未到位，或因油镜上升太快，以致眼睛捕捉不到一闪而过的物像。遇此情况，应重新操作。另外应特别注意不要因在下降镜头时用力过猛，或调焦时误将粗调节器向反方向转动而损坏镜头及载玻片。

（5）观察完毕，下降载物台，将油镜头转出，先用擦镜纸擦去镜头上的油，再用擦镜纸蘸少许乙醚酒精混合液（乙醚2份，纯酒精3份）或二甲苯，擦去镜头上残留油迹，最后再用擦镜纸擦拭（注意向一个方向擦拭）2～3下即可。

（6）将各部分还原，转动物镜转换器，使物镜头不与载物台通光孔相对，而是呈八字形位置，再将镜筒下降至最低，降下聚光器，反光镜与聚光器垂直，用一个干净手帕将目镜罩好，以免目镜头沾污灰尘。最后用柔软纱布清洁载物台等机械部分，然后将显微镜放回柜内或镜箱中。

（7）有菌的玻片置消毒缸中，清洗、晾干后备用。

五、实验结果

分别绘出你在低倍镜、高倍镜和油镜下观察到的标本片的形态，包括在三种情况下视野中的变化，同时注明物镜放大倍数和总放大率。

六、思考题

1.用油镜观察时应注意哪些问题？在载玻片和镜头之间滴加什么油？起什么作用？

2.试列表比较低倍镜、高倍镜及油镜各方面的差异。为什么在使用高倍镜及油镜时应特别注意避免粗调节器的误操作？

3.什么是物镜的同焦现象？它在显微镜观察中有什么意义？

4.影响显微镜分辨率的因素有哪些？

5.根据你的实验体会，谈谈应如何根据所观察微生物的大小，选择不同的物镜进行有效的观察。

实验三　酵母菌、霉菌、藻类、原生动物及微型后生动物个体形态观察

一、实验目的

1.进一步熟悉和掌握显微镜的操作方法。

2.观察几种真核微生物的个体形态，掌握生物图的绘制方法。

3.学习用压滴法制作标本片。

二、实验原理

利用显微镜的放大原理观察视野中的各种生物，根据观察到的生物形态、运动方式、生物（细胞）结构初步判断所观察到的生物的种类。

三、实验仪器和材料

1.显微镜、擦镜纸、吸水纸、滴管等。

2.酵母菌、霉菌示范片（教师根据具体情况确定种类）、藻类培养液及活性污泥混合液（内有原生动物和微型后生动物）。

四、实验内容和操作方法

1. 主要内容

真核微生物包括酵母菌、霉菌、原生动物、微型后生动物和藻类5大类。

酵母菌是一个通俗名称，一般泛指能发酵糖类的各种单细胞真菌。其细胞宽度（直径）为 $2\sim6\mu m$，长度为 $5\sim30\mu m$，有的更长。个体形态有球状、卵圆、椭圆、柱状和香肠状等。

霉菌是丝状真菌的一个俗称。霉菌由有隔的（多细胞）和无隔的（单细胞）菌丝体组成，霉菌菌丝可分为基质菌丝、气生菌丝，并有进一步分化形成的繁殖菌丝（可产生孢子）。霉菌菌丝直径一般为 $3\sim10\mu m$，比细菌、放线菌的直径宽几倍到十几倍。

原生动物是最低等的单细胞动物，列为真核微生物。原生动物的种类、形态多种多样，有鞭毛虫、变形虫、吸管虫和纤毛虫。其中有游泳型的和固着型的两种：游泳型的如漫游虫、楯纤虫等；固着型的如小口钟虫、大口钟虫和等枝虫等。

微型后生动物是比较原始的、多细胞的微型动物。常见的有轮虫、线虫和飘体虫等。

藻类是单细胞或多细胞的、能进行光合作用的真核原生生物，细胞中含一个或多个叶绿体。藻类分布很广，大多是水生，少数陆生。常见的有绿藻、硅藻等。

2. 方法和步骤

(1) 用低倍镜观察根霉，注意其假根与孢子囊部分。

(2) 严格按显微镜的操作方法，用低倍镜和高倍镜观察酵母菌和霉菌的示范片，绘其形态图。

(3) 用压滴法制作藻类、原生动物和微型后生动物的标本片。制作方法如下：取一片干净的载玻片放在实验台上，用一支滴管吸取试管中藻类培养液滴于载玻片的中央，用干净的盖玻片覆盖在液滴上（注意不要有气泡）即成标本片。用低倍镜和高倍镜观察。

(4) 用压滴法观察活性污泥中的原生动物和微型后生动物，制作法与步骤（3）同。

五、思考题

1. 你观察到几种微生物？

2. 将你观察到的微生物的形态绘制成图。

3. 试区别活性污泥中的几种固着型纤毛虫。

实验四 细菌的简单染色和革兰氏染色

微生物（尤其是细菌）细胞小而透明，在普通光学显微镜下与背景的反差小而不易识别，为了增加色差，必须进行染色，以便对各种形态及细胞结构进行识别。细菌的染色方法很多，按其功能差异可分为简单染色法和鉴别染色法。前者仅用一种染料染色，此法比较简便，但一般只能显示其形态，不能辨别构造。后者常需要两种以上的染料或试剂进行多次染色处理，以使不同菌体和构造显示不同颜色而达到鉴别的目的。鉴别染色法包括革兰氏染色法、抗酸性染色法和芽孢染色法，以革兰氏染色法最为重要。有关革兰氏染色法的机制和此法的重要意义在细菌的理化性质章节已进行了阐明。

在显微镜下观察微生物样品时，必须将其制成片，这是显微技术中一个重要的环节。常用的方法有压滴法、悬滴法和固定法等。

一、实验目的

1. 了解细菌的涂片及染色在微生物学实验中的重要性。

2. 学习细菌染色的基本操作技术，从而掌握微生物的一般染色法和革兰氏染色法。

二、染色原理

微生物细胞是由蛋白质、核酸等两性电解质及其他化合物组成的。所以，微生物细胞表现出两性电解质的性质。两性电解质兼有碱性基和酸性基，在酸性溶液中解离出碱性基，呈碱性，带正电；在碱性溶液中解离出酸性基，呈酸性，带负电。经测定，细菌等电点（pI）在 2~5，即细菌在 pH 为 2~5（不同种类的差异）时，大多以两性离子存在，而当细菌在中性（pH=7）、碱性（pH>7）或偏酸性（pH=6~7）的溶液中，细菌带负电荷，所以容易与带正电荷的碱性染料结合，故用碱性染料染色的为多。碱性染料有亚甲蓝、甲基紫、结晶紫、碱性品红、中性红、孔雀绿和番红等。

微生物体内各结构与染料结合力不同，故可用各种染料分别染微生物的各结构以便观察。

三、实验器皿、试剂及材料

1. 器皿：显微镜、接种环、载玻片、煤气灯（或酒精灯）。

2. 试剂：草酸铵结晶紫染色液、革兰氏碘液、体积分数为 95％的乙醇、质量浓度为 5g/L 的沙黄染色液等。

3. 材料：枯草杆菌、大肠杆菌。

四、实验内容和步骤

1. 细菌的简单染色

（1）涂片

取干净的载玻片于实验台上，在正面边角做个记号，并滴一滴无菌蒸馏水于载玻片的中央，灼烧接种环，待冷却后从斜面挑取少量菌种（大肠杆菌或枯草杆菌）与载玻片上的水滴混匀后，在载玻片上涂布成一均匀的薄层，涂布面不宜过大。细菌涂片过程如图 7-7 所示。

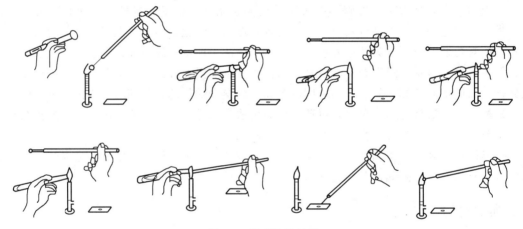

图 7-7　细菌涂片过程

（2）干燥（固定）

干燥过程最好在空气中自然晾干，为了加速干燥，可在微小火焰上方烘干。烘干后再在火焰上方快速通过 3～4 次，使菌体完全固定在载玻片上。但不宜在高温下长时间烤干，否则急速失水会使菌体变形。

（3）染色

滴加草酸铵结晶紫染色液染色 1～2min（或石炭酸复红等其他染料），染色液量以盖满菌膜为宜。

（4）水洗

倾去染色液，斜置载玻片，用水冲去多余染色液，直至流出的水呈无色为止。

（5）干燥

用微热烘干或自然晾干。

（6）镜检

按显微镜的操作步骤观察菌体形态，及时记录，并进行形态图的绘制。

2. 细菌的革兰氏染色

各种细菌经革兰氏染色法染色后，能区分成两大类：一类最终染成紫色，称为革兰氏阳性细菌（Gram positive bacteria，G⁺）；另一类最终被染成红色，称为革兰氏阴性菌（Gram negative bacteria，G⁻）。其过程如下（图7-8）。

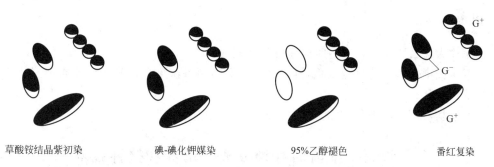

草酸铵结晶紫初染　　碘-碘化钾媒染　　95%乙醇褪色　　番红复染

(G⁺紫色,G⁻红色)

 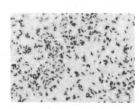 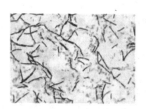

革兰氏阳性菌　　　　革兰氏阴性菌　　　　革兰氏混合菌

图7-8　革兰氏染色结果示意图

（1）涂片、固定

同简单染色法。

（2）初染

滴加草酸铵结晶紫染色液染色1～2min，水洗。

（3）媒染

滴加革兰氏碘液，染1～2min，水洗。

（4）脱色

滴加体积分数为95%的乙醇，约45s后即水洗；或滴加体积分数为95%的乙醇后将载玻片摇晃几下即倾去乙醇，如此重复2～3次后即水洗。

（5）复染

滴加沙黄液（番红），染2～3min，水洗并使之干燥。

（6）镜检

同简单染色法，并根据呈现的颜色判断该菌属是G⁺细菌还是G⁻细菌，也可与已知菌对照。观察时先用低倍镜观察，发现目的物后用油镜观察。

五、注意事项

1.涂片所用载玻片要洁净无油污迹，否则影响涂片。

2.挑菌量应少些，涂片宜薄，过厚重叠的菌体则不易观察清楚。

3.染色过程中勿使染色液干涸。用水冲洗后，应甩去载玻片上的残水以免染色液被稀释而影响染色效果。

4.革兰氏染色液成败关键是脱色时间是否合适。如脱色过度，革兰氏阳性菌也可被脱色而被误认为是革兰氏阴性菌。而脱色时间过短，革兰氏阴性菌则会被误认为是革兰氏阳性菌。脱色时间的长短还受涂片的厚薄、脱色时载玻片的晃动程度等因素的影响。

六、思考题

1.涂片为什么要固定？固定时应注意什么问题？

2.革兰氏染色法中若只做步骤（1）～（4），而不用番红染色液复染，能否分辨出革兰氏染色结果？为什么？

3.通过学习革兰氏染色，你认为它在微生物学中有何实践意义？

实验五　细菌的纯种分离、培养和接种技术

一、实验目的

1.从环境（土壤、水体、活性污泥、垃圾和堆肥等）中分离、培养微生物，掌握一些常用的分离和纯化微生物的方法。

2.掌握无菌操作的基本环节，掌握微生物的几种接种技术。

3.掌握菌落特征的观察。

二、实验原理

从混杂微生物群体中获得只含有某一种或某一株微生物的过程称为微生物分离与纯化。平板分离法普遍用于微生物的分离与纯化。其基本原理是选择适合于待分离微生物的生长条件，如营养成分、酸碱度、温度和氧等要求，或加入某种抑制剂造成只利于该微生物生长，而抑制其他微生物生长的环境，从而淘汰一些不需要的微生物。

微生物在固体培养基上生长形成的单个菌落，通常是由一个细胞繁殖而成的集合体。因此可通过挑取单菌落而获得一种纯培养。获取单个菌落的方法可通过稀释涂布平板或平板划线等技术完成。值得指出的是，从微生物群体中经分离生长在平板上的单个菌落并不一定保证是纯培养。因此，纯培养的确定除观察其菌落特征外，还要结合显微镜检测个体形态特征后才能确定，有些微生物的纯培养要经过一系列分离与纯化过程和多种特征鉴定才能得到。

土壤是微生物生活的大本营，它所含微生物无论是数量还是种类都是极其丰富的。因此土壤是微生物多样性的重要场所，是发掘微生物资源的重要基地，可以从中分离、纯化得到许多有价值的菌株。本实验将采用不同的培养基从土壤中分离不同类型的微生物。

将微生物的培养物或含有微生物的样品移植到培养基上的操作技术称为接种。接种是微生物实验及科学研究中的一项最基本的操作技术。无论微生物的分离、培养、纯化或鉴定以及有关微生物的形态观察及生理研究都必须进行接种。接种的关键是要严格地进行无菌操作，如操作不慎引起污染，则实验结果就不可靠，影响下一步工作的进行。

三、实验材料

1. 培养基和菌种

高氏Ⅰ号培养基（淀粉琼脂培养基），牛肉膏蛋白胨琼脂培养基，马丁氏琼脂培养基，察氏琼脂培养基，活性污泥混合液。普通琼脂斜面和平板，营养肉汤，普通琼脂高层（直立柱）。大肠杆菌，金黄色葡萄球菌。

高氏Ⅰ号培养基（淀粉琼脂培养基）：可溶性淀粉 20g，$FeSO_4$ 0.5g，KNO_3 1g，琼脂 20g，NaCl 0.5g，K_2HPO_4 0.5g，$MgSO_4$ 0.5g，蒸馏水 1000mL，pH 7.0～7.2。灭菌条件为 0.103MPa（121℃，15～20min）。

牛肉膏蛋白胨琼脂培养基：牛肉膏 3g（或 5g），蛋白胨 10g，蒸馏水 1000mL，NaCl 5g，pH 7.2～7.4。灭菌条件为 0.103MPa（121℃，15～20min）。

马丁氏琼脂培养基：KH_2PO_4 1g，$MgSO_4 \cdot 7H_2O$ 0.5g，蛋白胨 5g，琼脂 15～20g，蒸馏水 1000mL，pH 自然条件。此培养液 1000mL 加 1% 孟加拉红水溶液 3mL。临用时每 100mL 培养基中加 1% 链霉素液 0.3mL。灭菌条件为 0.103MPa（121℃，15～20min）。

察氏琼脂培养基：$NaNO_3$ 2g，$FeSO_4$ 0.5g，琼脂 15～20g，K_2HPO_4 1g，$FeSO_4$ 0.01g，蒸馏水 1000mL，KCl 0.5g，蔗糖 30g，pH 自然条件。灭菌条件为 0.072MPa（115℃，20～30min）。

2. 溶液或试剂

10% 酚液，盛 9mL 无菌水的试管，盛 90mL 无菌水并带有玻璃珠的三角烧瓶，4% 水琼脂。

3. 仪器或其他用具

无菌玻璃涂棒、无菌吸管、无菌培养皿、链霉素和土样、显微镜、血细胞计数板、涂布器等。酒精灯、玻璃铅笔、火柴、试管架、接种环、接种针、接种钩、滴管、移液管、三角形接种棒等接种工具。

四、细菌纯种分离的操作方法

在自然界和污（废）水生物处理中，细菌和其他微生物杂居在一起。为了获得纯种进行研究或用于生产，就必须从混杂的微生物群体中分离出来。微生物纯种分离的方法很多，归纳起来可分为两类：一类是单细胞（或单孢子）分离；另一类是单菌落分离。后者因方法简便，所以是微生物学实验中常用的方法。通过形成单菌落获得纯种的方法很多，对于好氧菌和兼性好氧菌可采用平板划线法、平板表面涂布或浇注平板法等。其中，最简便的是平板划线法。

分离专性厌氧菌的方法也很多，如深层琼脂柱法、滚管法等，现有一种厌氧工作台，操作使用均较方便。厌氧分离培养微生物的关键是创造一个无氧环境，以利厌氧菌的生长。

平板划线法是用灭过菌的接种环（接种工具，见图 7-9）挑取一环混杂在一起的不同属、种的微生物或同一属、种的不同细胞，在平板培养基表面做多次划线的稀释法，能得到较多的独立分布的单个细胞，经培养后即成单菌落，通常把这种菌落当作待分离微生物的纯种。有时这种单菌落并非都由单个细胞繁殖而来，故必须反复分离多次，才可得到单一细胞

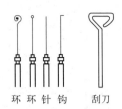

图 7-9　接种工具

纯菌落的克隆纯种。

平板表面涂布或浇注平板法一般都用样品（活性污泥）稀释液，前者通过三角刮刀将菌液分散在培养基表面，经培养后获得单菌落；后者是将菌液和培养基混合后培养出单菌落。本实验主要采用平板划线法和浇注平板法。浇注平板法也常用于细菌菌落总数的测定。

1. 浇注平板法

（1）取样

用无菌瓶到现场取一定量的活性污泥、土壤或湖水，迅速带回实验室。

（2）融化培养基

加热融化培养基，待用。

（3）稀释水样

将 1 瓶 90mL 和 5 管（根据预备实验数据变化）9mL 的无菌水排列好，按 10^{-1}、10^{-2}、10^{-3}、10^{-4}、10^{-5} 及 10^{-6} 依次编号。在无菌操作条件下，用 10mL 的无菌移液管吸取 10mL 活性污泥（或其他样品 10g）置于 90mL 无菌水（或生理盐水，内含玻璃珠）中，将移液管吹洗 3 次，用手摇 5～10min（或用混合器）将颗粒状样品打散，即为 10^{-1} 浓度的混合液；用 1mL 无菌移液管吸取 1mL 10^{-1} 浓度的菌液于 9mL 无菌水中，将移液管吹洗 3 次，摇匀，即为 10^{-2} 浓度菌液。同法依次稀释到 10^{-6}，稀释过程如图 7-10 所示。

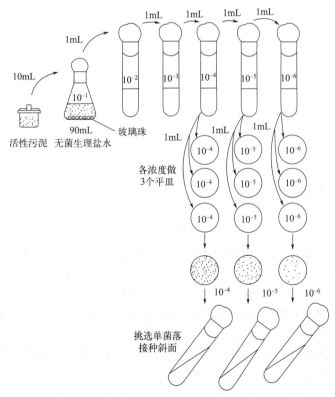

图 7-10　样品稀释过程

（4）平板的制作

① 将培养皿（10 套）编号：10^{-4}、10^{-5}、10^{-6} 各 3 套，1 套为空气对照。

② 将已稀释的水样加入培养皿：取 1 支 1mL 无菌移液管，从浓度小的 10^{-6} 菌液开始，以 10^{-6}、10^{-5}、10^{-4} 为序，分别吸取 1mL 菌液（或 0.5mL）于相应编号的培养皿内（注：每次吸取前，使菌液充分混匀）。

③ 倒平板：将已融化并冷却至 50℃左右的培养基倒入培养皿（10～15mL/皿），右手拿装有培养基的锥形瓶，左手拿培养皿 [图 7-11(a)]，以中指、无名指和小指托住皿底，拇指和食指将皿盖掀开，倒入培养基后将培养皿平放在实验桌上，顺时针和逆时针来回转动培养皿，使培养基和菌液充分混匀，冷凝后即成平板，高氏Ⅰ号培养基平板和马丁氏培养基平板倒置于 28℃恒温培养箱内培养 3～5 天，肉膏蛋白胨平板倒置于 37℃恒温培养箱内培养 2～3 天，然后观察结果。将试管内培养基倒入平皿制平板可按图 7-11(b) 操作。

④ 对照样品：倒平板待凝固后，打开皿盖 10min 后盖上皿盖，倒置于 37℃恒温培养箱内，培养 24～48h 后，观察结果。

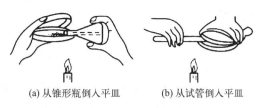

(a) 从锥形瓶倒入平皿　　(b) 从试管倒入平皿

图 7-11　倒平板

2. 平板划线法

划线的形式有多种（图 7-12），但其要求基本相同，既不能划破培养基，同时又能充分分散细胞以获得单菌落，主要步骤如下。

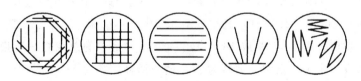

图 7-12　平板划线分离方法

（1）平板的制作

将融化并冷却至约 50℃的培养基倒入培养皿内，使其凝固成平板。

（2）划线

用接种环挑取一环活性污泥（或土壤悬液等其他样品），左手拿培养皿，中指、无名指和小指托住皿底，拇指和食指夹住皿盖，将培养皿稍倾斜，左手拇指和食指将皿盖掀半开，右手将接种环伸入培养皿内，在平板上轻轻划线（切勿划破培养基），划线的方式可取图 7-12 中任何一种。划线完毕盖好皿盖，倒置于 37℃恒温培养箱内，培养 24～48h 后观察结果。

也可先将皿底分区，左手拿皿底，有培养基的一面朝向煤气灯，右手用接种环挑取活性污泥（或土壤悬液等其他样品），先在培养皿的一区划 2～3 条平行线，转动培养皿约 70°角，并将接种环上残菌烧掉，冷却后使接种环通过第一次划线部分做第二次平行划线，同法接着做第三次、第四次划线。划线完毕后，盖上培养皿盖，倒置于恒温培养箱内培养。

五、思考题

1. 分离活性污泥为什么要稀释？
2. 用一根无菌移液管接种几种浓度的水样时，应从哪个浓度开始？为什么？
3. 你掌握了哪几种接种技术？

实验六　微生物细胞的计数和测量

一、实验目的

1. 了解血细胞计数板计数原理，并掌握计数方法。
2. 掌握用测微尺测定微生物大小的方法。

二、实验原理

显微镜直接计数法是将一定稀释的菌体或孢子悬液注入血细胞计数板的计数室中，于显微镜下直接计数的一种简便、快速、直观的方法。因为计数板是一块特别的载玻片。其上由四条槽构成三个平台。中间较宽的平台又被一短横槽隔成两半，每一边的平台上各刻有一个方格网，每个方格网共分为九个大方格。一种是一个大方格分成 25 个中方格，而每个中方格又分成 16 个小方格；另一种是一个大方格分成 16 个中方格，每个中方格又分成 25 个小方格。无论哪种，每个大方格中的小方格都是 400 个。每一个大方格边长为 0.1mm，所以计数室的容积为 $0.1mm^3$。计数时，通常只用 5 个中格内的菌体（孢子）数即可。然后求出每个中方格的平均值，再乘上 25 或 16，得出一个大方格中的总菌数，再换算成 1mL 菌液中的总菌数。若设 5 个中方格中总菌数为 N，菌液稀释倍数为 M，如果是 25 个中方格计数板，则计算方法为：

$$1mL 菌液中的总菌数＝平均每个中格中菌的个数×25×10^4×M＝50000NM（个）$$

$$(7\text{-}6)$$

微生物细胞的大小是微生物基本的形态特征，也是分类鉴定的依据之一。微生物大小的测定，需要在显微镜下，借助于特殊的测量工具——测微尺，包括目镜测微尺和镜台测微尺。镜台测微尺是中央部分刻有精确等分线的载玻片，一般是将 1mm 等分为 100 格，每格长 0.01mm（即 $10\mu m$）。镜台测微尺并不直接用来测量细胞的大小，而是用于校正目镜测微尺每格的相对长度。

三、实验试剂与材料

1. 材料：酿酒酵母、藤黄微球菌和大肠杆菌的染色标本片、酿酒酵母 24h 马铃薯斜面培养物。
2. 实验器材：血细胞计数板、显微镜、盖玻片、载玻片、无菌毛细滴管、目镜测微尺、镜台测微尺等。

四、实验内容

1. 微生物直接计数法

菌悬液制备→镜检计数室→加样品→显微镜计数→清洗血细胞计数板。

2. 微生物测微技术

装目镜测微尺→校正→菌体大小测定。

五、关键步骤及注意事项

1. 防止加样空气泡的产生。
2. 调节显微镜光线的强弱适当。

六、思考题

1. 根据你的体会，说明用血细胞计数板计数的误差主要来自哪些方面？应如何尽量减少误差、力求准确？
2. 某单位要求知道一种干酵母粉中的活菌存活率，请设计1～2种可行的检测方法。
3. 为什么更换不同放大倍数的目镜或物镜时，必须用镜台测微尺重新对目镜测微尺进行校正？

第二节　综合性设计性实验

实验一　水体（生活污水）中的生物检测与水体水质评述

一、实验目的

1. 加强综合能力培养

以校园河水（或其他水体）作为实验材料，确定实验内容和方案。由简单实验过渡到综合性训练。此项目同样适用于景观水、各种水体水质的研究，在实验室感受发现问题、解决问题的过程，有利于形成创新思维的良好习惯，有助于提高实验技能和创新能力。

2. 注重理论-实验-实践-科研之间的联系

通过实验很好地将基础知识与环境治理联系起来，将实验的内容与水体的水质评价联系在一起，将环境微生物学的某些测试指标和环境监测的结果应用于实际。促进和加深对已掌握的基础知识的理解，全面提高动手能力。

二、实验步骤

1. 方案的确定

本实验为综合性实验，实验内容多，时间跨度长。学生必须提前预习，以小组为单位，拟写实验提纲，通过查阅资料初步提出实验方案，并在老师的指导下确定实验方案。包括时间的安排以及实验的组合等事项。

2. 实验器材

实验器材有采样瓶或采样器、常用的玻璃器皿及培养细菌菌落总数和总大肠杆菌等所需的培养基。

3. 实验步骤

（1）水样的采集

① 河水、湖水等水样　用特制的采样瓶或采样器，一般在距水面10～15cm的水层打开瓶塞取样，盖上盖子后再从水中取出，速送实验室检测。本实验水样为河水。

② 水样的处置　采集的水样，一般较清洁的水可在12h内测定，污水必须在6h内测定完毕。若无法在规定时间内完成，应将水样放在约4℃冰箱存放，若无低温保藏条件，应在报告中注明水样采集与测定的间隔时间。

（2）水样的镜检

用压滴法制作标本片，在显微镜下识别水体中的微生物类群，记录种群的变化情况，根据微生物的指示作用做简单描述。

水样的镜检看似简单，但要完成这项内容，必须具备环境微生物学的基础知识，尤其是熟悉和掌握环境微生物形态学方面的有关信息，才能比较准确地观察和识别不同类群的微生物种类，然后研判、得出结论。

（3）细菌菌落总数的测定

① 水样的准备：视水体清洁程度，决定水样稀释与否和稀释度等过程。

② 接种：用无菌移液管吸取3个适宜浓度的稀释液1mL（或0.5mL），分别加入3个无菌培养皿内，再分别倒入培养基，待冷凝后成平板倒置在37℃恒温箱中，培养24～48h。

③ 计菌落数：将培养24～48 h的平板（图7-13）取出，计菌落数（CFU/mL）。

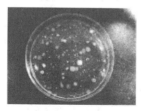

图7-13　细菌菌落

（4）总大肠菌群数的测定

① 无菌物品的准备

a. 培养皿、移液管、18mm×180mm试管、250mL锥形瓶、稀释水等。

b. 培养基。

本实验用市售的半成品（脱水）培养基配制。

Ⅰ. 乳糖胆盐发酵培养基：称取35g加热溶解至1000mL蒸馏水中。本实验配50mL（3倍浓缩），应为5.2g，溶解后分装2支试管（18mm×180mm，下同），5mL/试管，其余培养基加水稀释3倍即为原配方培养基，分装于试管，10mL/支，共12支试管。每支试管内放入一个小倒管。

Ⅱ. 伊红美蓝琼脂培养基：称取37.5g加热溶解至1000mL水中。本实验配60mL，应称取2.1g，溶解后转入锥形瓶。

以上培养基均于115℃（相对蒸汽压力0.072MPa）灭菌20min，灭菌后待用。

② 初发酵实验　按以下步骤进行。

a. 将采集的河水水样分为4个梯度（原水10mL、原水1mL、10^{-1}和10^{-2}浓度）。

b. 将试管编号。

c. 用无菌操作法在1支装有5mL 3倍浓缩的乳糖胆盐发酵培养基的试管中，加入10mL

水样；其余分别加 1mL 水样（不同浓度），混匀后送 37℃ 恒温培养箱中培养 24h，观察其产酸产气情况，若 24h 未产酸产气，可继续培养至 48h。

d. 初发酵结果（用文字或图片记录，图 7-14）。

③ 确定性实验　将 24h 或 48h 培养后产酸产气，或仅产酸的试管中的菌液，分别划线接种于伊红美蓝琼脂培养基上（划线法），于 37℃ 培养 24h，将具有大肠菌群典型特征的菌落做革兰氏染色和镜检。

a. 深紫黑色，具有金属光泽的菌落。

b. 紫黑（绿）色，湿润光亮，不带或略带金属光泽的菌落。

c. 淡紫红色，中心色较深的菌落。

d. 紫红色的菌落。

分析观察伊红美蓝琼脂平板上的菌落生长情况并做记录（文字或图片均可，图 7-15）。

图 7-14　总大肠菌群数的测定的初发酵结果　　　图 7-15　确定性实验菌

④ 复发酵实验　选择具有上述特征的菌落，经涂片、染色和镜检后，若为革兰氏阴性无芽孢杆菌，则用接种环挑取此菌落的一部分转接至乳糖胆盐发酵培养基的试管中，于 37℃ 培养 24h 后，观察实验结果并记录。

⑤ 查表记录结果　报告水样中的总大肠菌群最可能数（MPN）。

三、综合分析和评价

在进行以上一系列实验后，根据实验过程和数据、结果等，评述水质情况，并提出自己的见解、解决问题的方法和建议等。

实验二　空气中微生物的测定

一、实验目的

1. 通过实验了解不同环境条件下空气中微生物的分布状况。
2. 学习并掌握检测和计数空气微生物的基本方法。

二、实验器材

1. 采样器

盛有 200mL 无菌水的塑料瓶（500mL），5 个；盛有 10L 水的塑料桶（15L），5 个。

2. 培养基

肉膏蛋白胨琼脂培养基、察氏培养基、高氏 I 号培养基。

肉膏蛋白胨琼脂培养基：牛肉膏 3g（或 5g），蛋白胨 10g，蒸馏水 1000mL，NaCl 5g，pH 7.2～7.4。灭菌条件为 0.103MPa（121℃，15～20min）。

如配制半固体培养基，需加质量浓度为 3～5g/L 的琼脂。如配制液体培养基，则不需添加琼脂。

察氏培养基：$NaNO_3$ 2g，$MgSO_4$ 0.5g，琼脂 15～20g，K_2HPO_4 1g，$FeSO_4$ 0.01g，蒸馏水 1000mL，KCl 0.5g，蔗糖 30g，pH 自然条件。灭菌条件为 0.072MPa（115℃，20～30min）。

高氏 I 号培养基（淀粉琼脂培养基）：可溶性淀粉 20g，$FeSO_4$ 0.5g，KNO_3 1g，琼脂 20g，NaCl 0.5g，K_2HPO_4 0.5g，$MgSO_4$ 0.5g，蒸馏水 1000mL，pH 7.0～7.2。灭菌条件为 0.103MPa（121℃，15～20min）。

配制时先用少许冷水将淀粉调成糊状，在火上加热，然后加水及其他药品，加热融化并补足水分至 1000mL。

3. 其他

恒温培养箱、培养皿、吸管等。

三、操作步骤

1. 过滤法

（1）准备过滤装置

按图 7-16 安装空气采样器。用过滤法检查一定体积的空气中所含细菌（或其他微生物）的数目。

（2）放置空气采样器

按图 7-17 所示，将 5 套空气采样器分放在 5 个点上。

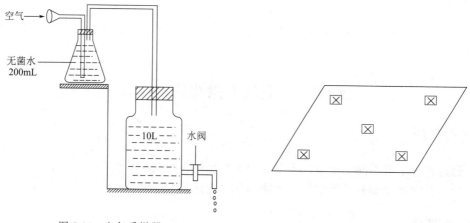

图 7-16 空气采样器　　　　　图 7-17 测定空气微生物的五点采样法

（3）采样

打开塑料桶的水阀，使水缓慢流出，这时外界的空气被吸入，经喇叭口进入盛有 200mL

无菌水的锥形瓶（采样器）中，至 10L 水流完后，则 10L 空气中的微生物被截留在 200mL水中。

（4）测过滤液细菌数

将 5 个塑料瓶的过滤液充分摇匀，分别从中各吸 1mL 过滤液于无菌培养皿中（平行做3 个皿），然后加入已融化而冷却至约 50℃ 的肉膏蛋白胨琼脂培养基，摇匀，凝固后置 37℃恒温培养箱培养。

（5）计数

培养 24h 后，按平板上长出的菌落数，计算出每升空气中细菌（或其他微生物）的数目。

先按下式分别求出每套采样器的细菌数，再求 5 套采样器细菌数的平均值。

$$每升空气的菌落数 = \frac{1mL 水中培养所得菌落数 \times 200}{10} \tag{7-7}$$

2.落菌法

（1）倒平板

将肉膏蛋白胨琼脂培养基、察氏琼脂培养基、高氏 I 号琼脂培养基融化后，各倒 15 个平板，冷凝。

（2）采样

在一定面积的房间内，按图 7-17 的 5 点所示，每种培养基每个点放 3 个平板，打开盖子，放置 30min 或 60min 后盖上盖子。

（3）培养

培养细菌（肉膏蛋白胨琼脂培养基）的培养皿，置 37℃ 恒温培养箱培养 24～48h；培养霉菌（察氏琼脂培养基）和放线菌（高氏 I 号琼脂培养基）的培养皿，置于 28℃ 恒温培养箱培养 3～7 天。

3.观察结果与计算

培养结束，观察各种微生物的菌落形态、颜色，计它们的菌落数。将空气中微生物种类和数据记录在表 7-1 中。

表 7-1　空气中微生物的测定结果

条件		菌落数		
		细菌	霉菌	放线菌
室内	30min			
	60min			

根据结果，计算每升空气中微生物数目。

四、思考题

1.空气中微生物的测定应从哪几方面确定采样点？

2.试分析落菌法的优缺点。

二维码7-1　环境工程微生物拓展实验

第八章

环境工程原理

第一节　基础性实验

实验一　雷诺实验

一、实验目的

1. 观察液体层流、湍流两种流动形态及层流时管中流速分布情况，以建立感性认识。
2. 建立"层流、湍流与 Re 之间有一定联系"的概念。
3. 熟悉雷诺数的测定与计算。

二、实验原理

实际流体有截然不同的两种流动形态存在：层流（滞流）和湍流（紊流）。

层流时，流体质点做直线运动且互相平行。

湍流时，流体质点紊乱地向各个方向做无规则运动，但对流体主体仍可看成是向某一规定方向流动。

实验证明流体的流动特性取决于流体流动的流速、导管的几何尺寸、流体的性质（黏度、密度），各物理参数对流体流动的影响由 Re 所决定。即：

$$Re = \frac{du\rho}{\mu} \tag{8-1}$$

式中　u——流速，m/s；

d——导管内径，m；

ρ——流体密度，kg/m³；

μ——流体黏度，kg/(s·m) 即 Pa·s。

实验证明：$Re \leqslant 2000$ 时为层流；$Re \geqslant 4000$ 时为湍流；$Re = 2000$ 时为层流临界值；$Re = 4000$ 时为湍流临界值；$2000 < Re < 4000$ 时为过渡流。

三、实验装置

该实验采用的实验装置如图 8-1 所示。

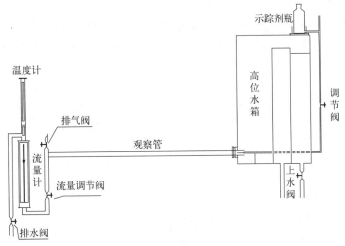

图 8-1 实验装置

四、实验步骤

1.实验前的准备工作

（1）向示踪剂瓶中加入适量的用水稀释过的红墨水。利用调节阀将红墨水充满小进样管中。

（2）必要时调整细管的位置，使它处于观察管道的中心线上。

（3）关闭流量调节阀、排气阀，打开上水阀、排水阀，使自来水充满水槽，并使其有一定的溢流量。

（4）轻轻打开流量调节阀，让水缓慢流过实验管道。使红墨水全部充满细管道中。

2.雷诺实验的过程

（1）同步骤 1（3）。

（2）同步骤 1（4）。

（3）调节进水阀，维持尽可能小的溢流量。

（4）缓慢地适当打开红墨水流量调节夹，即可看到当前水流量下实验管内水的流动状况（层流流动如图 8-2 所示）。读取流量计的流量并计算出雷诺数。

（5）因进水和溢流造成的震动，有时会使实验管道中的红墨水流束偏离管的中心线，或发生不同程度的左右摆动。为此，可突然暂时关闭进水阀，过一会儿之后即可看到实验管道中出现与管中心线重合的红色直线。

图 8-2 层流流动

（6）增大进水阀的开度，在维持尽可能小的溢流量的情况下提高水的流量。并同时根据实际情况适当调整红墨水流量，即可观测其他各种流量下实验管内的流动状况。为部分消除进水和溢流造成的震动的影响，在滞流和过渡流状况的每一种流量下均可采用步骤 2（5）

中的方法，突然暂时关闭进水阀，然后观察管内水的流动状况（过渡流、湍流流动如图8-3所示）。读取流量计的流量并计算出雷诺数。

3. 流体在圆管内做流体速度分布演示实验

（1）首先关闭上水阀、流量调节阀。

（2）将红墨水流量调节夹打开，使红墨水滴落在不流动的实验管路。

（3）突然打开流量调节阀，在实验管路中可以清晰地看到红墨水流动所形成的速度分布，如图8-4所示。

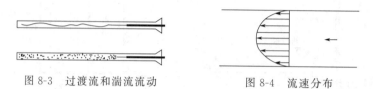

图 8-3　过渡流和湍流流动　　　　图 8-4　流速分布

4. 实验结束时的操作

（1）关闭红墨水流量调节夹，使红墨水停止流动。

（2）关闭上水阀，使自来水停止流入水槽。

（3）待实验管道的红色消失时，关闭流量调节阀。

（4）若日后较长时间不用，请将装置内各处的存水放净。

五、数据记录与处理

实验数据记入表8-1。

表 8-1　实验数据记录表

序号	流量/(L/h)	流量/(m³/s)	流速/(m/s)	雷诺数 Re	观察现象	流型
1						
2						
3						
4						

六、注意事项

做层流时，为了使滞流状况能较快地形成，而且能够保持稳定，第一，水槽的溢流应尽可能地小。因为溢流大时，上水的流量也大，上水和溢流两者造成的震动都比较大，影响实验结果。第二，应尽量不要人为地使实验架产生任何的震动。为减小震动，若条件允许，可对实验架的底面进行固定。

七、思考题

1. 流体流动类型如何判断？

2. 层流与湍流时，管内流速分布如何？

3. 层流与湍流各自的特点是什么？其本质区别在于什么？

实验二　溶液吸附法测定固体比表面积

一、实验目的

1.用亚甲基蓝水溶液吸附法测定颗粒活性炭的比表面积。
2.了解朗格缪尔（Langmuir）单分子层吸附理论及溶液法测定比表面积的基本原理。

二、实验原理

朗格缪尔吸附理论的基本假设是：固体表面是均匀的，吸附是单分子层吸附，吸附剂一旦被吸附质覆盖就不能再吸附，在吸附平衡时，吸附和脱附建立动态平衡。

水溶性染料的吸附已经应用于测定固体比表面积，在所有的染料中亚甲基蓝具有最大的吸附倾向。研究表明，在一定浓度范围内，大多数固体对亚甲基蓝的吸附是单分子层吸附，符合朗格缪尔吸附理论。

满足以下公式：

$$T = T_0 \frac{KC}{1+KC} \tag{8-2}$$

其中，K 称为吸附平衡常数，其值取决于吸附剂和吸附质的本性及温度，K 越大固体对吸附质吸附能力越强。T 表示平衡浓度 C（mol/L）时的平衡吸附量（mol/g）。T_0 为全部吸附位被占据的单分子层吸附量，即饱和吸附量（mol/g）。

重新整理，可得如下形式：

$$\frac{C}{T} = \frac{1}{T_0 K} + \frac{1}{T_0} C \tag{8-3}$$

作 C/T 对 C 图，从其直线斜率可求得 T_0，再结合截距便得到 K。其中，平衡吸附量 $T = \frac{(C_0 - C)V}{m}$，C_0 为吸附前吸附质的浓度，V 为溶液体积，m 为吸附质量。

若每个吸附质分子在吸附剂上所占的面积为 σ_A，则吸附剂的比表面积可按下式计算：$S = T_0 L \sigma_A$。式中，S 为吸附剂比表面积，L 为阿伏伽德罗常数。

亚甲基蓝具有矩形平面结构，如图 8-5 所示。

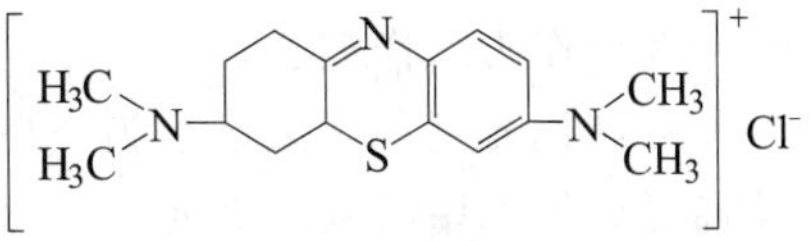

阳离子大小为 $17.0 \times 7.6 \times 3.25 \times 10^{-30} \, m^3$。亚甲基蓝的吸附有三种取向：平面吸附投影面积为 $135 \times 10^{-20} \, m^2$，侧面吸附投影面积为 $75 \times 10^{-20} \, m^2$，端基吸附投影面积为 $39 \times 10^{-20} \, m^2$。对于非石墨型的活性炭，亚甲基蓝是以端基吸附取向，吸附在活性炭表面，因此 $\sigma_A = 39 \times 10^{-20} \, m^2$。

图 8-5　亚甲基蓝平面结构

根据光吸收定律，当入射光为一定波长的单色光时，某溶液的吸光度与溶液中有色物质的浓度及溶液层的厚度成正比。

$$A = \lg(I_0/I) = abc \tag{8-4}$$

式中　A——吸光度；

　　　I_0——入射光强度；

a——吸光系数；

b——光径长度或液层厚度；

c——溶液浓度。

亚甲基蓝溶液在可见区有两个吸收峰：445nm 和 665nm。但在 445nm 处活性炭吸附对吸收峰有很大的干扰，故本实验选用的工作波长为 665nm，并用分光光度计进行测量。

三、实验设备与材料

1.恒温振荡器，1台；温度计，1支。

2.磨口具塞三角烧瓶，250mL，5个；移液管，100mL、50mL、10mL、5mL、2mL、1mL，若干；容量瓶，500mL、100mL、50mL，若干；烧杯，1000mL、500mL、250mL、100mL、50mL，若干。

3.漏斗，5个；定量滤纸。

4.722分光光度计，1台，配套。

5.颗粒状非石墨型活性炭。

6.亚甲基蓝溶液，2000mg/L：0.2％原始溶液。

7.亚甲基蓝中间溶液，200mg/L：移取 50mL 溶液放入 500mL 容量瓶中，并用蒸馏水稀释至刻度，待用。

8.亚甲基蓝标准液：用移液管分别移取 1mL、2mL、3mL、4mL、5mL 0.02％亚甲基蓝标准溶液于 100mL 容量瓶中，用蒸馏水稀释至刻度，待用。

四、实验步骤

1.样品活化。将颗粒活性炭置于瓷坩埚中放入 500℃马弗炉活化 1h，然后置于干燥器中备用。

2.溶液吸附。取 5 只洗净干燥的磨口具塞三角烧瓶，编号，分别准确称取活化过的活性炭约 0.1g 置于瓶中，用亚甲基蓝中间液配制不同浓度的亚甲基蓝溶液（0.004％、0.008％、0.012％、0.016％、0.02％）50mL，然后塞上磨口塞，放置在康氏振荡器上振荡 2h。样品振荡达到平衡后，用砂芯漏斗过滤，得到吸附平衡后溶液。分别量取滤液 5mL 放入 50mL 容量瓶中，并用蒸馏水稀释至刻度。待用。

3.选择工作波长。对于亚甲基蓝溶液，于工作波长为 665nm 测量吸光度，以吸光度最大时的波长作为工作波长。

4.测量吸光度。以蒸馏水为空白溶液，分别测量五个标定溶液、五个稀释后的平衡溶液以及稀释后的原始溶液的吸光度。

五、数据记录与处理

1.作亚甲基蓝溶液浓度对吸光度的工作曲线

算出五个标定溶液的物质的量浓度，以亚甲基蓝标定溶液物质的量浓度对吸光度作图，所得直线即工作曲线。

2.求亚甲基蓝原始溶液浓度和各个平衡溶液浓度

将实验测定的稀释后的原始溶液的吸光度，从工作曲线上查得对应的浓度，乘上稀释倍数，即为原始溶液的浓度。

将实验测定的各个稀释后的平衡溶液吸光度，从工作曲线上查得对应的浓度，乘上稀释倍数，即为平衡溶液浓度 C。

3. 计算吸附溶液的初始浓度

按实验步骤 2 的溶液配制方法，计算各吸附溶液的初始浓度 C_0。

4. 计算吸附量

由平衡浓度 C 及初始浓度 C_0 数据，按下式计算吸附量 Γ：

$$\Gamma = \frac{(C_0 - C)V}{m} \tag{8-5}$$

式中　V——吸附溶液的总体积，L；

　　　m——加入溶液的吸附剂质量，g。

5. 求饱和吸附量

由 Γ 和 C 数据计算 C/Γ，然后作 C/Γ-C 图，由图求得饱和吸附量。

6. 计算活性炭样品的比表面积

将 Γ_0 代入 $S = \Gamma_0 L \sigma_A$，可算得活性炭样品的比表面积。

实验数据记入表 8-2。

表 8-2　实验数据记录表

项目	瓶编号				
	1	2	3	4	5
活性炭质量/g					
溶液体积/mL					
吸附前浓度/(mol/L)					
吸附平衡后浓度/(mol/L)					
吸附量 Γ/(mol/g)					

六、思考题

1. 本实验中，溶液浓度太高时，为什么要稀释后再测定？
2. 溶液产生吸附时，如何判断其达到平衡？

实验三　流体流动阻力的测定实验

一、实验目的

1. 了解流体流过管路系统的阻力损失的计算方法。
2. 测定流体流过圆形管道直管的阻力，确定摩擦系数和 Re 之间的关系。
3. 测定流体流过管件的阻力、局部阻力系数 ξ。
4. 识别管路中各个管件、阀门，并了解其作用。

二、实验原理

流体在管路中流动时，由于黏性剪应力和涡流的存在，必然要产生阻力，从而引起流体压力的损耗（压力降）。流体在流动时所遇到的阻力有直管摩擦阻力和局部阻力（流体流经各种管件、阀门及流量计等所造成的压力损失）。工业上必须对这种机械能的损失做出定量计算。

1. 直管摩擦阻力系数

流体流过直管时的摩擦系数与阻力损失之间的关系可用下式表示：

$$h_f = \lambda \times \frac{l}{d} \times \frac{u^2}{2} \tag{8-6}$$

式中　h_f——直管阻力损失，J/kg；

　　　　l——直管长度，m；

　　　　d——直管内径，m；

　　　　u——流体的速度，m/s；

　　　　λ——摩擦系数。

在一定的流速和雷诺数下，测出阻力损失，按下式即可求出摩擦系数 λ：

$$\lambda = h_f \times \frac{d}{l} \times \frac{2}{u^2} \tag{8-7}$$

阻力损失 h_f 可通过对两截面间做机械能衡算求出：

$$h_f = (z_1 - z_2)g + \frac{p_1 - p_2}{\rho} + \frac{u_1^2 - u_2^2}{2} \tag{8-8}$$

对于水平等径直管 $z_1 = z_2$，$u_1 = u_2$，上式可简化为：

$$h_f = \frac{p_1 - p_2}{\rho} \tag{8-9}$$

只要测出两截面上静压强的差即可算出 h_f。两截面上静压强的差可用 U 形管或倒 U 形管压差计测出。流速由流量计测得，在已知 d、u 的情况下只需测出流体的温度 t，查出该温度下流体的 ρ、μ，则可求出雷诺数 Re，从而得出流体流过直管的摩擦系数 λ 与雷诺数 Re 的关系。

2. 局部阻力

流体流过阀门、扩大、缩小等管件时，所引起的阻力损失可用下式计算：

$$h_f = \xi \left(\frac{u^2}{2} \right) \tag{8-10}$$

式中　ξ——局部阻力系数，一般都由实验测定。

计算局部阻力系数时应注意扩大、缩小管件的阻力损失 h_f 的计算。

三、实验装置

本实验装置主要是由循环水系统（或高位稳压水槽）、实验管路系统和高位排气水槽串联组合而成，每条测试管的测压口通过转换阀组与压差计连通。压差由一倒置 U 形水柱压差计显示。孔板流量计的读数由另一倒置 U 形水柱压差计显示。实验管路系统是由五条玻璃直管平行排列，经 U 形弯管串联连接而成。每条直管上分别配置光滑管、粗糙管、骤然扩大与缩小管、阀门和孔板流量计。每根实验管测试段长度，即两测压口距离均为 0.6m。流程图中标出符号 G 和 D 分别表示上游测压口（高压侧）和下游测压口（低压侧）。测压口位置的配置，以保证上游测压口距 U 形弯管接口的距离以及下游测压口距造成局部阻力处的距离均大于 50 倍管径（图 8-6）。

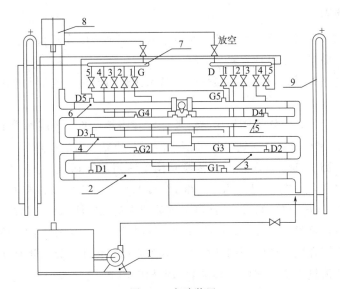

图 8-6　实验装置

1—循环水泵；2—光滑实验管；3—粗糙实验管；4—扩大与缩小实验管；5—孔板流量计；
6—阀门；7—转换阀组；8—高位排气水槽；9—倒置 U 形水柱压差计

作为实验用水，用循环水泵或直接用自来水由循环水槽送入实验管路系统，由下而上依次流经各种流体阻力实验管，最后流入高位排气水槽。由高位排气水槽流出的水，返回循环水槽。

水在实验管路中的流速，通过调节阀加以调节。流量由实验管路中的孔板流量计测量，并由压差计显示读数。

四、实验步骤

1. 实验前准备工作步骤

（1）先将水灌满循环水槽，然后关闭实验导管入口的调节阀，再启动循环水泵。待泵运转正常后，先将实验导管中的旋塞阀全部打开，并关闭转换阀组中的全部旋塞，然后缓慢开启实验导管的入口调节阀。当水流满整个实验导管，并在高位排气水槽中有溢流水排出时，关闭调节阀，停泵。

（2）检查循环水槽中的水位，一般需要再补充些水，防止水面低于泵吸入口。

（3）逐一检查并排除实验导管和连接管线中可能存在的空气泡。排除空气泡的方法是，先将转换阀组中被检一组测压口旋塞打开，然后打开倒置 U 形水柱压差计顶部的放空阀，直至排净空气泡再关闭放空阀。必要时可在流体流动状态下，按上述方法排除空气泡。

（4）调节倒置 U 形水柱压差计的水柱高度。先将转换阀组上的旋塞全部关闭，然后打开压差计顶部放空阀，再缓慢开启转换阀组中的放空阀，这时压差计中液面徐徐下降。当压差计中的水柱高度居于标尺中间部位时，关闭转换阀组中的放空阀。为了便于观察，在实验前，可由压差计顶部的放空处，滴入几滴红墨水，将压差计水柱染红。

（5）在高位排气水槽中悬挂一支温度计，用以测量水的温度。

（6）实验前需对孔板流量计进行标定，作出流量标定曲线。

2. 实验操作步骤

（1）先检查实验导管中旋塞是否置于全开位置，其余测压旋塞和实验系统入口调节阀是否全部关闭。检查完毕启动循环水泵。

（2）待泵运转正常后，根据需要缓慢开启调节阀调节流量，流量大小由孔板流量计的压差计显示。

（3）待流量稳定后，将转换阀组中与需要测定管路相连的一组旋塞置于全开位置。这时测压口与倒置 U 形水柱压差计接通，即可记录由压差计显示出的压降。

（4）当需改换测试部位时，只需将转换阀组由一组旋塞切换为另一组旋塞。例如，将 G1 和 D1 一组旋塞关闭，打开另一组 G2 和 D2 旋塞。这时，压差计与 G1 和 D1 测压口断开，而与 G2 和 D2 测压口接通，压差计显示读数即为第二支测试管的压降。依次类推。

（5）改变流量，重复上述操作，测得各种实验导管中不同流速下的压降。

（6）当测定旋塞在同一流量不同开度的流体阻力时，由于旋塞开度变小，流量必然会随之下降，为了保持流量不变，需将入口调节阀做相应调节。

（7）每测定一组流量与压降数据，同时记录水的温度。

五、数据记录与处理

实验数据记入表 8-3。

表 8-3　实验数据记录表

水温：＿＿＿＿＿＿　　　　管长：＿＿＿＿＿

光滑管内径：＿＿＿＿＿　　粗糙管内径：＿＿＿＿＿　　局部阻力管内径：＿＿＿＿＿

序号	光滑直管阻力		粗糙直管阻力		局部阻力	
	流量/(m³/h)	压差/kPa	流量/(m³/h)	压差/kPa	流量/(m³/h)	压差/kPa

六、注意事项

1. 实验前务必将系统内存留的气泡排除干净，否则实验不能达到预期效果。

2. 若实验装置放置不用时，尤其是冬季，应将管路系统和水槽内水排放干净。

七、思考题

1.测试中为什么需要湍流?

2.流量调节过程中为什么倒置 U 形压差计两支管中液位上下移动的距离不像 U 形压差计那样对等升降?

实验四 离心泵性能测定实验

一、实验目的

1.了解离心泵的构造与操作。

2.测定离心泵在一定转速下的特性曲线。

3.测定流量调节阀某一开度下管路特性曲线。

二、实验原理

1.离心泵特性曲线

离心泵是最常见的液体输送设备。在一定的型号和转速下,离心泵的扬程 H、轴功率 N 及效率 η 均随流量 Q 而改变。通常通过实验测出 H-Q、N-Q 及 η-Q 关系,并用曲线表示之,称为特性曲线。特性曲线是确定泵的适宜操作条件和选用泵的重要依据。泵特性曲线的具体测定方法如下。

(1) H 的测定

在泵的吸入口和压出口之间列伯努利方程:

$$Z_入 + \frac{P_入}{\rho g} + \frac{u_入^2}{2g} + H = Z_出 + \frac{P_出}{\rho g} + \frac{u_出^2}{2g} + H_{f入\text{-}出} \tag{8-11}$$

$$H = (Z_出 - Z_入) + \frac{P_出 - P_入}{\rho g} + \frac{u_出^2 - u_入^2}{2g} + H_{f入\text{-}出} \tag{8-12}$$

式中,$H_{f入\text{-}出}$ 是泵的吸入口和压出口之间管路内的流体流动阻力(不包括泵体内部的流动阻力所引起的压头损失),当所选的两截面很接近泵体时,与伯努利方程中其他项比较,$H_{f入\text{-}出}$ 很小,故可忽略。得到如下方程:

$$H = (Z_出 - Z_入) + \frac{P_出 - P_入}{\rho g} + \frac{u_出^2 - u_入^2}{2g} \tag{8-13}$$

将测得的 $Z_出 - Z_入$ 和 $P_出 - P_入$ 以及计算所得的 $u_入$、$u_出$ 代入上式即可求得 H。

(2) 功率的测定

功率表测得的功率为电动机的输入功率。泵由电动机直接带动,传动效率可视为 1.0,所以电动机的输出功率等于泵的轴功率。即:

$$泵的轴功率 = 电动机的输出功率 \tag{8-14}$$

$$电动机的输出功率 = 电动机的输入功率 × 电动机的效率 \tag{8-15}$$

$$泵的轴功率 = 功率表的读数 × 电动机的效率 \tag{8-16}$$

（3）η 的测定

$$\eta = \frac{N_e}{N} \tag{8-17}$$

其中：

$$N_e = \frac{HQ\rho g}{1000} \tag{8-18}$$

式中　η——泵的效率；

　　　N——泵的轴功率，kW；

　　　N_e——泵的有效功率，kW；

　　　H——泵的压头，m；

　　　Q——泵的流量，m^3/s；

　　　ρ——水的密度，kg/m^3；

　　　g——重力加速度，m/s^2。

2. 管路特性曲线

当离心泵安装在特定的管路系统中工作时，实际的工作压头和流量不仅与离心泵本身的性能有关，还与管路特性有关，也就是说，在液体输送过程中，泵和管路二者是相互制约的。

在一定的管路上，泵所提供的压头和流量必然与管路所需的压头和流量一致。若将泵的特性曲线与管路特性曲线绘在同一坐标图上，两曲线交点即为泵在该管路的工作点。因此，可通过改变泵转速来改变泵的特性曲线，从而得出管路特性曲线。泵的压头 H 计算同上。

三、实验装置

实验装置流程图如图 8-7 所示。离心泵 1 将储水槽 10 中的水抽出，送入实验管路系统，经玻璃涡轮流量计 9 测量流量后回到储水槽 10 中，水循环使用。在离心泵进出口处安装压力表。

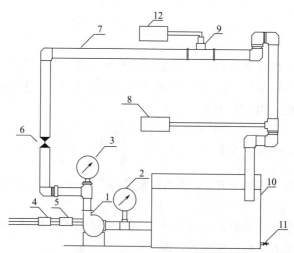

图 8-7　离心泵性能测定实验装置流程示意图

1—离心泵；2—真空表；3—压力表；4—变频器；5—功率表；6—流量调节阀；

7—实验管路；8—温度计；9—涡轮流量计；10—储水槽；11—放水阀；12—频率计

（1）流量测量：涡轮流量计 LWY-40（0～20m³/h）。

（2）入口真空度和压强：泵的入口真空表－0.1～0MPa，泵的出口压强表0～0.25MPa。

（3）电动机输入功率：三相数字功率表0～1000W。

（4）变频器：变频范围0～50Hz。

四、实验步骤

1. 按下总电源，通电预热数字显示仪表；关闭流量调节阀6。

2. 按下变频器的启动按钮，启动离心泵。调整好电机频率后用流量调节阀6调节流量，从流量为零至最大或流量从最大到零，流量稳定后测取10～12组数据（同时测量泵入口真空度、泵出口压强、流量计读数、功率表读数），并记录水温。

3. 测量管路特性曲线时，先置流量调节阀6为某一状态（使系统流量为某一固定值）。

4. 调节离心泵电机频率，使管路特性改变，频率调节范围0～50Hz，测取10～12组数据（同时测量泵入口真空度、泵出口压强、流量计读数），并记录水温。

5. 实验结束后，关闭流量调节阀，切断电源。

五、数据记录与处理

实验数据记入表8-4、表8-5。

表8-4　离心泵性能测定实验数据记录表

液体温度：＿＿＿＿＿＿＿　　　液体密度：＿＿＿＿＿＿

泵进出口高度：＿＿＿＿＿　　　仪表常数：＿＿＿＿＿

序号	涡轮流量计 /Hz	入口压力 $P_入$ /MPa	出口压力 $P_出$ /MPa	电机功率 /kW	流量 Q /(m³/h)	压头 H /m	泵轴功率 N /W	η /%
1								
2								
3								
4								
5								
6								
7								
8								
9								
10								
11								

表 8-5　离心泵管路特性曲线

序号	电机频率 /Hz	涡轮流量计 /Hz	入口压力 $P_入$ /MPa	出口压力 $P_出$ /MPa	流量 Q /(m³/h)	压头 H /m
1						
2						
3						
4						
5						
6						
7						
8						
9						
10						
11						
12						
13						

1.在普通坐标系上标绘出离心泵在一定转速下的特性曲线（H-Q、N-Q、η-Q）。

2.在普通坐标系上标绘出流量调节阀门在一定开度下的管路特性曲线，并标出工作点。

六、思考题

1.试分析实验数据，随着泵出口流量调节阀开度的增大，泵入口真空表读数是减少还是增加？泵出口压强表读数是减少还是增加？请问这是为什么？

2.本实验中，为了得到较好的实验结果，实验流量范围下限应小到零，上限应尽量大。请问这是为什么？

3.离心泵的流量，为什么可以通过出口阀来调节？往复泵的流量是否也可采用同样的方法来调节？

实验五　离子交换制备纯水

一、实验目的

1.熟悉用离子交换制备纯水的方法。

2.掌握用电导仪分析纯水的方法。

二、实验原理

离子交换作为一个单元操作过程，遵循吸附或色谱分离原理，有其独特的应用范围。应用最广的是硬水软化以及水相中组分的再回收。离子交换法处理水是目前最为经济、先进的方法，锅炉用水的软化，脱碱软化，脱盐水、纯水、超纯水的制备均需要采用离子交换法来进行。其类别有单床、复合床、混合床之分，水处理方法也根据具体情况可以采用顺流法、逆流再生浮床法等。

所谓纯水制备是将原水中的盐类、游离酸碱类等全部除去的水处理方法，以此法制得的纯水比蒸馏水要纯好多倍，该过程的反应式如下。

阳离子交换树脂：

$$R(SO_3H)_2 + Ca(HCO_3)_2 \longrightarrow R(SO_3)_2Ca + 2H_2CO_3 \tag{8-19}$$

$$R(SO_3H) + NaCl \longrightarrow RSO_3Na + HCl \tag{8-20}$$

阴离子交换树脂：

$$R\equiv NHOH + HCl \longrightarrow R\equiv NHCl + H_2O \tag{8-21}$$

$$R\equiv NHOH + H_2CO_3 \longrightarrow R\equiv NH(HCO_3) + H_2O \tag{8-22}$$

树脂失效后用酸碱再生，其反应式如下。

阳离子交换树脂：

$$R(SO_3)_2Ca + 2HCl \longrightarrow R(SO_3H)_2 + CaCl_2 \tag{8-23}$$

$$RSO_3Na + HCl \longrightarrow R(SO_3H) + NaCl \tag{8-24}$$

阴离子交换树脂：

$$R\equiv NHCl + NaOH \longrightarrow R\equiv NHOH + NaCl \tag{8-25}$$

$$R\equiv NH(HCO_3) + NaOH \longrightarrow R\equiv NHOH + NaHCO_3 \tag{8-26}$$

三、实验仪器与设备

1. 实验设备、仪器

本实验设备由外径为100mm的有机玻璃管制成，其装置如图8-8所示。

2. 实验材料、试剂

（1）4%氢氧化钠水溶液：15L。

（2）4%盐酸水溶液：15L。

（3）纯水：30L。

（4）100mL量筒，2个；pH试纸；玻璃棒，2根。

四、实验步骤

1. 实验前准备工作：配制15L 4%氢氧化钠溶液、15L 4%盐酸水溶液，其他实验材料及试剂。

2. 向水箱1中注满水，关闭流量调节阀10，熟悉流程。

3. 全开阀门8、9、14、16、18、19，选择全开阀门6、7。

4. 启动离心泵，利用流量调节阀10调节流量，观察进出水的电导。

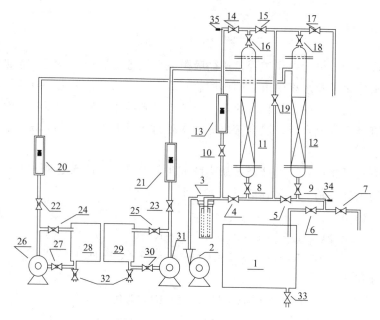

图 8-8　离子交换设备流程图

1—水箱；2—离心泵；3—微滤器；4~9，14~19—阀门；10，22，23—流量调节阀；11—阳离子柱；

12—阴离子柱；13—水流量计；20—碱流量计；21—酸流量计；24—碱回流阀；25—酸回流阀；

26—碱泵；27—碱液进泵阀；28—碱液槽；29—酸液槽；30—酸液进泵阀；31—酸泵；

32—放液阀；33—放水阀；34—出水电导；35—入水电导

5.将自来水作为原料，生产出电导率为 $10\sim50\mu S/cm$ 的纯水（自来水的电导率一般为 $300\sim1500\mu S/cm$）。随时测量纯水电导变化的情况，画出电导率与时间的关系曲线。

6.对床进行再生、淋洗，对混合床进行反洗，掌握操作方法。

7.用再生、淋洗和反洗后的树脂床制备纯水。

复合床法制取纯水：此法出水纯度虽然不如混合床，但再生方法简单易行，所以还广泛地被采用，尤其是配合混合床使用更为普遍。在大型水处理中阳床后面加一个脱气塔将二氧化碳除去，可以减轻阴树脂负担，延长阴树脂使用周期，从而可以节约再生剂的用量，是有一定意义的。

复合床新装的阴阳树脂为交换柱有效高度的 2/3，阴阳树脂的比例一般为 1∶1。

（1）逆洗：反洗水从下口进入，上口排出，反洗强度先慢后快，最后加大反洗强度以冲不出树脂为原则。反洗终点以出水清亮为度。

（2）再生：阳柱用 4％~5％盐酸顺流通过，用量为树脂体积的 2~3 倍，保持一定液面，控制一定流速，大约半小时流完全部酸液。

阴柱用 4％~5％氢氧化钠，如用工业氢氧化钠必须用纯水配制，不能用自来水配制，因为自来水中有钙镁离子形成沉淀影响再生效果。碱液用量为树脂体积的 3~5 倍。冬季可加温碱液经 40℃可提高再生效果。碱液顺流通过，保持一定液面，控制一定流速，在 1h 之内流完全部碱液。

（3）淋洗：阳柱的自来水淋洗，顺流通过，采用慢流速，洗至 pH 2~3。

阴柱以阳柱的氢离子交换水淋洗，开始可用少量纯水淋洗，以使碱液向下推移。然后用阳柱水淋洗，终点控制为出水 pH 8~10，水样以 1∶1 硝酸中和成酸性后，用 5％硝酸银检查无氯离子即可。复合床出水水质不会太高，最高电阻率可达 $1.00×10^6 \Omega \cdot cm$。一般大于 $1.0×10^5 \Omega \cdot cm$ 即可串入混合床，可制得高纯水。

五、数据记录

实验数据记入表 8-6。

表 8-6　水的电导率

时间						
电导率						

根据实验数据，绘制出电导率与时间的关系曲线。

六、注意事项

1.本实验设备为有机玻璃制造的，强度较差，因此实验中严禁拍打设备，拧阀或接管时不能过于用力，并注意不能使设备处于自来水的高压下。

2.本实验使用盐酸和氢氧化钠为再生剂，为强酸强碱，实验室注意勿把酸碱和皮肤、衣物接触。特别注意液滴不能进入眼睛。

3.实验过程中，要注意控制好流速，以免破坏树脂床。

4.每次实验结束后，阴阳柱中都要保留一定量的水，水面以高过树脂 200mm 为宜。

实验六　中空纤维超滤膜分离

一、实验目的

1.了解和熟悉超滤膜分离的工艺过程。
2.熟悉膜分离技术的特点。
3.培养学生的实验操作技能。

二、实验原理

膜分离技术是近几十年迅速发展起来的一类新型分离技术。膜分离法是用天然或人工合成的高分子薄膜，以外界能量或化学位差为推动力，对双组分或多组分的溶质与溶剂进行分离、分级、提纯和富集的方法。膜分离法可用于液相和气相。对于液相分离可用于水溶液体系、非水溶液体系、水溶胶体系以及含有其他微粒的水溶液体系。膜分离包括反渗透、超过滤、电渗析、微孔过滤等。膜分离过程具有无相态变化、设备简单、分离效率高、占地面积小、操作方便、能耗少、适应性强等优点。目前，在海水淡化、食品加工工业的浓缩分离、工业超纯水制备、工业废水处理等领域的应用越来越多。超过滤是膜分离技术的一个重要分支，通过实验掌握这项技术具有重要的意义。

通常，以压力差为推动力的液相膜分离方法有反渗透（RO）、纳滤（NF）、超滤（UF）和微滤（MF）等方法。图 8-9 为各种渗透膜对不同物质的截留示意图。对于超滤（UF）而言，一种被广泛用来形象地分析超滤膜分离机理的说法是"筛分"理论。该理论认为，膜表面具有无数微孔，这些实际存在的孔径不同的孔眼像筛子一样，截留住了分子直径大于孔径的溶质和颗粒，从而达到分离的目的。

最简单的超滤器的工作原理如图 8-9 所示，在一定的压力作用下，当含有高分子（A）和低分子（B）溶质的混合液流过被支撑的超滤膜表面时，溶剂（如水）和低分子溶质（如无机盐类）将透过超滤膜，作为透过液被收集起来，高分子溶质（如有机胶体）则被超滤膜截留而作为浓缩液被回收。应当指出的是，若超滤完全用"筛分"的概念来解释，则会非常含糊。在有些情况下，似乎孔径大小是物料分离的唯一支配因素，但对有些情况，超滤膜材料表面的化学特性起到决定性的截留作用。如有些膜的孔径既比溶剂分子大，又比溶质分子小，本不应具有截留功能，但令人意外的是，它仍具有明显的分离效果。由此可知，比较全面一些的解释是：在超滤膜分离过程中，膜的孔径大小和膜表面的化学性质等，将分别起着不同的截留作用。因此，不能简单地分析超滤现象，孔结构是重要因素，但不是唯一因素，另一重要因素是膜表面的化学性质。

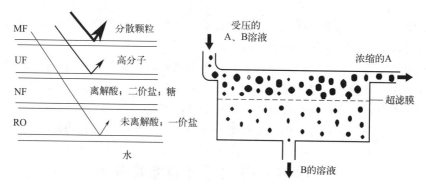

图 8-9　各种渗透膜对不同物质的截留及超滤原理示意图

三、实验仪器和试剂

1. 实验设备

中空纤维超滤膜组件结构如图 8-10 所示。

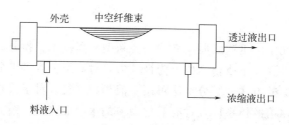

图 8-10　中空纤维超滤膜组件

2. 膜组件技术指标

本装置为双组件结构，外压式流程。组件技术指标如下。

截留分子量：6000；膜材料：聚砜中空纤维膜，有机玻璃膜外壳，管路及管件为 ABS 塑料；流量范围：10～50L/h；操作压力：＜0.2MPa；适用温度：5～30℃；膜面积：

$0.5m^2$；组件外尺寸：$\phi50mm\times480mm$；pH：$1\sim14$；装置外形尺寸：长×宽×高＝$960mm\times500mm\times2000mm$；泵：离心泵（严禁空转）；电源：AC 220V，50Hz；预过滤器滤芯：材质为聚砜，精度 $5\sim10\mu m$，若阻力增大，可以反吹。

3. 实验仪器

分光光度计。

4. 实验试剂

（1）保护液：1%甲醛水溶液。

（2）聚乙二醇，分子量为20000，500g；冰醋酸，化学纯，500mL；次硝酸铋，化学纯，500g；乙酸钠，化学纯，500g。

（3）聚乙二醇水溶液：液量35L（储槽使用容积），浓度30mg/L。

料液配制：取聚乙二醇1.1g置于1000mL的烧杯中，加入800mL水，溶解。在储槽内稀释至35L，并搅拌均匀。

5. 玻璃仪器

烧杯，100mL，5个；棕色容量瓶，100mL，2个；容量瓶，50mL，21个，100mL，6个，1000mL，1个；移液管，0.5mL、1mL、2mL、3mL，各1支，5mL，3支，25mL，3支；量液管，10mL，2支；量筒，100mL、500mL，各1个；工业滤纸；蒸馏水。

6. 发色剂配制（教师配）

（1）A液：准确称取0.800g次硝酸铋，置于50mL容量瓶中，加冰醋酸10mL，全溶，蒸馏水稀释至刻度。

（2）B液：准确称取20.000g碘化钾置于50mL棕色容量瓶中，蒸馏水稀释至刻度。

（3）Dragendorff试剂（DF试剂）：量取A液、B液各5mL置于100mL棕色容量瓶中，加冰醋酸40mL，蒸馏水稀释至刻度。有效期半年（实际配制时，量取A液、B液各50mL置于1000mL棕色容量瓶中，加冰醋酸400mL，蒸馏水稀释至刻度）。

（4）乙酸缓冲液的配制：称取0.2mol/L乙酸钠溶液590mL及0.2mol/L冰醋酸溶液410mL置于1000mL容量瓶中，配制成pH为4.8的乙酸缓冲液。

四、实验步骤

1. 分析操作

（1）绘制标准曲线。准确称取在60℃下干燥4h的聚乙二醇1.000g溶于1000mL容量瓶中（已配好），分别吸取聚乙二醇溶液0.5mL、1.0mL、1.5mL、2.0mL、2.5mL、3.0mL稀释于100mL容量瓶内配成浓度为5mL/L、10mL/L、15mL/L、20mL/L、25mL/L、30mL/L聚乙二醇标准溶液。再各取25mL加入50mL容量瓶中，分别加入DF试剂及乙酸缓冲液各5mL，蒸馏水稀释至刻度，放置4h，于波长510nm下，用1cm比色皿，在分光光度计上测定光密度，蒸馏水为空白。以聚乙二醇浓度为横坐标、光密度为纵坐标作图，绘制出标准曲线。

（2）试样分析。取试样25mL置于50mL容量瓶中，分别加入5mL DF试剂和5mL乙酸缓冲液，加蒸馏水稀释至刻度，摇匀，静置0.5～2h，测定光密度，再从标准曲线上查浓度值。

2. 实验操作

实验流程如图 8-11 所示，C1 储槽中的清洗水或 C2 储槽中的溶液经过水泵加压至预过滤器，过滤掉杂质后，经过流量计及水切换阀 F20 至 F5、膜组件 1 或 F6、膜组件 2，透过液经 F11 或 F10 至视窗流入 C4，未透过液经 F12 或 F9 至 F13 取样或 F14 流入溶液储槽 C2 中。C3 中的保护液经 F8 和 F21 至 F5 和 F6 进入膜组件；排放保护液时，打开 F7 阀，保护液流入 C5 中。

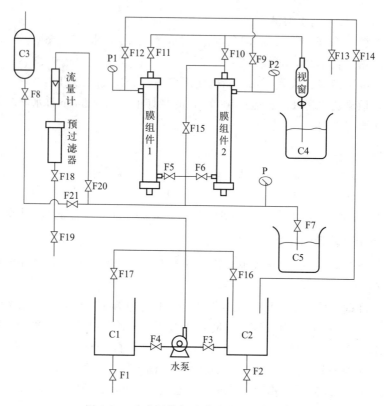

图 8-11　中空纤维超滤膜分离实验流程图

C1—清洗水储槽；C2—溶液储槽；C3—保护液高位槽；C4—透过液储槽；C5—保护液受液罐；

F1，F2—C1 和 C2 的排液阀；F3，F4—C2 和 C1 的出口阀；F5，F6—组件 1 和 2 的入口阀；F7—排液阀；

F8—保护液阀；F9，F12—组件 1 和 2 的出口调节阀；F10，F11—组件 1 和 2 的透过液切换阀；

F13—取样或排放阀；F14—未透过液循环阀；F15—串联阀；F16，F17—回流阀；F18—过滤器前阀；

F19—过滤器排放阀；F20—流量计后水切换阀；F21—保护液切换阀；P—压力表

方案一：固定压力（0.04MPa），改变 3 次流量（分别为 20L/h、25L/h、30L/h）。

（1）排超滤组件中的保护液。为防止中空纤维膜被微生物侵蚀而损伤，不工作期间，在超滤组件内加入保护液。在实验前，须将保护液放净。开启阀 F7、F5、F6、F12、F9、F15，保护液由 F7、C5 处流出，用烧杯接盛，之后倒入装甲醛的容量瓶中。保护液停止流动后即认为保护液排完。

（2）清洗超滤组件。关闭 F7，打开 F4、过滤器前阀 F18、流量计后水切换阀 F20。将水泵电源线插入插座，按下水泵开启按钮，开泵，用蒸馏水清洗膜组件，开泵前确认 F3 关闭、F4 打开。冲洗时，水流量为 30～35L/h。F15 打开 5min 后关闭，F6 稍关小，让水同时充满膜组件 1 和膜组件 2，调节 F6 阀，使压力表 1 读数为 0.04MPa，冲洗 20min，清洗完毕。将清洗液倒掉，清洗液不要流入原料储槽中。

（3）排水。先关泵，关闭 F4，打开阀 F7、F15，将阀 F12、F9 稍开大些，排掉膜组件 1、2 及管路中的水，组件中的水排完后中空纤维收缩，F7 中无水排出时认为水已排净。用烧杯接水，不要流入原料储槽中。排完水后除过滤器前阀 F18、流量计后水切换阀 F20 保持打开状态外，关闭其他所有阀门。将桶中水倒掉。

（4）分离测样。

① 用干净烧杯取原料液样 100mL，放置，待测光密度和浓度。

② 打开阀 F3、F5、F12、F13。用膜组件 1 分离物料。开泵（开泵前确认 F3 打开，F4 关闭），流量为 10L/h。调节 F12 阀，将压力表 1 压力调节为 0.04MPa，几分钟后，窗口中有透过液出现，这时准确记录时间。在 C4 处用烧杯接透过液 1min，测量体积，计算流量，在 F13 处用烧杯接未透过液 1min，计算流量。用烧杯各取 100mL 原料液、透过液和未透过液，用 25mL 移液管分别移取 25mL 原料液、透过液、未透过液试样于 50mL 容量瓶中，测定光密度。

③ 每隔 20min 取一次样，共取 6 次样，每次都要重新测量透过液和未透过液流量，重新取样测定光密度。每次所取样都要标记清楚（如原料液 1，透过液 1，未透过液 1；原料液 2，透过液 2，未透过液 2 等）。

④ 改变流量（分别为 10L/h、15L/h、20L/h、25L/h、30L/h），重复步骤①～③（注意始终保持压力表 1 压力为 0.04MPa）。

⑤ 停泵，关闭 F3，打开 F4。

⑥ 放掉膜组件及管路中的原料液。打开阀 F7、F6、F15，将膜组件中的原料液排入原料储槽中。

（5）清洗膜组件。待膜组件中的原料液流完后，关闭 F7。打开 F9，开泵，开泵前确认 F3 关闭，F4 打开。清洗膜组件 5min 后，F15 关闭，调节 F12、F9，使压力表 1、2 读数为 0.02MPa，视窗中有透过液出现，继续清洗 15min，清洗液不要流入原料储槽中。打开阀 F7、F15，排尽膜组件及管路中的水。关闭阀 F7、流量计后水切换阀 F20。

（6）加保护液。将实验前放出来的保护液加入保护液储槽 C3 中。打开阀 F8、保护液切换阀 F21（确认水切换阀 F20 已关闭），膜组件中加入保护液，中空纤维膨胀，待膜组件中保护液加满后，关闭所有阀门。

（7）测标准溶液的光密度，绘标准曲线，测试样的光密度，从标准曲线上查试样浓度。

（8）将仪器清洗干净，放在指定位置，切断分光光度计的电源。实验结束。

方案二：改变 4 次压力（分别为 0.03MPa、0.05MPa、0.06MPa、0.07MPa），改变 4 次流量（分别为 15L/h、20L/h、25L/h、30L/h）。

（1）调节压力表 1 压力为 0.03MPa，改变 4 次流量（分别为 15L/h、20L/h、25L/h、30L/h），每个流量只做 20min，取一次样，其他同方案一。

（2）改变压力，在不同压力下分别改变 4 次流量，取样同上。

五、数据记录与处理

1. 实验记录

实验数据记入表 8-7。

表 8-7　料液相关参数

压力（表压）：_____ MPa　　温度：_____ ℃　　日期：_____

序号	起止时间	浓度/(mg/L)						流量/(mL/min)	
		原料液		透过液		未透过液		透过液	未透过液
		折射率	浓度	折射率	浓度	折射率	浓度		

2. 数据处理

（1）计算聚乙二醇的脱除率。

$$f = \frac{原料液初始浓度 - 透过液浓度}{原料液初始浓度} \times 100\% \tag{8-27}$$

$$f = \frac{C_{原i-1} - C_{透i}}{C_{原i-1}} \times 100\% \quad (i=1,6) \tag{8-28}$$

（2）计算透过流速 $[mL/(m^2 \cdot min)]$。

$$J = \frac{透过液体积}{实验时间 \times 膜面积} = \frac{透过液流量}{膜面积} \tag{8-29}$$

$$J = \frac{V_{透i}}{T \times A} = \frac{Q_{透i}}{A} \tag{8-30}$$

（3）计算聚乙二醇回收率。

$$Y = \frac{未透过液中聚乙二醇量}{原料液中聚乙二醇量} \times 100\% = \frac{未透过液体积 \times 浓度}{原料液体积 \times 原料液浓度} \times 100\%$$

$$= \frac{未透过液流量 \times 时间 \times 浓度}{(初始原料液体积 - 透过液体积) \times 原料液浓度} \times 100\% \tag{8-31}$$

$$Y = \frac{m_{未i}}{M_{原i}} \times 100\% = \frac{V_{未i} \times C_{未i}}{V_{原i} \times C_{原i}} \times 100\% = \frac{Q_{未i} \times T \times C_{未i}}{(V_{原i-1} - V_{透i}) \times C_{原i}} \times 100\% \tag{8-32}$$

其中：

$$V_{透i} = Q_{透i} \times T \tag{8-33}$$

（4）在坐标上绘出不同流量 Q 下回收率 Y-取样时间 T 的关系曲线（方案一）。

（5）在坐标上绘出不同时间 T 下回收率 Y-流量 Q 的关系曲线（方案一）。

（6）用 Origin 软件绘出渗透流率 J-压力 P 的关系曲线，并回归出曲线方程（方案二）。

（7）用 Origin 软件绘出回收率 Y-流量 Q 的关系曲线，并回归出曲线方程（方案二）。

六、结果与讨论

1. 试论述超滤膜分离的机理。

2.超过滤组件中加保护液的意义是什么？

3.实验中如果操作压力过高会有什么结果？

4.提高料液的温度对超滤有什么影响？

5.讨论压力对渗透流率的影响。

6.讨论流量对回收率的影响。

7.阅读参考文献，回答什么是浓差极化，有什么危害，有哪些消除的方法。

实验七　恒压过滤常数测定实验

一、实验目的

1.熟悉板框压滤机的构造和操作方法。

2.通过恒压过滤实验，验证过滤基本理论。

3.学会测定过滤常数 k、q_e、θ_e 及压缩指数 s 的方法。

4.了解过滤压力对过滤速率的影响。

5.学会有关测量与控制仪表的使用方法。

二、实验原理

1.过滤常数 k 和 q_e

根据恒压过滤方程：

$$(q+q_e)^2 = k(\theta+\theta_e) \tag{8-34}$$

式中　q——单位过滤面积获得的滤液体积，m^3/m^2；

　　　q_e——单位过滤面积的虚拟滤液体积，m^3/m^2；

　　　θ——实际过滤时间，s；

　　　θ_e——虚拟过滤时间，s；

　　　k——过滤常数，m^2/s。

将式(8-34)微分得：

$$\frac{\mathrm{d}\theta}{\mathrm{d}q} = \frac{2}{k}q + \frac{2}{k}q_e \tag{8-35}$$

此为直线方程，于普通坐标系上标绘 $\dfrac{\mathrm{d}\theta}{\mathrm{d}q}$ 对 q 的关系，所得直线斜率为 $\dfrac{2}{k}$，截距为 $\dfrac{2}{k}q_e$，从而求出 k、q_e。再根据 $\theta_e = q_e/k$，求出 θ_e。

2.压缩指数 s

根据 k 与 Δp 之间的关系式：

$$k = \frac{2\Delta p^{1-s}}{\mu r_0 f} \tag{8-36}$$

式中　Δp——压差，Pa；

　　　s——滤饼压缩指数，一般情况下其范围为 0～1；

　　　μ——滤液的黏度，Pa·s；

r_0——单位压差下的比阻，m^{-2}；

f——滤饼体积与相应滤液体积之比。

两边取对数，得：

$$\lg k = (1-s)\lg\Delta p + B \tag{8-37}$$

式中，$B = \lg[2/(\mu r_0 f)]$，一般为常数。可见，$\lg k$ 与 $\lg\Delta p$ 之间为线性关系，因此在不同压差下进行恒压实验，求出不同压差下的 k，再根据式(8-37)，即可求出滤饼层的压缩指数 s。

三、实验装置

实验装置如图 8-12 所示。

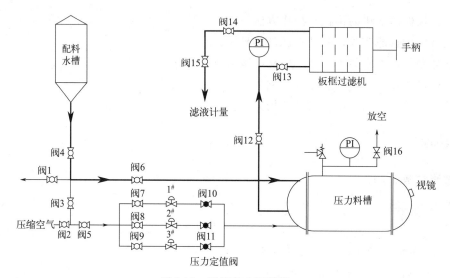

图 8-12　过滤实验流程图

四、实验步骤

1. 打开总电源空气开关，打开仪表电源开关。

2. 配制含 $CaCO_3$ 8%～13%（质量分数）的水悬浮液。

3. 开启空压机，打开阀3、阀4，将压缩空气通入配料水槽，使 $CaCO_3$ 悬浮液搅拌均匀。

4. 正确装好滤板、滤框及滤布。滤布使用前用水浸湿，滤布要绷紧，不能起皱（注意：用螺旋压紧时，千万不要把手指压伤，先慢慢转动手轮使板框合上，然后再压紧）。

5. 关闭阀2，在压力料槽排气阀16打开的情况下，打开阀6，使料浆自动由配料水槽流入压力料槽至 1/3～1/2 处，关闭阀4、阀6。

6. 通压缩空气至压力料槽，使容器内料浆不断搅拌。压力料槽的排气阀要不断缓缓排气，但又不能喷浆。

7. 打开 1# 电磁阀，打开阀2、阀5、阀7、阀10、阀12、阀14，开始实验。

8. 手动实验：每次实验应以滤液从汇集管刚流出的时刻作为开始时刻。每次 ΔV 取为 600～700mL，记录相应的过滤时间 Δt。要熟练掌握双秒表轮流读数的方法，量筒交替接液时不要流失滤液。测量 8～10 个读数即可停止实验。打开 2# 电磁阀和阀8做中等压力实验。

打开 3# 电磁阀、阀 9、阀 11 做大压力实验。

9.实验完毕关闭阀 12、阀 14，打开阀 4、阀 6，将压力料槽的悬浮液压回配料水槽，关闭阀 4。

10.关闭阀 2、阀 5，打开排气阀 16。

11.关闭空气压缩机电源，关闭仪表电源。

五、数据记录与处理

实验数据记入表 8-8。

表 8-8　过滤实验数据记录表

序号	压力 $p_1 =$ ＿＿＿＿ MPa		压力 $p_2 =$ ＿＿＿＿ MPa		压力 $p_3 =$ ＿＿＿＿ MPa	
	滤液量/m^3	时间/s	滤液量/m^3	时间/s	滤液量/m^3	时间/s
1						
2						
3						
4						
5						
6						
7						
8						

根据实验原理中相关计算公式，求出 k、q_e、θ_e 和 s。

六、注意事项

1.滤饼、滤液要全部回收到料桶，不准随意倾倒。

2.压力阀要缓慢打开。

七、结果与讨论

1.当过滤压强提高 1 倍，其 k 值是否也增加 1 倍？要得到同样的过滤液，其过滤时间是否缩短了一半？

2.影响过滤速率的主要因素有哪些？

3.滤浆浓度和操作压强对过滤常数 k 有何影响？

实验八　对流传热系数的测定

一、实验目的

1.学会对流传热系数的测定方法。

2.测定空气在圆形直管内的强制对流传热系数，并把数据整理成特征数关联式。

二、实验原理

1. 对流传热系数的测定

$$\alpha_1 = \frac{Q}{A_1 \Delta t_{m,1}} \tag{8-38}$$

其中：

$$Q = W_1 C_{p1}(t_2 - t_1) = V_1 \rho C_{p1}(t_2 - t_1) \tag{8-39}$$

$$A_1 = \pi d_1 l \tag{8-40}$$

$$\Delta t_{m,1} = t_w - t \tag{8-41}$$

壁温的平均值：

$$t_w = \frac{T_1 + T_2 + T_3 + T_4}{4} \tag{8-42}$$

空气的平均温度：

$$t = \frac{t_1 + t_2}{2} \tag{8-43}$$

式中　　　α_1——传热系数，$W/(m^2 \cdot K)$；

Q——传热速率，W；

$\Delta t_{m,1}$——换热管两端的对数平均温差（可用平均温差进行近似计算），K；

A_1——换热器外表面积，m^2；

V_1——被加热流体体积流量，m^3/s；

ρ——被加热流体密度，kg/m^3；

C_{p1}——被加热流体平均比热容，$J/(kg \cdot K)$；

t_1, t_2——被加热流体的进、出口温度，℃（K）；

d_1——列管直径，m；

l——列管长度，m；

T_1, T_2, T_3, T_4——列管不同位置的温度，℃（K）。

2. 关联式的整理

$$Nu = ARe^m Pr^{0.4} \tag{8-44}$$

其中：

$$Nu = \frac{\alpha d}{\lambda} \tag{8-45}$$

$$Pr = \frac{C_p \mu}{\lambda} \tag{8-46}$$

式中，Nu 为努塞尔特数；Re 为雷诺数；Pr 为普朗特数；A、m 均为常数；α 为传热系数；d 为直径；λ、C_p、μ 分别为空气在平均温度下的热导率、定压比热容和黏度。

上式两边都取对数：

$$\ln Nu - 0.4\ln Pr = \ln A + m\ln Re \tag{8-47}$$

以 $\ln Nu - 0.4\ln Pr$ 为纵坐标、$\ln Re$ 为横坐标作图，直线的斜率为 m，截距为 $\ln A$，从而求出 m、A。

三、实验装置

主要设备：套管换热器、风机、电加热釜、离心式磁力泵、转子流量计。实验装置如图8-13所示。

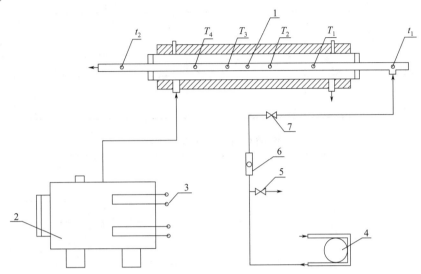

图 8-13　对流传热实验装置

1—铜管-钢管、套管换热器（水平）；2—热水罐；3—电加热釜；4—风机；

5—放空调节阀；6—转子流量计；7—阀门

四、实验步骤

1. 开启总电源，然后开启自动控温和手动控温电闸使水罐加热，将自动控温给定温度调至110℃，手动控温调至7A左右。

2. 待水罐内水沸腾后，将风机打开，冷风进入换热器内管。

3. 当空气流量、蒸汽温度保持不变时，打开套管换热器巡检测温仪表，测定温度。

4. 改变若干空气流量，维持蒸汽温度不变，测定5～6组实验数据。

五、数据记录与整理

实验数据记入表8-9～表8-12。

表 8-9　对流传热原始数据记录表

套管换热器管内径 d_1：_____ m　　管长 l：_____ m

序号	空气流量 $V/(m^3/h)$	空气进口温度 $t_1/℃$	空气出口温度 $t_2/℃$	壁温/℃			
				T_1	T_2	T_3	T_4
1							
2							
3							
4							
5							
6							

进出口平均温度、空气和水蒸气的热导率见表 8-13。

表 8-10　对流传热基础参数

序号	平均温度$(t_1+t_2)/2/℃$	$C_p/[J/(kg\cdot℃)]$	$\rho/(kg/m^3)$	$\lambda/[W/(m\cdot℃)]$	$\mu/(Pa\cdot s)$
1					
2					
3					
4					
5					
6					

表 8-11　对流传热相关参数

序号	平均温度$(t_1+t_2)/2/℃$	平均壁温$(T_1+T_2+T_3+T_4)/4/℃$	$\Delta t_{m,1}/℃$	Q/W	$\alpha_1/[W/(m^2\cdot℃)]$
1					
2					
3					
4					
5					
6					

表 8-12　计算获得相关参数数据

序号	Re	Nu	Pr	$\ln Re$	$\ln Nu-0.4\ln Pr$
1					
2					
3					
4					
5					
6					

以 $\ln Nu-0.4\ln Pr$ 为纵坐标、$\ln Re$ 为横坐标作图，直线的斜率为 m，截距为 $\ln A$，从而求出 m、A。

表 8-13　不同温度下空气和水蒸气的热导率

物质	温度/℃	热导率 $/[W/(m\cdot℃)]$	物质	温度/℃	热导率 $/[W/(m\cdot℃)]$
空气	0	0.0242	水蒸气	46	0.0208
	100	0.0317		100	0.0237
	200	0.0391		200	0.0324
	300	0.0459		300	0.0429
				400	0.0545
				500	0.0763

六、注意事项

1. 蒸汽发生器的水位不能低于液位计下端的红线，否则电加热管将被烧坏。
2. 风机打开时，放空阀和阀门不能同时处于关闭状态。

七、思考和讨论

1. 铜管内壁的温度与哪一种流体的温度相接近？
2. 本实验中若套管间隙中有不凝性气体存在，对传热有什么影响？
3. 热过程的稳定性受哪些因素的影响？

实验九 转盘萃取塔实验

一、实验目的

1. 了解转盘萃取塔的结构。
2. 掌握转盘萃取塔性能的测定方法。
3. 了解转盘萃取塔传质效率的强化方法。
4. 观察不同转速时，塔内液滴变化情况和流动状态。
5. 固定两相流量，测定不同转速时萃取塔的传质单元数、传质单元高度及总传质系数。

二、基本原理

在液体混合物溶液中加入某种溶剂，使溶液中的组分得到全部或部分分离的过程称为萃取。溶剂萃取法是从稀溶液中提取物质的一种有效方法。其广泛地应用于冶金和化工行业中。在黄金行业中，用溶剂萃取法提取纯金、银已有许多研究，在国外，其成熟技术已经工业应用多年。用萃取法从含氰废水中提取铜、锌的研究也多有报道。

溶剂萃取法也称液-液萃取法，简称萃取法。萃取法由有机相和水相相互混合，水相中要分离出的物质进入有机相后，再靠两相质量密度不同将两相分开。有机相一般由三种物质组成，即萃取剂、稀释剂、溶剂。有时还要在萃取剂中加入一些调节剂，以使萃取剂的性能更好。

萃取过程是一个传质过程，溶质从水相传递到有机相中，直到平衡。因此要求萃取设备能充分地使水相中的物质在较短时间内扩散到有机相中，而且要求有机相的黏度不要过大，以免被吸收物质在有机相内产生较大浓度梯度而阻碍吸收进程。

萃取过程得到的富集了水相中某种物质或几种物质的有机相叫萃取相。经过萃取分离出某种物质或几种物质的水相叫萃余液。

通过反萃取将萃取相的被萃取物分离出去才能使有机相循环使用。为了在有限的时间内完成萃取过程，一般设多级萃取和多级反萃取。以此增加被分离物质在有机相中的富集比并提高传质速率。

1. 液-液萃取设备的特点

液-液相传质过程和气-液相传质过程均属于相间传质过程。因此这两类传质过程有相似之处，但也有相当的差别。在液-液系统中，两相间的密度差较小，界面张力也不大，所以从过程进行的流体力学条件看，在液-液相的接触过程中，能用于强化过程惯性力不大，同时已分散的两相，分层能力也不高。因此气液接触效率较高的设备，用于液液接触就显得效率不高。为了提高液相传质设备的效率，常常补给能量，如搅拌、脉冲振动等。为使得两相逆流和两相分离，需要分层段，以保证足够的停留时间，让分散的液相凝聚，实现两相的分离。

2. 液-液萃取塔的操作

（1）分散相的选择

在萃取塔中，为了使两相密切接触，其中一相充满设备中的主要空间，连续流动，称为连续相；另一相以液滴的形式，分散在连续相中，称为分散相。哪一相作为分散相对设备的操作性能、传质效果有显著影响。分散相的选择可通过小试或中试确定，也可根据以下几个方面考虑。

① 增加相际接触面积，一般将流量大的一相作为分散相；但如果两相的流量相差很大，并且所选的萃取设备具有较大的轴向混合现象，此时应将流量小的一相作为分散相，以减少轴向混合。

② 应充分考虑界面张力变化对传质面积的影响，对于 $\dfrac{d\sigma}{dx} > 0$ 的系统，即系统的界面张力随溶质浓度增加而增加的系统，当溶质从液滴向连续相传递时，液滴的稳定性较差，容易破碎，而液膜的稳定性较好，液液不易合并，所以形成的液滴平均直径较小，相际接触面积较大；当溶质从连续相向液滴传递时，情况刚好相反。在设计液-液传质设备时，根据系统性质正确选择作为分散相的液体，可在同样条件下获得较大的相际传质表面积，强化传质过程。

③ 对于某些萃取设备，如填料塔和筛板塔等，连续相优先润湿填料或筛板是相当重要的。此时，宜将不易润湿填料或筛板的一相作为分散相。

④ 分散相液滴在连续相中的沉降速度，与连续相的黏度有很大关系。为了减小塔径，提高两相分离效果，应将黏度大的一相作为分散相。

⑤ 此外，从成本、安全考虑，应将成本高的、易爆物料作为分散相。

（2）液滴分散

为了使一相作为分散相，必须将其分散为液滴形式。一相液体的分散，亦即液滴的形式，必须使液滴有一个适当的大小。因为液滴的尺寸不仅关系到相际接触面积，而且影响传质系数和塔的流通量。

较小的液滴，固然相际接触面积较大，有利于传质；但是过小的液滴，其内循环消失，液滴的行为趋于固体球，传质系数下降，对传质不利。所以，液滴尺寸对传质的影响必须同时考虑这两方面的因素。

此外，萃取塔内连续相所允许的极限速度（泛点速度）与液滴的运动速度有关。而液滴的运动速度与液滴的尺寸有关。一般较大的液滴，其泛点的速度较高，萃取塔允许有较大的流通量；相反，较小的液滴，其泛点气速较低，萃取塔允许的流通量也较低。

液滴的分散可以通过振动机构来实现。液滴尺寸除与物性有关外，主要取决于外加能量的大小。

（3）萃取塔的操作

萃取塔在开车时，应首先将连续相注满塔中，然后开启分散相，分散相必须经凝聚后才能自塔内排出。因此轻相作为分散相时，应使分散相不断在塔顶分层凝聚，当两相界面维持适当高度后，再开启分散相出口阀门，并依靠重相出口的 U 形管自动调节界面高度。当重相作为分散相不断在塔底分层凝聚，两相界面应维持在塔底分层段的某一位置上。

3. 液-液相传质设备内的传质

与精馏、吸收过程类似，由于过程的复杂性，萃取过程也被分解为理论级和级效率；或传质单元数和传质单元高度，对于转盘塔、振动塔这类微分接触的萃取塔，一般采用传质单元数和传质单元高度来处理。

（1）萃取单元数表示过程分离难易的程度

对于稀溶液，传质单元数可近似用下式表示：

$$N_{OR} = \int_{C_R^m}^{C_F^m} \frac{dC^m}{C^m - C^{*m}} = \frac{C_F^m - C_R^m}{\Delta C_{R2}^m} \tag{8-48}$$

式中　N_{OR}——萃取相为基准的总传质单元数；

C_F^m，C_R^m——进塔原料液和出塔的萃余相浓度，以质量分数表示。

传质单元高度表示设备传质性能的好坏，可由下式表示：

$$H_{OR} = \frac{H}{N_{OR}} \tag{8-49}$$

式中　H_{OR}——以萃取相为基准的传质单元高度，m；

H——萃取塔的有效接触高度，m。

已知塔高 H 和传质单元数 N_{OR}，可由式（8-49）得 H_{OR}。H_{OR} 反映萃取设备传质性能的好坏，H_{OR} 越大，设备效果越低。影响萃取设备传质性能 H_{OR} 的因素很多，主要有设备结构、两相物性、操作条件以及外加能量的形式和大小等因素。

（2）萃取效率的计算

定义萃取效率：

$$\eta = \frac{C_F^m - C_R^m}{C_F^m} \times 100\% \tag{8-50}$$

由于 C_R^m 随着操作条件（如振动频率 h 等）而改变，故可求出 η-h 的关系，并由此测得本实验中萃取最佳效率点 η_{0pt}，及相应工况下的最大能量或液泛速度。

4. 外加能量的问题

液-液传质设备引入外界能量促进液体分散，改善两相流动条件，这些均有利于传质，从而提高萃取效率，降低萃取过程的传质单元高度，但应该注意，过度的外加能量将大大增加设备内的轴向混合，减小过程的推动力。此外过度分散的液滴，将削弱滴内循环。这些均是外加能量带来的不利因素。权衡利弊，外加能量应适度，对于某一具体萃取过程，一般应通过实验寻找合适的能量输入量。

5. 液泛

在连续逆流萃取操作中，萃取塔的能量（又称负荷）取决于连续相容许的线速度，其上限为最小的分散相液滴处于相对静止状态时的连续相流率。这时塔刚处于液泛点（即为液泛速度）。在实验操作中，连续相的流速应在液泛速度以下。为此需要有可靠的液泛数据，一般这是在中试设备中用实际物料实验测得的。

三、实验装置

1.本实验装置见图 8-14，主要有电机、重相泵、轻相泵、重相流量计、轻相流量计、重相槽、轻相槽、轻相回收槽等。

2.萃取塔全为玻璃制作。内径72mm，高度为1100mm。内部转盘间距50mm，数量17个，周围用螺杆固定。能很好地观察到实验发生的全过程。

3.磁力输送泵，用于输送连续相和分散相。

4.流量计范围2.5～25L/h。本身带有流量调节阀，顺时针旋转为调小，逆时针则为调大。

5.减速、调速电机功率为90W，调速范围0～400r/min，转速可调。

6.高低位水槽均采用不锈钢制作。

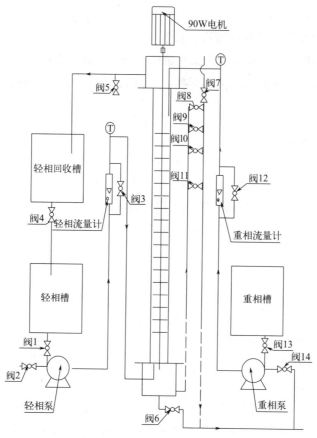

图 8-14　转盘萃取塔实验装置

四、实验步骤

1.检查设备，关闭所有阀门。

2.打开轻相原料罐上的活动盖，将煤油加入轻相原料罐中。

3.打开重相原料罐上的活动盖，将水加入重相原料罐中。

4.打开控制箱电源开关，开启阀13，打开重相泵开关启动重相（萃取相）进料泵，然后打开阀12，将水打入萃取塔中，当塔中液位达到最顶层筛板时，关闭阀12，开启重相流量计，调节至所需流量。

5.开启调速电机，顺时针调节至所需转动转速至250r/min。

6.开启阀1，打开轻相泵开关启动轻相（萃余相）进料泵，调节重相流量至所需流量，将水打入萃取塔中。

7.调节阀 7~10，使萃取塔中的相分界面位于顶层转盘上方。

8.待系统稳定运行 5~10min 后，打开阀 5，对萃余相进行取样，取样完成后关闭阀 5。打开阀 2 对轻相（萃余相）原料进行取样，取样完成后关闭阀 2。

9.打开阀 11，对重相（萃取相）进行取样。取样后关闭阀 11。

10.改变转动转速至 340r/min，测取不同转速下萃取的效率。

11.实验完毕后，依次关闭轻相进料泵和重相进料泵，排尽塔内液体，整理实验台。储罐内煤油可回收利用。

五、数据记录与处理

实验数据记入表 8-14。

表 8-14　实验数据记录表

轻相物料：_____　　　　重相物料：_____

序号	轻相温度/℃	轻相流量/(L/h)	重相温度/℃	重相流量/(L/h)	转动频率/(r/min)
1					
2					
3					
4					
5					
6					

六、注意事项

1.转盘搅拌器为无级调速。使用时首先接上系统电源，打开调速器开关，调速应由小到大缓慢调节，切勿调节过快损坏电机。实验结束后，将无级调速器转速调至 0。

2.实验台面水渍和油渍可用干净抹布擦洗，如有污渍，需用酒精涂在干净无水抹布上擦洗。

3.流量调节要缓慢调节阀门，防止流量计超量程，影响使用寿命。

七、思考题

1.本实验为什么不宜用水作为分散相？倘若用水作为分散相，操作步骤应该如何？两相分层分离段应设在塔顶还是塔底？

2.对液-液萃取过程来说，外加能量是否越大越有利？

3.什么是萃取塔的液泛？在操作中，你是怎么确定液泛速度的？

第二节　综合性设计性实验

实验一　精馏实验

一、实验目的

1.熟悉精馏的工艺流程，了解板式塔的结构。

2．掌握精馏过程的操作及调节方法。

3．在全回流及部分回流条件下，测定板式塔的全塔效率及单板效率。

4．观察精馏塔内气液两相的接触状态。

5．了解阿贝折射仪测定混合物组成的方法。

二、实验原理

精馏利用混合物中各组分的挥发度的不同将混合物进行分离。在精馏塔中，再沸器或塔釜产生的蒸汽沿塔逐渐上升，来自塔顶冷凝器的回流液从塔顶逐渐下降，气液两相在塔内实现多次接触，进行传质、传热过程，轻组分上升，重组分下降，使混合液达到一定程度的分离。如果离开某一块塔板（或某一段填料）的气相和液相的组成达到平衡，则该板（或该段填料）称为一块理论板或一个理论级。然而，在实际操作的塔板上或一段填料层中，由于气液两相接触时间有限，气液相达不到平衡状态，即一块实际操作的塔板（或一段填料层）的分离效果常常达不到一块理论板或一个理论级的作用。要想达到一定的分离要求，实际操作的塔板数总要比所需的理论板数多，或所需的填料层高度比理论上的高。

对于二元物系，若已知气液平衡数据，则根据塔顶馏出液的组成 x_D、原料液的组成 x_F、塔釜液的组成 x_W，及操作回流比 R 和进料热状态参数 q，就可用图解法或计算机模拟计算求出理论塔板数。

1. 求全塔效率

在板式精馏塔中，完成一定分离任务所需的理论塔板数与实际塔板数之比定义为全塔效率（或总板效率），即：

$$E_T = \frac{N_T}{N_P} \tag{8-51}$$

式中　E_T——全塔效率；

N_T——理论塔板数（不含釜）；

N_P——实际塔板数。

2. 求单板效率

如果测出相邻两块塔板的气相或液相组成，则可计算塔的单板效率（塔板数自上向下计数）。

对于气相：

$$E_{MV} = \frac{y_n - y_{n+1}}{y_n^* - y_{n+1}} \tag{8-52}$$

对于液相：

$$E_{ML} = \frac{x_{n-1} - x_n}{x_{n-1} - x_n^*} \tag{8-53}$$

式中　E_{MV}——以气相浓度表示的单板效率；

y_n——离开 n 板的气相组成，摩尔分数；

y_{n+1}——进入 n 板的气相组成，摩尔分数；

y_n^*——与 x_n 平衡的气相组成，摩尔分数；

E_{ML}——以液相浓度表示的单板效率；

x_n——离开 n 板的液相组成，摩尔分数；

x_{n-1}——进入 n 板的液相组成，摩尔分数；

x_n^*——与 y_n 平衡的液相组成，摩尔分数。

在任一回流比下，只要测出进出塔板的蒸汽组成和进出该板的液相组成，再根据平衡关系，就可求得在该回流比下的塔板单板效率。

三、实验试剂及装置

实验设备的主要技术数据如表 8-15 所示。

表 8-15　精馏塔的主要尺寸

名称	直径 /mm	高度 /mm	板间距 /mm	板数 /块	板型、孔径 /mm	降液管 /mm	材质
塔体	$\phi 57 \times 3.5$	1100	100	9	筛板　1.8	$\phi 8 \times 1.5$	紫铜
塔釜	$\phi 100 \times 2$	390					不锈钢
塔顶冷凝器	$\phi 57 \times 3.5$	300					不锈钢
塔釜冷凝器	$\phi 57 \times 3.5$	300					不锈钢

设备操作参数如表 8-16 所示。

表 8-16　设备操作参数

序号	名称	数据范围		说明
1	塔釜加热	电压 90～160V		①维持正常操作下的参数值； ②用固体调压器调压，指示的功率约为实际功率的 1/2～2/3
		电流 4.0～6.0A		
2	回流比 R	4～∞		
3	塔顶温度	78～83℃		
4	操作稳定时间	20～35min		①开始升温到正常操作约 30min； ②正常操作稳定时间内各操作参数值维持不变，板上鼓泡均匀
5	实验结果	理论板数	3～6 块	一般用图解法
		总板效率	50%～85%	
		精度	1 块	

实验物系采用乙醇-正丙醇（均为分析纯），乙醇质量分数为 15%～25%，对 30℃下质量分率与阿贝折射仪读数之间的关系也可按下列回归式计算：

$$W = 58.844116 - 42.61325 n_D \tag{8-54}$$

式中　W——乙醇的质量分率；

n_D——折射仪读数（折射率）。

由质量分率求摩尔分率 X_A：乙醇分子量 $M_A = 46$；正丙醇分子量 $M_B = 60$。

$$X_A = \frac{\dfrac{W_A}{M_A}}{\dfrac{W_A}{M_A} + \dfrac{1-W_A}{M_B}} \tag{8-55}$$

实验装置如图 8-15 所示。

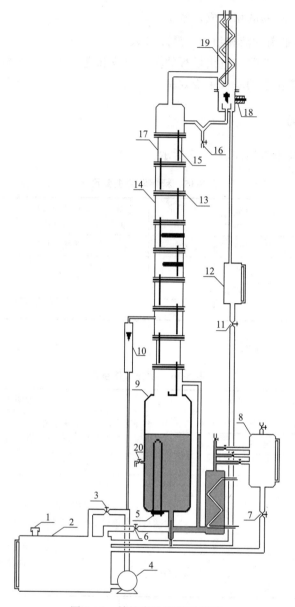

图 8-15　精馏实验流程示意图

1—原料罐进料口；2—原料罐；3—进料泵回流阀；4—进料泵；5—电加热器；6—釜料放空阀；

7—塔釜产品罐放空阀；8—釜产品储罐；9—塔釜；10—流量计；11—顶产品罐放空阀；

12—顶产品储罐；13—塔板；14—塔身；15—降液管；16—塔顶取样口；

17—观察段；18—线圈；19—冷凝器；20—塔釜取样口

四、实验步骤

1. 实验前准备工作、检查工作

（1）将与阿贝折射仪配套的超级恒温水浴调整运行到所需的温度，并记下这个温度（如 30℃）。

（2）检查实验装置上的各个旋塞、阀门均应处于关闭状态；电流、电压表及电位器位置均应为零。

（3）配制一定浓度（质量浓度 20% 左右）的乙醇-正丙醇混合液（总容量 6000mL 左右），然后倒入高位瓶。

（4）打开进料转子流量计的阀门，向精馏釜内加料到指定的高度（料液在塔釜总高 2/3 处），而后关闭流量计阀门。

（5）检查取样用的注射器和擦镜头纸是否准备好。

2. 实验操作

（1）全回流操作

① 打开塔顶冷凝器的冷却水，冷却水量要足够大（约 8L/min）。

② 记下室温，接上电源闸，按下装置上总电源开关。

③ 用调节电位器使加热电压为 90V 左右，待塔板上建立液层时，可适当加大电压（如 110V），使塔内维持正常操作。

④ 等各块塔板上鼓泡均匀后，保持加热釜电压不变，在全回流情况下稳定 20min 左右，期间仔细观察全塔传质情况，待操作稳定后分别在塔顶、塔釜取样口用注射器同时取样，用阿贝折射仪分析样品浓度。

（2）部分回流操作

① 打开塔釜冷却水，冷却水流量以保证釜馏液温度接近常温为准。

② 调节进料转子流量计阀，以 1.5～2.0L/h 的流量向塔内加料；用回流比控制器调节回流比 $R=4$；馏出液收集在塔顶容量管中。

③ 塔釜产品经冷却后由溢流管流出，收集在容器内。

④ 等操作稳定后，观察板上传质状况，记下加热电压、电流、塔顶温度等有关数据，整个操作中维持进料流量计读数不变，用注射器取下塔顶、塔釜和进料三处样品，用折射仪分析，并记录进原料液的温度（室温）。

3. 实验结束

（1）检查数据合理后，停止加料并将加热电压调为零，关闭回流比调节器开关。

（2）根据物系的 t-x-y 关系，确定部分回流下进料的泡点温度。

（3）停止加热后 10min，关闭冷却水，一切复原。

五、数据记录与整理

实验数据记入表 8-17。

表 8-17 精馏实验数据表

实验装置：＿＿＿＿＿＿＿＿ 实际塔板数：＿＿＿＿＿＿＿＿ 物系：＿＿＿＿＿＿＿＿ 折射仪分析温度：＿＿＿＿＿＿＿＿

项目	全回流:$R=\infty$		部分回流:$R=$＿＿＿＿＿＿,进料量:＿＿＿＿＿＿ 进料温度:＿＿＿＿＿＿,泡点温度:＿＿＿＿＿＿		
	塔顶组成	塔釜组成	塔顶组成	塔釜组成	进料组成
折射率 n					
质量分率 W					
摩尔分率 X					
理论板数					
总板效率					

六、注意事项

1.本实验过程中要特别注意安全，实验所用物系是易燃物品，操作过程中避免洒落以免发生危险。

2.本实验设备加热功率由电位器来调节，故在加热时应注意加热千万别过快，以免发生暴沸，使釜液从塔底冲出，若遇此现象应立即断电，重新加料到指定液面，再缓慢升电压，重新操作。升温和正常操作中釜的电功率不能过大。

3.开车时先开冷水，再向塔釜供热；停车时则相反。

4.测浓度用折射仪，读取折射率，一定要同时记其测量温度，并按给定的折射率-质量百分浓度-测量温度关系测定有关数据。

5.为便于对全回流和部分回流的实验结果（塔顶产品和质量）进行比较，应尽量使两组实验的加热电压及所用料液浓度相同或相近。连续开出实验时，在做实验前应将前一次实验时留存在塔釜、塔顶和塔底接收器内的料液均倒回原料液瓶中。

七、思考题

1.精馏塔气液两相的流动特点是什么？

2.操作中增加回流比的方法是什么？精馏塔在操作过程中，由于塔顶采出率太大而造成产品不合格，恢复正常的最快、最有效的方法是什么？

3.本实验中，进料状况为冷态进料，当进料量太大时，为什么会出现精馏段干板，甚至出现塔顶既没有回流又没有出料的现象？应如何调节？

4.在部分回流操作时，你是如何根据全回流的数据，选择一个合适的回流比和进料口位置的？

实验二　二氧化碳吸收与解吸实验

一、实验目的

1.了解填料吸收塔的结构、性能和特点，练习并掌握填料塔操作方法；通过实验测定数据的处理分析，加深对填料塔流体力学性能基本理论的理解，加深对填料塔传质性能理论的理解。

2.掌握填料吸收塔传质能力和传质效率的测定方法，练习实验数据的处理分析。

二、实验原理

气体通过填料层的压强降：压强降是填料塔设计中的重要参数，气体通过填料层压强降的大小决定塔的动力消耗。压强降与气、液流量均有关，不同液体喷淋量下填料层的压强降 ΔP 与气速 u 的关系如图 8-16 所示。

当液体喷淋量 $L_0 = 0$ 时，干填料的 ΔP-u 的关系是直线，如图中的直线 0。当有一定的喷淋量时，ΔP-u 的关系变成折线，并存在两个转折点，下转折点称为载点，上转折点称为泛点。这两个转折点将 ΔP-u 关系分为三个区段：恒持液量区、载液区及液泛区。

传质性能：吸收系数是决定吸收过程速率高低的重要参数，实验测定可获取吸收系数。

对于相同的物系及一定的设备（填料类型与尺寸），吸收系数随着操作条件及气液接触状况的不同而变化。

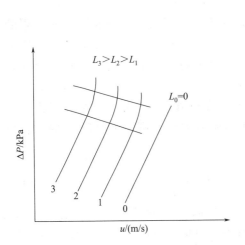

图 8-16　填料层的 ΔP-u 关系

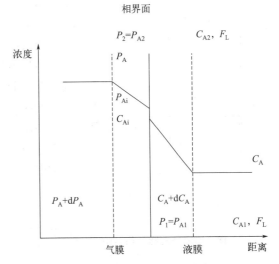

图 8-17　双膜模型的浓度分布图

二氧化碳吸收-解吸实验涉及的相关计算如下所示。

根据双膜模型（图 8-17）的基本假设，气侧和液侧的吸收质 A 的传质速率方程可分别表达为：

气膜 $$G_A = k_g A(P_A - P_{Ai}) \tag{8-56}$$

液膜 $$G_A = k_l A(C_{Ai} - C_A) \tag{8-57}$$

式中　G_A——A 组分的传质速率，kmol/s；

　　　A——两相接触面积，m^2；

　　　P_A——气侧 A 组分的平均分压，Pa；

　　　P_{Ai}——相界面上 A 组分的平均分压，Pa；

　　　C_A——液侧 A 组分的平均浓度，$kmol/m^3$；

　　　C_{Ai}——相界面上 A 组分的浓度，$kmol/m^3$；

　　　k_g——以分压表达推动力的气侧传质膜系数，$kmol/(m^2 \cdot s \cdot Pa)$；

　　　k_l——以物质的量浓度表达推动力的液侧传质膜系数，m/s。

以气相分压或以液相浓度表示传质过程推动力的相际传质速率方程又可分别表达为：

$$G_A = K_G A(P_A - P_A^*) \tag{8-58}$$

$$G_A = K_L A(C_A^* - C_A) \tag{8-59}$$

式中　P_A^*——液相中 A 组分的实际浓度所要求的气相平衡分压，Pa；

　　　C_A^*——气相中 A 组分的实际分压所要求的液相平衡浓度，$kmol/m^3$；

　　　K_G——以气相分压表示推动力的总传质系数，或简称为气相传质总系数，$kmol/(m^2 \cdot s \cdot Pa)$；

　　　K_L——以液相浓度表示推动力的总传质系数，或简称为液相传质总系数，m/s。

若气液相平衡关系遵循亨利定律，$C_A = HP_A$，H 为亨利系数，则：

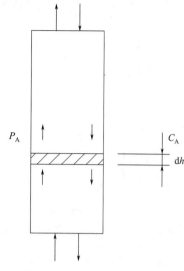

图 8-18　填料塔的物料衡算图

$$\frac{1}{K_G}=\frac{1}{k_g}+\frac{1}{Hk_l} \tag{8-60}$$

$$\frac{1}{K_L}=\frac{H}{k_g}+\frac{1}{k_l} \tag{8-61}$$

当气膜阻力远大于液膜阻力时，则相际传质过程受气膜传质速率控制，此时，$K_G=k_g$；反之，当液膜阻力远大于气膜阻力时，则相际传质过程受液膜传质速率控制，此时，$K_L=k_l$。

如图 8-18 所示，在逆流接触的填料层内，任意截取一微分段，并以此为衡算系统，则由吸收质 A 的物料衡算可得：

$$dG_A=\frac{F_L}{\rho_L}dC_A \tag{8-62}$$

式中　F_L——液相摩尔流率，kmol/s；

ρ_L——液相摩尔密度，kmol/m^3。

根据传质速率基本方程式，可写出该微分段的传质速率微分方程：

$$dG_A=K_L(C_A^*-C_A)aSdh \tag{8-63}$$

联立上两式可得：

$$dh=\frac{F_L}{K_LaS\rho_L}\times\frac{dC_A}{C_A^*-C_A} \tag{8-64}$$

式中　h——填料层高度，m；

a——气液两相接触的比表面积，m^2/m；

S——填料塔的横截面积，m^2。

本实验采用水吸收纯二氧化碳，且已知二氧化碳在常温常压下溶解度较小，因此，液相摩尔流率 F_L 和摩尔密度 ρ_L 的比值，亦即液相体积流率 V_{sL} 可视为定值，且设总传质系数 K_L 和两相接触比表面积 a，在整个填料层内为一定值，则按下列边值条件积分式(8-64)，可得填料层高度的计算公式：

$$h=0,\ C_A=C_{A2},\ C_A=C_{A1}$$

$$h=\frac{V_{sL}}{K_LaS}\int_{C_{A2}}^{C_{A1}}\frac{dC_A}{C_A^*-C_A} \tag{8-65}$$

令 $H_L=\dfrac{V_{sL}}{K_LaS}$，且称 H_L 为液相传质单元高度（HTU）；$N_L=\displaystyle\int_{C_{A2}}^{C_{A1}}\frac{dC_A}{C_A^*-C_A}$，且称 N_L 为液相传质单元数（NTU）。

因此，填料层高度为传质单元高度与传质单元数的乘积，即：

$$h=H_L\times N_L \tag{8-66}$$

若气液平衡关系遵循亨利定律，即平衡曲线为直线，则式(8-63) 为可用解析法解得填料层高度的计算式，亦即可采用下列平均推动力法计算填料层的高度或液相传质单元高度：

$$h=\frac{V_{sL}}{K_LaS}\times\frac{C_{A1}-C_{A2}}{\Delta C_{Am}} \tag{8-67}$$

$$N_L = \frac{h}{H_L} = \frac{h}{\dfrac{V_{sL}}{K_L \alpha S}} \tag{8-68}$$

式中，ΔC_{Am} 为液相平均推动力。即：

$$\Delta C_{Am} = \frac{\Delta C_{A1} - \Delta C_{A2}}{\ln \dfrac{\Delta C_{A1}}{\Delta C_{A2}}} = \frac{(C_{A1}^* - C_{A1}) - (C_{A2}^* - C_{A2})}{\ln \dfrac{C_{A1}^* - C_{A1}}{C_{A2}^* - C_{A2}}} \tag{8-69}$$

式中，$C_{A1}^* = HP_{A1} = Hy_1 P_0$；$C_{A2}^* = HP_{A2} = Hy_2 P_0$；$P_0$ 为大气压。

二氧化碳的溶解度常数：

$$H = \frac{\rho_w}{M_w} \times \frac{1}{E} \tag{8-70}$$

式中 H——溶解度常数，$kmol/(m^3 \cdot Pa)$；

ρ_w——水的密度，kg/m^3；

M_w——水的摩尔质量，$kg/kmol$；

E——二氧化碳在水中的亨利系数，Pa。

因本实验采用的物系不仅遵循亨利定律，而且气膜阻力可以不计，在此情况下，整个传质过程阻力都集中于液膜，即属液膜控制过程，则液侧体积传质膜系数等于液相体积传质总系数，亦即：

$$k_1 a = K_L a = \frac{V_{sL}}{hS} \times \frac{C_{A1} - C_{A2}}{\Delta C_{Am}} \tag{8-71}$$

三、实验装置

二氧化碳吸收与解吸实验装置如图 8-19 所示。

设备的相关技术参数（仅供参考）如下。

填料塔：玻璃管内径 $D = 0.050m$，塔高 1.0m，内装 $\phi 10mm \times 10mm$ 瓷拉西环；填料层高度 $Z = 0.78m$；风机，XGB-12 型，550W；二氧化碳钢瓶，1 个；减压阀，1 个（用户自备）。

流量测量仪表：CO_2 转子流量计，型号 LZB-6，流量范围 $0.06 \sim 0.6m^3/h$；空气转子流量计，型号 LZB-10，流量范围 $0.25 \sim 2.5m^3/h$；吸收液流量计，型号 LZB-10，流量范围 $16 \sim 160L/h$；解吸液流量计，型号 LZB-10，流量范围 $16 \sim 160L/h$。

浓度测量：吸收塔塔底液体浓度分析准备定量化学分析仪器（用户自备）。

温度测量：PT100 铂电阻，用于测定气相、液相温度。

四、实验步骤

1. 测量吸收塔干填料层 $\Delta P/Z\text{-}u$ 关系曲线（只做解吸塔）

打开空气旁通阀 23 至全开，启动风机。打开空气流量计，逐渐关小阀门 23 的开度，调节进塔的空气流量。稳定后读取填料层压降 ΔP 即 U 形管液柱压强计 12 的数值，然后改变空气流量，空气流量从小到大共测定 8～10 组数据。在对实验数据进行分析处理后，在对数坐标纸上以空塔气速 u 为横坐标，单位高度的压降 $\Delta P/Z$ 为纵坐标，标绘干填料层 $\Delta P/Z\text{-}u$ 关系曲线。

2. 测量吸收塔在喷淋量下填料层 $\Delta P/Z\text{-}u$ 关系曲线

将水流量固定在 100L/h（水流量大小可因设备调整），采用上面相同步骤调节空气流

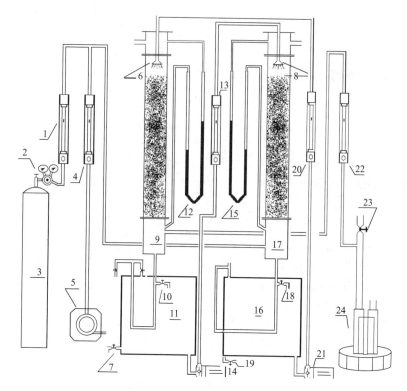

图 8-19 二氧化碳吸收与解吸实验装置流程示意图

1—CO_2 转子流量计；2—CO_2 钢瓶减压阀；3—CO_2 钢瓶；4—吸收用空气流量计；5—吸收用气泵；6，8—喷头；

7，19—水箱放水阀；9—解吸塔；10—解吸塔塔底取样阀；11—解吸液储槽；12，15—U 形管液柱压强计；

13—吸收液流量计；14—解吸液液泵；16—吸收液储槽；17—吸收塔；18—吸收塔塔底取样阀；

20—解吸液流量计；21—吸收液液泵；22—空气转子流量计；23—空气旁通阀；24—风机

量，稳定后分别读取并记录填料层压降 ΔP、转子流量计读数和流量计处所显示的空气温度，操作中随时注意观察塔内现象，一旦出现液泛，立即记下对应空气转子流量计读数。根据实验数据在对数坐标纸上标出液体喷淋量为 $100L/h$ 时的 $\Delta P/Z\text{-}u$ 关系曲线（图 8-20），并在图上确定液泛气速，与观察到的液泛气速相比较是否吻合。

3. 二氧化碳吸收传质系数测定

吸收塔与解吸塔水流量控制在 $40L/h$。

（1）打开阀门 23，关闭阀门 18、10。

（2）启动吸收用气泵 5，空气经吸收用空气流量计 4 进入吸收塔中，然后打开 CO_2 钢瓶减压阀 2，二氧化碳与空气混合后通向吸收塔内，二氧化碳流速由 CO_2 转子流量计 1 读出，控制在 $0.1m^3/h$ 左右。启动解吸液液泵 14，通过吸收液流量计 13 控制流量，吸收液经喷头 8 喷入吸收塔 17。吸收二氧化碳的液体流经塔底后进入吸收液储槽 16。

（3）吸收进行 15min 后，启动吸收液液泵 21，经解吸液流量计 20 通过喷头 6 进入解吸塔 9 进行解吸操作。同时启动风机 24，空气经空气转子流量计 22 进入解吸塔，自下而上经过填料层与液相逆流接触对吸收液进行解吸，解吸后气体自塔顶放空。

（4）操作达到稳定状态之后，测量塔底的水温，同时取样，测定两塔塔顶、塔底溶液中二氧化碳的含量（实验时注意吸收液流量计和解吸液流量计数值要一致，并注意解吸水箱中的液位，两个流量计要及时调节，以保证实验时操作条件不变）。

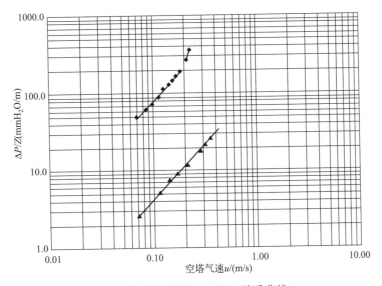

图 8-20　实验装置 $\Delta P/Z$-u 关系曲线

（5）二氧化碳含量测定。

用移液管吸取 $0.1mol/L$ 的 $Ba(OH)_2$ 溶液 10mL，放入三角烧瓶中，并从塔底附设的取样口处接收塔底溶液 10mL，用胶塞塞好振荡。溶液中加入 $2\sim3$ 滴酚酞指示剂摇匀，用 $0.1mol/L$ 的盐酸滴定到粉红色消失即为终点。

按下式计算得出溶液中二氧化碳浓度：

$$C_{CO_2}=\frac{2C_{Ba(OH)_2}V_{Ba(OH)_2}-C_{HCl}V_{HCl}}{2V_{溶液}}\tag{8-72}$$

五、数据记录与处理

1.填料塔流体力学性能测定（以解吸填料塔干填料数据为例）

转子流量计读数为 V；填料层压降 U 管读数为 $4.0mmH_2O$。

空塔气速：

$$u=\frac{V}{3600\times(\pi/4)D^2}\tag{8-73}$$

单位填料层压降为 $\Delta P/Z$。

在对数坐标纸上以空塔气速 u 为横坐标、$\Delta P/Z$ 为纵坐标作图，标绘 $\Delta P/Z$-u 关系曲线。

2.传质实验（以设备吸收塔的传质实验为例）

吸收液消耗盐酸体积为 V_1，则吸收液浓度为：

$$C_{A1}=\frac{2C_{Ba(OH)_2}V_{Ba(OH)_2}-C_{HCl}V_{HCl}}{2V_{溶液}}\tag{8-74}$$

因纯水中含有少量的二氧化碳，所以纯水滴定消耗盐酸体积为 V，则塔顶水中 CO_2 浓度为：

$$C_{A2} = \frac{2C_{Ba(OH)_2} V_{Ba(OH)_2} - C_{HCl} V_{HCl}}{2V_{溶液}} \tag{8-75}$$

根据塔底液温度可查得 CO_2 亨利系数 E，则 CO_2 的溶解度常数为：

$$H = \frac{\rho_w}{M_w} \times \frac{1}{E} \tag{8-76}$$

塔顶和塔底的平衡浓度为：

$$C_{A1}^* = HP_{A1} = Hy_1 P_0 \tag{8-77}$$

$$C_{A2}^* = HP_{A2} = Hy_2 P_0 \tag{8-78}$$

液相平均推动力为：

$$\Delta C_{Am} = \frac{\Delta C_{A1} - \Delta C_{A2}}{\ln \dfrac{\Delta C_{A2}}{\Delta C_{A1}}} = \frac{(C_{A2}^* - C_{A2}) - (C_{A1}^* - C_{A1})}{\ln \dfrac{C_{A2}^* - C_{A2}}{C_{A1}^* - C_{A1}}} = \frac{C_{A1} - C_{A2}}{\ln \dfrac{C_{A2}^* - C_{A2}}{C_{A1}^* - C_{A1}}} \tag{8-79}$$

因本实验采用的物系不仅遵循亨利定律，而且气膜阻力可以不计，在此情况下，整个传质过程阻力都集中于液膜，属液膜控制过程，则液侧体积传质膜系数等于液相体积传质总系数，即：

$$k_1 a = K_L a = \frac{V_{sL}}{hS} \times \frac{C_{A1} - C_{A2}}{\Delta C_{Am}} \tag{8-80}$$

通过实验获取的实验数据及相关计算获得的实验参数填入表 8-18～表 8-21。

表 8-18 二氧化碳在水中的亨利系数

气体	亨利系数 $E/10^5$kPa											
	0℃	5℃	10℃	15℃	20℃	25℃	30℃	35℃	40℃	45℃	50℃	60℃
CO_2	0.738	0.888	1.05	1.24	1.44	1.66	1.88	2.12	2.36	2.60	2.87	3.46

表 8-19 填料塔在干填料下力学性能测定

喷淋量 $L =$ ＿＿＿＿ L/h　　　填料层高度 $Z =$ ＿＿＿＿ m　　　塔径 $D =$ ＿＿＿＿ m

序号	填料层压强降 ΔP /mmH$_2$O	单位高度填料层压强降 /(mmH$_2$O/m)	空气转子流量计读数 V /(m^3/h)	空塔气速 u /(m/s)
1				
2				
3				
4				
5				
6				
7				
8				

表 8-20　填料塔在湿填料下力学性能测定

喷淋量 $L=$ _____ L/h　　填料层高度 $Z=$ _____ m　　　塔径 $D=$ _____ m

序号	填料层压强降 ΔP /mmH$_2$O	单位高度填料层压强降 /(mmH$_2$O/m)	空气转子流量计读数 V /(m^3/h)	空塔气速 u /(m/s)	操作现象
1					
2					
3					
4					
5					
6					
7					
8					
9					
10					
11					
12					

表 8-21　填料塔传质实验技术数据

被吸收的气体：CO$_2$　　吸收剂：纯水　　塔内径：_____ mm

项目	数据
塔类型	
填料种类	
填料尺寸/mm	
填料层高度/m	
空气转子流量计读数/(m^3/h)	
CO$_2$ 转子流量计处温度/℃	
流量计处 CO$_2$ 的体积流量/(m^3/h)	
水转子流量计读数/(m^3/h)	
水流量/(m^3/h)	
中和 CO$_2$ 用 Ba(OH)$_2$ 的浓度 M/(mol/L)	
中和 CO$_2$ 用 Ba(OH)$_2$ 的体积/mL	
滴定用盐酸的浓度 M/(mol/L)	
滴定塔底吸收液用盐酸的体积/mL	
滴定空白液用盐酸的体积/mL	
样品的体积/mL	
塔底液相的温度/℃	
亨利系数 E/10^{8}Pa	
塔底液相浓度 C_{A1}/(kmol/m^3)	

续表

项目	数据
空白液相浓度 $C_{A2}/(\text{kmol/m}^3)$	
CO_2 溶解度常数 $H/[10^{-7}\ \text{kmol/(m}^3 \cdot \text{Pa})]$	
y_1	
平衡浓度 $C_{A1}^*/(\text{kmol/m}^3)$	
$C_{A1}^* - C_{A1}$	
y_2	
平衡浓度 $C_{A2}^*/(\text{kmol/m}^3)$	
平均推动力 $\Delta C_{Am}/(\text{kmol/m}^3)$	
液相体积传质系数 $K_{Xa}/(\text{m/s})$	
吸收率/%	

六、注意事项

1. 开启 CO_2 总阀门前，要先关闭减压阀，阀门开度不宜过大。

2. 实验中要注意保持吸收液流量计和解吸液流量计数值一致，并随时关注水箱中的液位。

3. 分析 CO_2 浓度操作时动作要迅速，以免 CO_2 从液体中逸出导致结果不准确。

二维码8-1　环境
工程原理拓展
实验

参考文献

[1] 奚旦立，孙裕生.环境监测 [M].4版.北京：高等教育出版社，2010.

[2] 国家环境保护总局《水和废水监测分析方法》编委会.水和废水监测分析方法 [M].4版增补版.北京：中国环境科学出版社，2002.

[3] 国家环境保护总局《空气和废气监测分析方法》编委会.空气和废气监测分析方法 [M].4版.北京：中国环境科学出版社，2003.

[4] 奚旦立.环境监测实验 [M].北京：高等教育出版社，2015.

[5] 刘玉婷，王淑莹.环境监测实验 [M].北京：化学工业出版社，2007.

[6] 邓晓燕，初永宝，赵玉美.环境监测实验 [M].北京：化学工业出版社，2015.

[7] 陈建荣，王方园，王爱军.环境监测实验教程 [M].北京：科学出版社，2015.

[8] 中国环境监测总站.土壤元素的近代分析方法 [M].北京：中国环境科学出版社，1992.

[9] 中华人民共和国生态环境保护部.全国土壤污染状况详查土壤样品分析测试方法技术规定.北京：环办土壤函〔2017〕1625号.

[10] 卞文娟，刘德启.环境工程实验 [M].南京：南京大学出版社，2011.

[11] 李军，王淑莹.水科学与工程实验技术 [M].北京：化学工业出版社，2002.

[12] 李金城，李艳红，张琴.环境科学与工程实验指南 [M].北京：中国环境科学出版社，2009.

[13] 尹奇德，王利平，王琼.环境工程实验 [M].武汉：华中科技大学出版社，2009.

[14] 张莉，余训民，祝启坤.环境工程实验指导教程——基础型、综合设计型、创新型 [M].北京：化学工业出版社，2011.

[15] 尹奇德，王利平，王琼.环境工程实验 [M].武汉：华中科技大学出版社，2009.

[16] 章非娟，徐竟成.环境工程实验 [M].北京：高等教育出版社，2006.

[17] 郝瑞霞，吕鉴.水质工程学实验与技术 [M].北京：北京工业大学出版社，2006.

[18] 李燕城，吴俊奇.水处理实验设计与技术 [M].2版.北京：中国建筑工业出版社，2015.

[19] 雷中方，刘翔.环境工程学实验 [M].北京：化学工业出版社，2007.

[20] 尹奇德，廖阊彧，谭翠英.城市污泥中微量铜的催化光度法测定 [J].生态环境，2005，14（3）：319-320.

[21] 彭党聪.水污染控制工程实践教程 [M].2版.北京：化学工业出版社，2011.

[22] 黄学敏，张承中.大气污染控制工程实践教程 [M].北京：化学工业出版社，2003.

[23] 尹奇德，夏畅斌，何湘柱.污泥灰对 Cd（Ⅱ）和 Ni（Ⅱ）的吸附作用研究 [J].材料保护，2008，41（06）：80-82.

[24] 陈泽堂.水污染控制工程实验 [M].北京：化学工业出版社，2003.

[25] 王琼，胡将军，邹鹏.三维电极电化学烟气脱硫 [J].化工进展，2005，24（11）：1292-1295.

[26] 董德明，朱利中.环境化学试验 [M].北京：高等教育出版社，2002.

[27] 戴树桂.环境化学 [M].2版.北京：高等教育出版社，2006.

[28] 李兆华，康群，胡细全.环境工程实验指导 [M].武汉：中国地质大学出版社，2004.

[29] 陆光立.环境污染控制工程实验 [M].上海：上海交通大学出版社，2004.

[30] 高廷耀，顾国维，周琪.水污染控制工程 [M].3版.北京：高等教育出版社，2007.

[31] 成官文，梁斌，黄翔峰.水污染控制工程设计指南 [M].北京：化学工业出版社，2011.

[32] 樊青娟，刘广立.水污染控制工程实验教程 [M].北京：化学工业出版社，2009.

[33] 郝吉明，马广大，王书肖.大气污染控制工程 [M].北京：高等教育出版社，2010.

[34] 蒲恩奇.大气污染治理工程 [M].北京：高等教育出版社，2004.

[35] 张自杰，林荣忱，金儒霖.排水工程 [M].4版.北京：中国建筑工业出版社，2000.

[36] 同济大学给排水教研室.水污染控制工程实验 [M].上海：上海科学技术出版社，1981.

[37] 李燕城，吴俊奇.水处理实验技术 [M].北京：中国建筑工业出版社，2004.

[38] 赵庆祥.污泥资源化技术 [M].北京：化学工业出版社，2002.

[39] 顾夏声.水处理微生物学 [M].3版.北京：中国建筑工业出版社，1998.

[40] 郭静，阮宜纶.大气污染控制工程 [M].北京：化学工业出版社，2008.

[41] 蒋建国.固体废物处理处置工程 [M].北京：化学工业出版社，2005.

［42］张小平.固体废物污染控制工程［M］.北京：化学工业出版社，2010.

［43］李国学.固体废物处理与资源化［M］.北京：中国环境科学出版社，2005.

［44］赵由才，龙燕，张华.生活垃圾卫生填埋技术［M］.2版.北京：化学工业出版社，2004.

［45］杨国清.固体废物处理工程［M］.2版.北京：科学出版社，2007.

［46］王绍文，梁富智，王纪曾.固体废弃物资源化技术与应用［M］.北京：冶金工业出版社，2003.

［47］周群英，王士芬.环境工程微生物学［M］.4版.北京：高等教育出版社，2015.

［48］胡洪营，张旭，黄霞，等.环境工程原理［M］.3版.北京：高等教育出版社，2015.

［49］任洪强.环境工程原理［M］.北京：科学出版社，2021.

［50］邓秋林，卿大咏.化工原理实验［M］.北京：化学工业出版社，2020.

［51］章茹，秦伍根，钟卓尔.过程工程原理实验［M］.北京：化学工业出版社，2019.

［52］秦明坤，李强，王建普.90°弯管内流动特性数值研究［J］.化工生产与技术，2020，26（1）：11-17.

［53］张涛.超滤膜技术在环境污水颗粒物过滤中的应用［J］.资源节约与环保，2022，6：72-74.

［54］齐济，刘春艳，方兴蒙，等.管式换热器传热系数的研究［J］.大连民族大学学报，2021，23（1）：1-7.

［55］李红，吉轲，齐天勤机，等.复配醇胺溶液对 CO_2 的吸收解吸性能及其降解性能［J］.化工进展，2022，41（2）：1025-1035.